普通高等教育机械类应用型人才及卓越工程师培养规划教材

机械 CAD 基础
（第 2 版）

赵润平　李雪玮　主编

电子工业出版社
Publishing House of Electronics Industry
北京·BEIJING

内 容 简 介

本书以培养读者绘制机械工程图的能力为主旨，紧密结合机械制图和计算机绘图实例，详细介绍使用AutoCAD绘制机械工程图的知识。全书分9章：利用AutoCAD绘制机械工程图前应具备的基础知识，机械零件平面轮廓图的绘制与编辑，基本体和组合体三视图的绘制，剖视图和断面图的绘制，机械工程图中的文字输入和尺寸标注，AutoCAD的图块，表格和设计中心在机械工程图中的应用，机械工程图的绘制方法与步骤，机械工程图的打印输出，三维绘图基础知识。

本书可作为高等学校机械类专业的教材，也可供广大机械工程技术人员参考使用。

图书在版编目（CIP）数据

机械CAD基础 / 赵润平，李雪玮主编. —2版. —北京：电子工业出版社，2020.7
普通高等教育机械类应用型人才及卓越工程师培养规划教材
ISBN 978-7-121-38355-7

Ⅰ. ①机…　Ⅱ. ①赵…　②李…　Ⅲ. ①机械设计－计算机辅助设计－AutoCAD软件－高等学校－教材
Ⅳ. ①TH122

中国版本图书馆CIP数据核字（2020）第014977号

责任编辑：郭穗娟
印　　刷：北京虎彩文化传播有限公司
装　　订：北京虎彩文化传播有限公司
出版发行：电子工业出版社
　　　　　北京市海淀区万寿路173信箱　邮编　100036
开　　本：787×1092　1/16　印张：23.75　字数：605千字
版　　次：2014年4月第1版
　　　　　2020年7月第2版
印　　次：2025年1月第3次印刷
定　　价：69.80元

凡所购买电子工业出版社图书有缺损问题，请向购买书店调换。若书店售缺，请与本社发行部联系，联系及邮购电话：（010）88254888，88258888。

质量投诉请发邮件至zlts@phei.com.cn，盗版侵权举报请发邮件至dbqq@phei.com.cn。

本书咨询联系方式：（010）88254502，guosj@phei.com.cn。

前　言

本书是根据近年来发布的《CAD 工程制图规则》《技术制图》《机械制图》等国家标准，吸取近几年来教育改革的成功经验和有关专家、各高校教师的意见，在第 1 版的基础上修订而成的。

本书在修订过程中继续保持知识的前后连贯性及科学性、图例的代表性、习题的广泛性和教学中的实用性等特点。本书所有未做特别说明的数值单位均为 mm。

本书修订的主要内容如下：

（1）对全书图例中的有关标注（如零件表面结构标注、几何公差的标注等），全部按照最新的国家标准进行修订。

（2）对命令操作过程的讲授尽量结合实例进行，进一步精炼了叙述的内容。

（3）突出了实例的前后连贯通用性，多章节共用一个具体机械零件实例，随着课程内容的不断增加，逐步丰富实例的内容。这样，既可以使读者将学过的知识衔接起来，又可以减少重复工作，极大地提高学习效率。

（4）紧密结合实际中的各种机械零件和部件，增加了一定数量的实例和供读者实际训练的习题。

本书由山西大同大学赵润平、李雪玮任主编，其中，赵润平编写第 3、5、6、7 章，李雪玮编写第 1、2、4、8、9 章。本书初稿完成后，由参加教材修订的编者进行了相互认真的审校，最终由赵润平对全稿进行校对并定稿。

尽管编者在编写过程中力求认真仔细和多次校核，但书中难免存在不妥之处，恳请读者批评指正。编者联系电子邮箱：zhaorunping@163.com。

编　者

2020 年 2 月

目　　录

第1章

利用 AutoCAD 绘制机械
工程图前应具备的基础知识

通过本章学习，读者应该了解利用 AutoCAD 绘制机械工程图的基本过程，并能够绘制简单的平面轮廓图。

图 1-1 所示为一张简单的铸铁套零件图，它包含了机械工程图的基本内容。如何利用 AutoCAD 快速、正确地绘制出这样的机械工程图，需要掌握 AutoCAD 的绘制图形和编辑图形方法、尺寸和文字的注写方法、技术要求的标注方法等知识。本章重点介绍 AutoCAD 的工作界面、命令输入方式及命令执行的操作过程、AutoCAD 的二维坐标、图层的设置及其使用、AutoCAD 绘图国家标准和 AutoCAD 绘图辅助功能等内容。

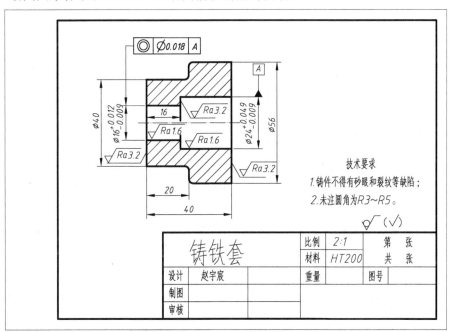

图 1-1　铸铁套零件图

1.1 AutoCAD 的用户界面及基本内容介绍

1.1.1 AutoCAD 的启动对话框与启动

AutoCAD 的版本虽然很多，但是用户界面和操作基本方法也大致相同。为了叙述方便，本书以 AutoCAD 2012 版本为基础进行叙述。

AutoCAD 2012 软件启动后，打开一个如图 1-2 所示的启动对话框。该对话框是让用户选择启动 AutoCAD 后准备进行的不同操作，以下对该对话框的各个选项进行简要介绍。

图 1-2 启动对话框

（1）打开图形。该选项功能是打开已保存的 CAD 图形对其进行继续绘制或者编辑修改。

（2）从草图开始。该选项是系统默认选项，选择该选项就意味着用户首先要选择使用公制或者英制单位进行绘图，然后在系统默认选项的图形界限中（420×210）开始绘图。

（3）使用样板。该选项功能是在国际标准下进行绘图。

（4）使用向导。该选项是用来帮助用户在绘图前对图形界限和单位等进行设置。

用户选定启动对话框后，AutoCAD 2012 立即启动。启动后，进入 AutoCAD 2012 的"AutoCAD 经典"工作空间界面，如图 1-3 所示。AutoCAD 2012 的工作空间界面有 4 种，如图 1-4 所示。用户可以自己设置工作空间，创建基于任务的绘图环境。

第一种是"AutoCAD 经典"工作空间界面，本书在后继内容的介绍中，采用 "AutoCAD 经典"工作空间界面。

第二种是"草图与注释"工作空间界面，显示二维绘图特有的工具。

第三种是"三维基础"工作空间界面，显示特定于三维建模的基础工具。

第四种是"三维建模"工作空间界面，显示三维建模特有的工具。

图 1-3　AutoCAD 2012 的"AutoCAD 经典"工作空间界面

图 1-4　AutoCAD 2012 的 4 种工作空间界面

1.1.2　AutoCAD 2012 的用户界面介绍

进入 AutoCAD 2012 用户设置的工作空间界面后，便可以开始进行图形设计工作。下面以图 1-5 所示的"AutoCAD 经典"工作空间界面为例，对界面包含的基本内容进行简要介绍。

1. 应用程序按钮

单击应用程序按钮，可以创建、打开、保存、输出、发布或搜索图形等。

2. 视口标签菜单

视口标签菜单包括视口控件、视图控件、视觉样式控件，可以实现视口数量控制、ViewCube 工具的显示及图形视觉样式的显示等。

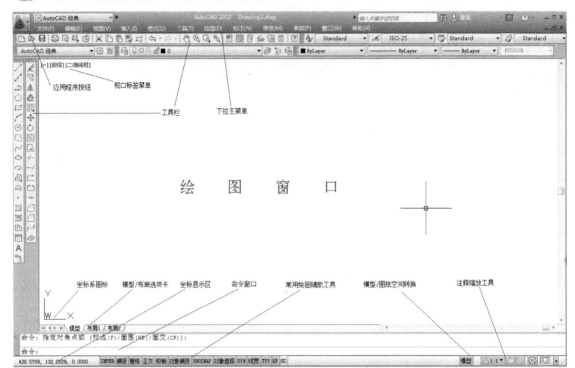

图 1-5　AutoCAD 2012 的 "AutoCAD 经典" 工作空间界面

3. 工具栏

AutoCAD 2012 提供了 50 多个工具栏，用户除了用下拉菜单输入命令，还可以通过工具栏来输入某些常用命令。每个工具栏由若干按钮组成，单击按钮，则执行该按钮所代表的命令。选择默认设置时，系统只显示 "标准" "对象" "绘图" "修改" 等常用的工具栏。用户可以根据需要调用其他工具栏，同时可以灵活地放置工具栏的位置。

调用工具栏的方法非常简单，具体操作过程是将光标移至 AutoCAD 2012 绘图工作界面窗口的任意一个工具栏的边缘并单击鼠标右键，系统将弹出所有工具栏的下拉菜单，如图 1-6 所示。用户再将光标移至工具栏下拉菜单中的某个工具栏名称上并单击，就可进行该工具栏的打开和关闭操作。若显示 "√"，则表示该工具栏处于打开状态；反之，表示该工具栏处于关闭状态。

一般情况下，工具栏调出后是悬浮在图形窗口的。用户可以根据自己的需要，将光标移至工具栏名称左侧框内单击并拖动光标，将工具栏放置在绘图工作界面窗口中的任何位置。

4. 下拉菜单

下拉菜单位于标题窗口的下方，在 AutoCAD 2012 的下拉菜单中，有 12 个一级菜单，把光标移至某个一级菜单上单击，即可打开该菜单，如图 1-7 所示。AutoCAD 2012 的下拉菜单是输入命令的一种重要方法，子菜单右面带有 "▶"，表示该子菜单具有下一级子菜单；子菜单右侧带有"…"符号，表示选择该子菜单项后将启动一个新的对话框。下拉菜单的各项具体内容将在后续章节介绍。

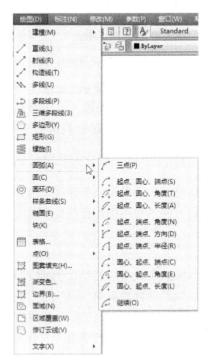

图 1-6　单击鼠标右键，弹出工具栏下拉菜单　　　　　图 1-7　下拉菜单的打开

5. 绘图窗口

绘图窗口（也称为图形窗口）是用户绘制图形的工作区域。

6. 坐标系图标

坐标系图标表示当前图形的坐标系形式以及坐标方向等。关于 AutoCAD 2012 的坐标系将在本章后面内容中介绍。

7. 模型/布局选项卡

模型/布局选项卡用于将图形在模型空间和布局之间进行切换，模型空间主要用于绘制图形，而布局则用于组织图形的打印输出。相关的知识将在第 8 章中详细介绍。

8. 坐标显示区

坐标显示区用于显示十字光标在图形窗口的 X、Y、Z 坐标（在二维绘图中，$z=0$），坐标显示有两种方式：一种是随着十字光标在图形窗口的移动连续显示；另一种是当作图时，用十字光标确定一个点以后显示该点的坐标，而在十字光标移动过程中坐标值不发生变化。以上两种坐标显示方法可通过单击坐标显示区进行切换。

9. 命令窗口

命令窗口是显示用户从键盘输入的命令和与执行命令有关的提示区域。

10. 常用绘图辅助工具

常用绘图辅助工具可以设置当前的作图状态，使用户绘图更方便快捷。用户绘图时可以随时使用捕捉模式、栅格显示、正交、极轴追踪、对象捕捉、三维对象捕捉、对象捕捉跟踪、允许/禁止动态 UCS、动态输入、线宽显示等各种功能。用户可以采用单击该命令按钮的方法进行开/关设置，也可以用鼠标右键单击某个按钮，在弹出的菜单中进行开/关和有关设置。

11. 模型空间和图纸空间转换按钮

模型空间和图纸空间转换在工程图的打印输出时经常使用到。单击"模型和图纸空间"按钮，可以方便地实现图形在模型空间和图纸空间之间的切换。

12. 注释缩放工具

注释缩放工具通过注释比例确定注释性对象在布局视口和模型空间中的大小及显示等。图形中常用到的注释性对象包括文字、标注、图案填充、公差、多重引线、块等，当工程图打印输出时，注释比例命令会控制注释性对象相对于图形中的模型几何图形的大小，使注释对象自动缩放并以正确的大小在图纸上打印或显示。

注意：将注释性对象添加到模型中之前，要先设定注释比例。注释比例（或从模型空间打印时的打印比例）应设定为与布局中的视口（在该视口中将显示注释性对象）比例相同。例如，如果注释性对象在比例为 1：2 的视口中显示，那要把注释比例设定为 1：2。

试试看

（1）启动 AutoCAD，在绘图窗口移动光标并注意观察坐标显示栏的坐标显示情况，然后想一想在将来的绘制图形过程中如何准确地确定图形中的点。

（2）把 AutoCAD 的"标注"工具栏调出并放置在绘图窗口的右边。

（3）用鼠标选择下拉菜单中的"绘图"选项，单击"直线"选项，输入命令后注意命令窗口的提示。当命令窗口出现"_line 指定第一点："提示时，移动光标（此时为十字光标）在绘图窗口任意位置单击，然后在命令窗口出现"指定下一点或 [放弃（U）]:"提示时，再次移动光标在绘图窗口任意位置单击，然后按 Enter 键，最后观察绘制的结果。

1.2　AutoCAD 的命令输入方式及命令执行的操作过程

读者通过前面的试试看练习，已经初步理解了 AutoCAD 的基本操作和命令输入方式及命令执行的过程。在实际绘制机械工程图的过程中，AutoCAD 的命令输入主要有使用鼠标输入和使用键盘输入 2 种方式（4 种方法）。

1.2.1　使用鼠标输入命令

使用鼠标输入命令是通过用鼠标单击下拉菜单和子菜单（对有下一级子菜单的选项则继续单击）或单击工具栏的按钮这 2 种方法来输入某个命令的。用户可以自行进行绘制直线的操作，以便熟悉 AutoCAD 命令的输入和执行过程。

提示：在操作 AutoCAD 的过程中，随时查看命令窗口的提示并按照提示进行操作这一点是非常重要的。

操作方法一：用鼠标单击下拉菜单中的选项"绘图"｜"直线"。

操作方法二：用鼠标单击"绘图"工具栏的"✏"。

1.2.2　使用键盘输入命令

AutoCAD 中的大部分功能都可以通过键盘在命令行输入命令完成，而且键盘是在命令执行过程中完成输入文本对象、坐标以及各种参数的唯一方法。

"使用键盘输入命令"就是通过键盘在命令行直接输入命令，或者通过按该命令的快捷键来输入某个命令。下面以绘制直线命令为例。

操作方法一：通过键盘输入"line"，然后按 Enter 键。

操作方法二：通过键盘输入"l"，然后按 Enter 键。

提示：操作方法二实际上是操作方法一的简化方式，又称为快捷键输入法。AutoCAD 的一些常用命令都设有快捷键。

以上介绍了 AutoCAD 的 4 种输入命令的方法，读者在具体绘图时可以根据自己的操作习惯任意选择其中一种方法来输入命令。本书在后续章节中介绍各种具体命令时将不限定输入命令的具体方法。

1.2.3　透明命令的说明

所谓透明命令是指在其他命令执行过程中可以输入并执行的命令。例如，在画一个圆的过程中，用户希望缩放视图，则可以激活透明"ZOOM"命令（在命令前面加一个"'"号）。当透明命令被激活时，其提示内容前有 2 个右尖括号"》"，表明它是透明使用的。许多命令和系统变量都可以透明地使用。灵活地使用透明命令可以提高编辑和修改图形的工作效率，有关透明命令将在后面的章节中陆续介绍。

1.2.4　AutoCAD 命令执行的操作过程

用户输入某个命令后，命令窗口将同时出现该命令和执行该命令的有关提示，用户需要根据系统的提示，输入文本对象、坐标以及各种参数来完成该命令的执行过程。对于编辑命令来说，命令行的提示经常是要求用户选择编辑的图形对象的。

下面以实例说明 AutoCAD 命令执行的操作过程。

【例 1-1】　绘制一个三角形。

操作步骤如下：

（1）选择下拉菜单中的"绘图"｜"直线"选项，输入绘制直线命令。

（2）系统提示"line 指定第一点："，移动光标在绘图窗口任意位置单击一下。

（3）系统提示"指定下一点或〔放弃（U）〕："，此时移动光标，系统将显示从直线的起点至光标当前位置的一条动态直线，如图 1-8（a）所示。单击鼠标，便可绘制出该直线。

（4）系统提示"指定下一点或〔放弃（U）〕："，移动光标并单击绘制第二条直线，如图 1-8（b）所示。

（5）系统提示"指定下一点或〔闭合（C）/放弃（U）〕："，输入"C"后按 Enter 键，最后操作结果如图 1-8（c）所示。

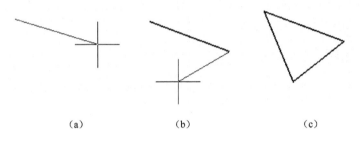

（a）　　　　　　（b）　　　　　　（c）

图 1-8　直线命令的操作过程

提示：在绘制直线过程，当出现需要指定各个点的提示时，用户既可以移动光标在合适位置单击"确定"按钮，又可以在命令行输入坐标来确定。有关坐标的知识将在 1.3 节介绍。

【例 1-2】　首先以点（200，100）为圆心，绘制出半径分别为 30、50 和 60 的 3 个同心圆，然后将半径为 50 的圆删除。

操作步骤如下：

（1）选择下拉菜单中的"绘图"｜"圆"｜"圆心、半径（R）"选项，输入绘制圆命令。

① 系统提示"circle 指定圆的圆心或[三点（3P）/两点（2P）/相切、相切、半径（T）]:"输入 200 和 100 后按 Enter 键。

② 系统提示"指定圆的半径或[直径（D）]:"输入 30 后按 Enter 键。

（2）重复上述操作，绘制出 3 个半径分别为 30、50、60 的同心圆，如图 1-9（a）所示。

（3）选择下拉菜单中的"修改"｜"删除"选项，输入删除命令。

系统提示"选择对象:"，（此时十字光标变成小方块）移动光标（小方块）至半径为 50 的圆上[见图 1-9（b）]，单击该圆后按 Enter 键，最后结果如图 1-9（c）所示。

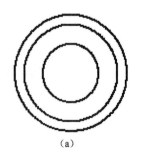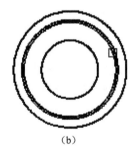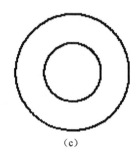

（a）　　　　　　　　（b）　　　　　　　　（c）

图 1-9　绘制圆及删除命令

以上 3 个命令的实际操作方式基本上包括了 AutoCAD 所有命令的操作方式， AutoCAD 的命令执行方式大致可分为单选项（绘制直线只有一种方法）、多选项（绘制圆有多种方法）和需要指定对象（删除命令中的对象选取）3 种方式。

试试看

（1）从命令行中输入绘制直线的命令，绘制出一个封闭的四边形。

（2）从下拉菜单输入绘制圆的命令，根据命令行提示，任意确定圆心，然后绘制出半径分别为 50、65 和 80 的 3 个圆。

（3）将第（2）题中半径为 65 的圆删除。

1.3 理解 AutoCAD 的坐标与二维绘图坐标的关系

1.3.1 世界坐标系

在 AutoCAD 中，默认的坐标系为世界坐标系（又称为 WCS），它由 3 个互相垂直并相交的坐标轴 X、Y 和 Z 组成，其交点为原点 O。在二维绘图环境中，用户可以设想 AutoCAD 的图形窗口是一张 Z 坐标为零的绘图纸，即在 XOY 平面上绘图（显示器的屏幕平面与 XOY 平面重合，此时的 Z 坐标为零），Z 轴正对操作者由屏幕里指向屏幕外，世界坐标系与二维绘图坐标关系如图 1-10 所示。

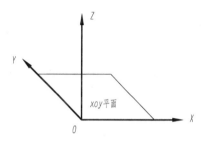

图 1-10　世界坐标系与二维绘图坐标的关系

世界坐标系的图标显示位置的设置如图 1-11 所示，用户可以设置坐标系图标，使之显示在原点上，如图 1-11（a）所示；也可以设置坐标系图标，使之显示在绘图区左下角，如图 1-11（b）所示。在用户进行绘图和编辑图形的过程中，WCS 的原点和坐标方向都不会改变。

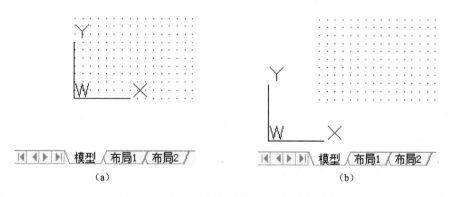

(a)　　　　　　　　　　　　　　　(b)

图 1-11　世界坐标系的图标显示位置的设置

此外，用户根据需要也可以定义自己的坐标系，即用户坐标系（UCS）。关于用户坐标系的创建方法将在第 9 章介绍。

1.3.2 点的输入方式

在绘制机械工程图的过程中，用户经常需要准确地确定一些点的位置。使用 AutoCAD 坐标输入是准确和快速确定点的方法之一。在 AutoCAD 中按输入坐标的方式可分为绝对坐标和相对坐标，按坐标系类别又分为直角坐标和极坐标。现在以图 1-12 为例说明 AutoCAD 的坐标分类及其用途。

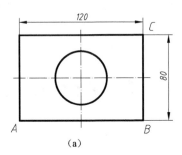
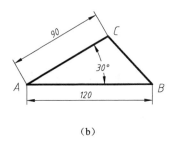

（a） （b）

图 1-12 AutoCAD 的坐标分类及其用途

1. 绝对直角坐标

绝对直角坐标是指各点相对坐标原点在 X 轴、Y 轴和 Z 轴方向的位移，在二维空间中，Z 轴坐标默认为 0。如图 1-12（a）所示，当 A 点的坐标为（0，0）时，B 点的坐标为（120，0），C 点坐标为（120，80）

2. 绝对极坐标

绝对极坐标指点相对坐标原点的距离和角度，角度指该点到坐标原点的连线与 X 轴正向的夹角。如图 1-12（b）所示，当 A 点的坐标为（0，0）时，C 点的绝对极坐标则为（@90<30）。

想一想

在图 1-12（b）中，当 A 点的坐标为（20，30）时，C 点的绝对极坐标是多少？

3. 相对直角坐标

相对直角坐标指要确定的点相对前一个点在 X 轴和 Y 轴上的位移，参考图 1-12（a），无论 A 点的坐标为何值，B 点相对 A 点的相对直角坐标恒为（@120，0）。

4. 相对极坐标

相对极坐标指一点相对前一个点的距离和角度，角度指该点到前一个点的连线与 X 轴正向的夹角，参考图 1-12（b）。无论 A 点的坐标为何值，B 点相对 A 点的相对极坐标为（@120<0），C 点相对 A 点的相对极坐标为（@90<30）。

提示：在相对极坐标中，角度为第二点和第一点连线与 X 轴的夹角。

试试看

（1）按照下列步骤操作，看看最后出现什么结果。

① 单击"绘图"工具栏的 图标。

② 系统提示"line 指定第一点:"，移动光标在绘图窗口任意位置单击。

③ 系统提示"指定下一点或〔放弃（U）〕:",输入"@120，0"后按 Enter 键。

④ 系统提示"指定下一点或〔放弃（U）〕:",输入"@0，80"后按 Enter 键。

⑤ 系统提示"指定下一点或〔闭合（C）/放弃（U）〕:",输入"@-120，0"后按 Enter 键。

⑥ 系统提示"指定下一点或〔闭合（C）/放弃（U）〕:",输入"C"后按 Enter 键。

（2）按照下列步骤操作，看看最后出现结果。

① 单击"绘图"工具栏的 图标

② 系统提示"line 指定第一点:",移动光标在绘图窗口任意位置单击。

③ 系统提示"指定下一点或〔放弃（U）〕:",输入"@120<-180"后按 Enter 键。

④ 系统提示"指定下一点或〔放弃（U）〕:",输入"@90<30"后按 Enter 键。

⑤ 系统提示"指定下一点或〔闭合（C）/放弃（U）〕:",输入"C"后按 Enter 键。

1.4 AutoCAD 绘制机械工程图的步骤

图 1-13 所示为利用 AutoCAD 绘制的齿轮零件图。使用 AutoCAD 绘制零件图的一般步骤如下:

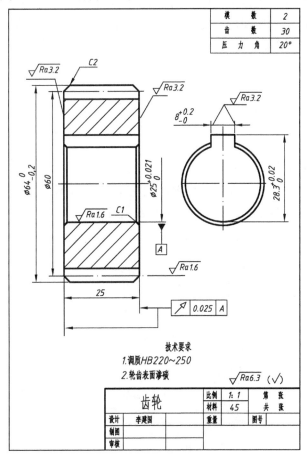

图 1-13 齿轮零件图

（1）设置标准图幅大小和绘图单位，确定绘图比例。

（2）设置符合国家标准的图线。

（3）绘制和编辑图形。

（4）绘制标题栏和表格。

（5）设置符合国家标准的文字样式并注写文字。

（6）设置符合国家标准的尺寸样式并标注尺寸。

（7）填写标题栏和技术要求。

（8）打印图形。

围绕上述的内容，本章和后续章节将陆续介绍 AutoCAD 绘制机械工程图的相关内容。

1.5 设置图幅和绘图单位

1.5.1 设置图幅

图幅在 AutoCAD 中称为图形界限，用户启动 AutoCAD 后，默认情况下的图形界限为 420×297（如果选择 1：1 输出图形，就相当于 3 号图纸）；用户也可以利用下拉菜单，在绘图的过程中随时改变图形界限。

选择下拉菜单"格式" | "图形界限"，系统提示"重新设置模型空间界限：指定左下角点或[开（ON）/关（OFF）] <0.0000,0.0000>:"。在该提示下，用户选择直接按 Enter 键，接受左下角点或者输入新的坐标值重新确定左下角点，系统继续提示"指定右上角点 <420.0000, 297.0000>:"。在该提示下，用户输入新的坐标值重新确定右上角点，即可改变图形界限。

1.5.2 设置绘图单位

选择下拉菜单"格式" | "单位"，系统将打开如图 1-14 所示的"图形单位"对话框，用户利用该对话框可以设置图形的长度和角度单位及精度。

图 1-14 "图形单位"对话框

试试看

（1）启动 AutoCAD，设置图形界限为 210×297，然后绘制如图 1-15 所示的图形（不要求线型，不标注尺寸，绘制过程中利用坐标准确定位各个圆的圆心），最后将绘制出的图形命名为"练习 1-1"并保存。

（2）启动 AutoCAD，设置图形界限为 420×297，选择长度单位和角度单位为十进制、精度均为小数点后两位，然后绘制如图 1-16 所示的图形（不要求线型，不标注尺寸），最后将绘制出的图形命名为"练习 1-2"并保存。

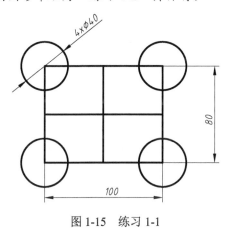

图 1-15　练习 1-1

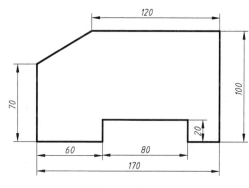

图 1-16　练习 1-2

1.6　图层的设置与使用

在绘制机械工程图时，图形中主要包括对称中心线（点画线）、可见轮廓线（粗实线）、不可见轮廓线（虚线）、细实线等图线和尺寸标注及文字说明等图形对象，图层是 AutoCAD 为用户提供的管理图形对象的重要工具。图层可以有多层，每个图层就相当于没有厚度的透明纸。实际绘制机械工程图时，用户可以将机械工程图中不同类型的图形对象绘制在不同的图层上，最后将这些透明的图层叠起来，就形成了一张完整的机械工程图。使用图层来管理图形对象，不仅能使图形的各种信息清楚有序，便于观察，而且也会给图形的编辑、修改和输出带来极大的方便。

1.6.1　图层特性管理器的基本操作

选择下拉菜单中的"格式"｜"图层…"选项，系统弹出如图 1-17 所示的"图层特性管理器"对话框。在默认情况下该对话框中只有 0 层，用户可以通过该对话框添加、删除和重命名图层，更改图层特性，设置布局视口的特性替代或添加图层说明并实时应用这些更改。图层过滤器控制在列表中显示的图层，也可以用于同时更改多个图层。

"图层特性管理器"对话框中的选项功能如下：

（1）单击"新特性过滤器"按钮 ，显示"图层过滤器特性"对话框，从中可以根据图层的一个或多个特性创建图层过滤器。

图 1-17   "图层特性管理器"对话框

（2）单击"新建图层过滤器"按钮，创建图层过滤器，其中包含选择并添加到该过滤器的图层。

（3）单击"图层状态管理器"按钮，显示图层状态管理器，从中可以将图层的当前特性设置保存到一个命名图层状态中，以后可以再恢复这些设置。

（4）单击"新建图层"按钮，创建新图层，列表将显示名为 "图层 1" 的图层。新图层将继承图层列表中当前选定图层的特性（颜色、开或关状态等）。用户可以更改新图层名并对新图层的特性进行设置。

（5）单击"所有视口中已冻结的新图层视口"按钮，创建新图层，然后在所有现有布局视口中将其冻结。用户可以在"模型"选项卡或布局选项卡上访问此按钮。

（6）单击"删除图层"按钮，删除选定图层（只能删除未被参照的图层）。参照的图层包括图层 0 和 DEFPOINTS、包含对象（包括块定义中的对象）的图层、当前图层以及依赖外部参照的图层。局部打开图形中的图层也被视为已参照并且不能删除。

注意：如果绘制的是共享工程中的图形或是基于一组图层标准的图形，删除图层时需要特别谨慎。

（7）单击" "用于切换当前层。在图层状态和特性的列表框中选中某个图层后，单击该按钮，选中的图层成为当前层。

（8）单击" "，通过扫描图形中的所有图元来刷新图层使用信息。

（9）单击" "，显示"图层设置"对话框，从中可以设置新图层通知设置、是否将图层过滤器更改应用于"图层"工具栏以及更改图层特性替代的背景色。

（10）选中"反转过滤器"复选框，显示所有不满足选定图层特性过滤器中条件的图层。

（11）"状态行"中显示当前过滤器的名称、列表视图中显示的图层数和图形中的图层数。

此外，"图层特性管理器"中还包含以下两个窗格：树状图和列表视图。

（1）树状图显示图形中图层和过滤器的层次结构列表。顶层节点（"全部"）显示图形中的所有图层，展开节点可以查看嵌套过滤器。

（2）列表视图显示图层和图层过滤器及其特性和说明，用户可以对图层的状态和特性进行如下设置。

1. 图层的打开与关闭

当图层处于打开状态时，该图层上的图形实体可见，当图层处于关闭状态时，该图层上的图形实体不可见，且在打印输出时，该图层上的图形也不被打印。但是在用"重生成"命令时，关闭图层上的图形仍参与计算。图标"💡"表示该图层处于打开状态，单击该图标使其变为"💡"，表示该图层被关闭。

2. 图层的冻结与解冻

图层被冻结后，图层上的图形对象既不可见，也不能打印输出，且不参与重生成图形的计算。图标"⭘"表示该图层处于解冻状态，单击图标使其变为"❄"，表示该图层被冻结。

3. 图层的锁定与解锁

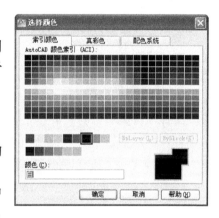

当图层被锁定后，该图层上的图形对象仍可见，但用户不能对其进行编辑和修改。图标"🔓"表示该图层处于解锁状态，单击图标使其变为"🔒"，表示该图层被锁定。

4. 图层的颜色

单击选定图层的颜色框，系统将弹出如图 1-18 所示的"选择颜色"对话框。该对话框有"索引颜色""真彩色"和"配色系统"3 个选项卡，用户可以选择这 3 个选项卡中的任何一个来为选中的图层设置颜色。用户选择完颜色后，单击"确定"按钮。

图 1-18 "选择颜色"对话框

5. 图层的线型

单击所选图层的线型，系统将弹出如图 1-19 所示的"选择线型"对话框，列表中显示已从 AutoCAD 线型库中调入当前图形文件中的各种线型。若列表中没有用户需要的线型，用户可单击"加载（L）…"按钮，系统将弹出如图 1-20 所示的"加载或重载线型"对话框。用户可以从该对话框中选取所需要的线型加载到当前图形文件中。

图 1-19 "选择线型"对话框

图 1-20 "加载或重载线型"对话框

图 1-21 "线宽"对话框

6. 图层的线宽

单击选定图层的线宽，系统将弹出如图 1-21 所示的"线宽"对话框。在该对话框的"线宽"列表框中，列出了各种线宽供用户选择。单击列表中用户需要的线宽，然后，单击"确定"按钮即可。

图形对象的颜色、线型和线宽称为图形对象的特性。

提示： 以上所介绍的利用"图层特性管理器"设置的图层颜色、线型、线宽统称为图层颜色、图层线型和图层线宽，它们与下面将要介绍的实体颜色、实体线型和实体线宽在使用中是有区别的。

1.6.2 实体线型、线宽和颜色的设置

实体线型、线宽、颜色的设置是指为当前层所要绘制的图形实体进行的设置。

1. 实体线型设置

选择下拉菜单中的"格式"｜"线型…"选项，系统弹出如图 1-22 所示的"线型管理器"对话框，该对话框中显示了用户当前使用的线型和可供用户选择的其他线型。

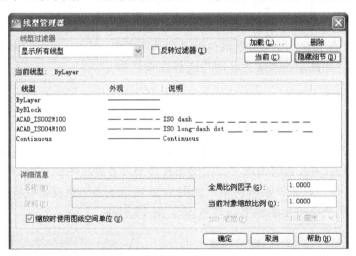

图 1-22 "线型管理器"对话框

"线型过滤器"下拉列表框用于用户设置过滤条件，通过设置，在线型列表框中只列出符合条件的线型。选中"反向过滤器"该复选框，线型列表框中将显示除符合过滤条件以外的所有线型。

单击"加载"按钮，系统将弹出"加载或重载线型"对话框（参考图 1-20），用户可以用线型管理器加载各种线型。

单击"删除"按钮，可将在线型列表框中选中的线型删除。

单击"当前"按钮可将在线型列表框中选中的线型设置为当前层的线型。

提示：一般情况下，为了使所绘制的图形对象与图层设置一致，建议在此将线型设置为"随层"（随层即 ByLayer）线型。

单击"显示细节/隐藏细节"按钮，对话框可以在"显示细节"和"隐藏细节"之间进行切换。选择"显示细节"，对话框将显示当前线型的详细信息；选择"隐藏细节"，对话框将不显示当前线型的详细信息。

2．实体线宽设置

选择下拉菜单中的"格式"｜"线宽…"选项，系统将弹出如图 1-23 所示的"线宽设置"对话框，该对话框的主要选项和功能如下。

图 1-23　"线宽设置"对话框

（1）"线宽"列表框列出了用于当前图形线型的多种线宽供用户选择。为了使所绘制的图形对象与图层设置一致，建议用户将线宽设置为"随层"。

（2）"列出单位"选项区用于设置线宽的单位，用户可以选择毫米或英寸为单位。

（3）"显示线宽"复选框用于设置是否在绘图窗口中显示线宽。若选中该复选框，则在绘图窗口中显示线宽；反之，则不显示线宽。

提示：对显示线宽的控制，也可以用单击状态栏的"线宽"按钮来实现。

（4）"默认"下拉列表框用于设置系统的默认线宽。

（5）"调整显示比例"选区用于调整图形对象线宽的显示比例。操作方法是拖动其中的滑块来改变图形对象的线宽显示比例。

提示：调整线宽显示比例只对图形对象的屏幕显示有效，但是图形对象实际的线宽不变。因此，对图形对象的打印输出没有影响。

3．实体颜色的设置

选择下拉菜单"格式"｜"颜色"系统也将弹出"选择颜色"对话框。

提示：以上介绍的实体线型、实体线宽、实体颜色与前面介绍的利用"图层特性管理器"对话框设置的线型、线宽、颜色是有区别的。在实际绘图时，系统是以实体线型、实体线宽、实体颜色绘制图形的。因此，为了使各图层中所绘制的图形对象特性与所在的图层设置一致，便于图形的管理，建议用户将实体线型、实体线宽、实体颜色全部选择为"随层"（ByLayer）。

1.6.3 设置线型比例

在使用各种线型绘制图形时，除了 Continuous 线型，其他的线型都由已定义了的实线段和空白、点和空白等对象组成。显示在屏幕上或打印在图纸上的长度为其定义长度与线型比例系数的乘积，若显示或输出时线型显示不符合要求（实线段太少或太长等），用户可以重新设置线型比例。

1. 设置线型的全局比例

在命令行输入"LTSCALE"，按 Enter 键。系统将提示"输入新线型比例因子 <1.0000>:"，然后按 Enter 键，（用户输入新的比例因子）。然后，系统按此比例因子重新计算和生成图形显示。如图 1-24 所示为重新设置线型比例因子前、后图形的显示结果。

（a）比例因子为 1 时　　　　　　　　　　　　（b）比例因子为 2 时

图 1-24　重新设置线型比例因子前、后图形的显示结果

提示：使用 LTSCALE 命令重新设置线型比例对已存在的和将要绘制的图线都起作用，并且持续到下一次重新设置为止。

2. 设置新线型比例

在命令行输入"CELTSCALE"，然后按 Enter 键，系统提示："输入 CELTSCALE 的新值 <1.0000>:"。在此提示下，用户可以输入新的 CELTSCALE 值，系统按此线型比例显示所要绘制的图线。

提示：使用 CELTSCALE 命令重新设置线型比例对已存在的图线没有影响，只对将要绘制的图线起作用。

1.6.4 图层管理的其他方法

图层是 AutoCAD 进行图形对象管理的重要工具，除了上面介绍的有关图层设置和管理方法，还有其他几种有关图层的设置和管理方法。

1. 利用工具栏设置和管理图层

如图 1-25 所示为"图层"工具栏和"对象特性"工具栏，用户在实际绘图工作时，可以利用这两个工具栏来设置和管理图层。下面对这两个工具栏中的有关内容进行介绍。

单击"图层特性管理器"按钮，系统将弹出"图层特性管理器"对话框。

"图层状态和图层切换"列表框用于显示和控制图层的状态及设置当前层。单击"图层控制"按钮，系统将弹出如图 1-26 所示的图层切换下拉列表，该下拉列表中显示当前图形文件

中所有的图层及其状态。通过该下拉列表可以方便地设置当前层，具体操作方法是在下拉列表中单击某图层的名称，该图层就成为当前层。通过该下拉列表也可以设置某个图层的状态，具体操作方法是单击该图层的各状态图标即可。

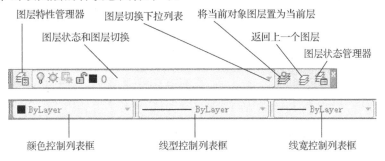

图 1-25　"图层"工具栏和"对象特性"工具栏

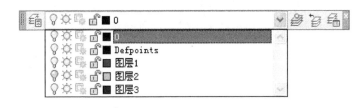

图 1-26　图层切换下拉列表

"将当前对象图层置为当前层"按钮用于把所选图形对象所在的图层变为当前层。具体操作方法：单击该按钮后，在绘图窗口中选择一个图形对象，系统就把该图形对象所在的图层置为当前层。

单击"返回上一个图层"按钮，系统将放弃最近一次对图层的设置，返回到上一个图层。

单击"图层状态管理器"按钮，系统将弹出"图形状态管理器"对话框，然后保存、恢复和管理命名的图层状态。

"颜色控制"下拉列表框用于显示并控制当前图形实体的颜色。单击下三角形按钮，系统将打开如图 1-27（a）所示的颜色控制下拉列表。单击下拉列表中的某个颜色，该颜色即被设置为当前绘制图形实体的颜色。一般情况下，为了使所绘制的图形对象与图层设置一致，建议在此设置为"随层"（ByLayer）颜色。

"线型控制"下拉列表框用于显示并控制当前图形实体的线型。单击下三角形按钮，系统将打开如图 1-27（b）所示的线型控制下拉列表。单击下拉列表中的某个线型，该线型即被设置为当前绘制图形实体的线型。一般情况下，为了使所绘制的图形对象与图层设置一致，建议在此设置为"随层"（ByLayer）线型。

"线宽控制"下拉列表框用于显示并控制当前图形实体的线宽。单击下三角形按钮，系统将打开如图 1-27（c）所示的线宽控制下拉列表。单击下拉列表中的某个线宽值，则该线宽值即被设置为当前绘制图形实体的线宽。一般情况下，为了使所绘制的图形对象与图层设置一致，建议在此设置为"随层"（ByLayer）线宽。

（a）颜色控制下拉列表 　（b）线型控制下拉列表　（c）线宽控制下拉列表

图 1-27　颜色控制、线型控制及线宽控制下拉列表

技巧：在实际绘图时，用户有时绘制完某个图形对象后，会发现所绘制的图形对象并没有在预先设置好的图层上。此时，可用光标选中该图形对象，并在打开的图层切换下拉列表框中，单击该图形对象所在图层的层名，然后按 Esc 键，即可将选中的图形对象移至预先设置好的图层上。

2. 特性匹配命令

由 AutoCAD 创建的图形对象实体本身都具有一定的特性，如颜色、线型、线宽等。为能够方便地修改和编辑图形，AutoCAD 提供了一个特性匹配命令，利用该命令，用户可以将一个图形对象实体（源实体）的特性复制给另一个或另一组图形对象实体（目标实体），使这些目标实体的某些特性或全部特性与源实体相同。

选择下拉菜单"修改"选项，单击"特性匹配"，系统提示"选择源对象:"。在此提示下，用户选择源实体对象，选择后系统继续提示"当前活动设置：颜色 图层 线型 线型比例 线宽 透明度 厚度 打印样式 标注 文字图案填充 多段线 视口 表格材质 阴影显示 多重引线"和"选择目标对象或 [设置（S）]:"

该提示的前两行列出了当前用特性匹配命令可复制的特性项目，最后一行提示有"选择目标对象"和"设置（S）"两个选项，以下分别介绍这两个选项。

（1）"选择目标对象"选项是系统的默认选项，选择该选项后，用户直接选取要复制特性的目标实体对象，系统将源实体的特性复制给所选取的目标实体。

（2）"设置（S）"选项表示在系统的提示下，输入"S"后按 Enter 键，系统将弹出如图 1-28 所示的"特性设置"对话框，该对话框列出了要复制的各特性项，供用户选择。用户选择后，系统又返回到上面的提示。

"基本特性"选项区用于选择复制图形实体最基本的 7 个特性。

"特殊特性"选项区用于选择复制图形实体的 9 个特性。

试试看

（1）新建一个图形文件，图形界限为 297×210，按照图 1-29（a）所示，建立符合国标的图层并按尺寸绘制出该图（不标注尺寸，但要求各种线型显示正确）。完成后，将该图命名为

"练习 1-3"保存。

（2）将图 1-29（a）中直径为 $\phi80$ 的点画线圆改变为粗实线圆，如图 1-29（b）所示。

（3）将图 1-29（b）中直径为 $\phi30$ 的虚线圆改变为粗实线圆、直径为 $\phi40$ 的粗实线圆改变为虚线圆，如图 1-29（c）所示。

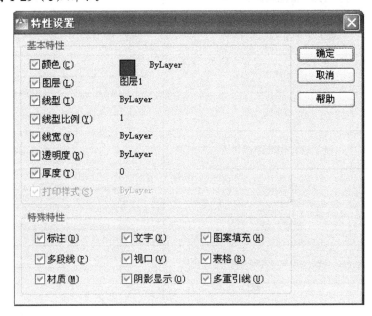

图 1-28 "特性设置"对话框

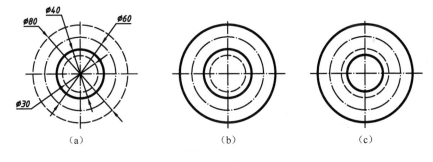

图 1-29 练习 1-3

1.6.5 国家标准《CAD 工程制图规则》简介

国家标准《CAD 工程制图规则》（GB/T 18229—2000）是针对计算机绘制工程图样所做的规定，凡在计算机及外围设备中绘制工程图样时，应该严格遵守该标准。

1．CAD 工程图图层管理的有关规定

CAD 工程图图层管理规定摘录见表 1-1。

表 1-1　CAD 工程图的图层管理规定摘录

图 层 号	描　述	图　例
01	粗实线　剖切面的粗剖切线	
02	细实线　细波浪线　细折断线	
03	粗虚线	
04	细虚线	
05	细点画线　剖切面的剖切线	
06	粗点画线	
07	细双点画线	
08	尺寸线　投影连线　尺寸终端与符号细实线	
10	剖面符号	
11	文本　细实线	1234 ABCD
14，15，16	用户选用	

2. 图线组别

国标中规定 8 种线型分为几组，见表 1-2。建议绘制机械工程图时优先选用第四组。如果图形较复杂，可采用第五组。

表 1-2　图线宽度

组　别	1	2	3	4	5	用　途
线宽/mm	2.0	1.4	1.0	0.7	0.5	粗实线、粗点画线
	1.0	0.7	0.5	0.35	0.25	细实线、细点画线、双点画线、虚线、波浪线、双折线

3. 字体

CAD 工程图所用的字体，应该按照 GB/T 13362.4～13362.5 和 GB/T 14691 的规定要求，做到字体端正、笔画清楚、排列整齐、间隔均匀，并要求汉字采用长仿宋体或者国标体，数字和字母采用国标体，有关字体的设置将在第 5 章详细介绍。字体与图纸幅面之间的对应关系见表 1-3。

表 1-3　字体与图纸幅面之间的对应关系

字体　　　　图纸幅面	A0	A1	A2	A3	A4
汉字	$h = 5\ mm$				
字母、数字	$h = 3.5\ mm$				

4. 标题栏和明细栏

每一张 CAD 工程图中均应配置标题栏，并应该配置在图框的右下角。装配图中应该配置明细栏，明细栏一般配置在装配图标题栏的上方，按由下而上的顺序填写。

1.7　AutoCAD 的绘图环境设置和绘图辅助功能

AutoCAD 本身有默认的设置，这些设置确定了 AutoCAD 的绘图环境。用户可以根据需要，来重新设置适合自己的绘图环境，例如，系统启动后对话框的设定、图形窗口的颜色、启用自动捕捉时被捕捉点的特点、十字光标的大小、图形显示精度的选择、夹点的设置等。绘图环境设置的具体操作内容非常多，在此只介绍常用的一些操作。

在实际绘图时，在绘图窗口单击"确定"按钮，虽然方便快捷，但绘图精度不高，不能满足工程制图的要求。为此，AutoCAD 除了提供前面介绍过的用坐标精确定点，还提供一些用来帮助用户精确定点和其他便于作图的辅助功能，掌握这些辅助功能对快速准确地绘制工程图是非常重要的。

1.7.1　设置绘图环境

选择下拉菜单"工具"｜"选项…"命令，系统将打开如图 1-30 所示的"选项"对话框。该对话框中有"文件""显示""打开和保存""打印和发布""系统""用户系统配置""绘图""三维建模""选择集"和"配置"等选项卡，用户可以根据需要改变系统配置。

1. "显示"选项卡中常用设置的操作方法

（1）改变图形窗口的颜色。图形窗口的默认颜色为黑色，用户根据需要可以改变其颜色。改变方法是单击图 1-30 中"窗口元素"区的"颜色（C）…"按钮，系统将弹出"图形窗口颜色"对话框，用户可在该对话框中选择合适的颜色。

（2）改变命令提示行的字体。用户根据需要可以改变命令提示行的字体。改变方法是单击图 1-30 中"窗口元素"区的"字体（F）…"按钮，系统将弹出"命令行窗口字体"对话框，用户可在该对话框中选择合适的字体。

（3）十字光标大小的设置。在图 1-30 中将"十字光标大小"选项下面的数字框中的数字（图中为 5）改变即可，或单击左键并按住不放，拖动数字框右边的滑动按钮（拖动过程中数字框中的数字也同时变化）以改变十字光标的大小。

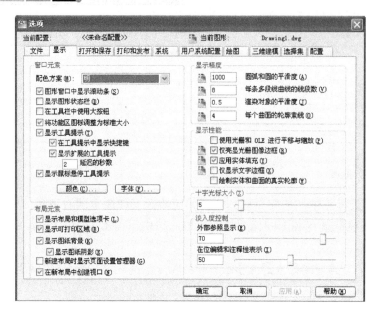

图 1-30　"选项"对话框——"显示"选项卡

2. "绘图"选项卡中常用设置的操作方法

"绘图"选项卡如图 1-31 所示，用户可以根据需要进行"绘图"设置。

（1）自动捕捉的各项设置。该选项区用于设置当用户在绘制图形过程中启用自动捕捉定点时，是否显示捕捉到点的标记，当光标靠近被捕捉点时系统是否将光标自动定位于被捕捉点，是否显示自动捕捉工具栏的提示，是否显示自动捕捉靶框等。

图 1-31　"选项"对话框——"绘图"选项卡

（2）自动捕捉标记大小的设置。在图 1-31 中的"自动捕捉标记大小（S）"选项下面，拖动右边的滑动按钮，可改变自动捕捉标记的大小。

（3）靶框大小的设置。在图 1-31 中的"靶框大小（Z）"选项下面，拖动数字框右边的滑动按钮，可改变靶框的大小。

3．"选择集"选项卡中常用设置的操作方法

"选择集"选项卡如图 1-32 所示，用户可以根据需要进行选择设置。

（1）拾取框大小的设置。在图 1-32 中的"拾取框大小（P）"选项下面，拖动数字框右边的滑动按钮，可改变拾取框大的大小。

提示：当用户选择编辑命令时，系统提示用户选择要编辑的图形对象。此时，光标在绘图窗口将变成小方框形状，即拾取框。

（2）选择集模式。该选项区用于设置如下模式：当用户使用编辑命令选取图形对象时，是否可以先选取图形对象后执行编辑命令；当连续选取图形对象时，是否需要按住 Shift 键进行选取；当用窗口选取图形对象时，是否需要按住鼠标左键并拖动光标，是否可以用默认窗口选取图形对象等。

（3）夹点设置。该选项区用于设置当用户编辑选取图形对象时，是否启用夹点、夹点的大小、未选中夹点的颜色、选中夹点的颜色、是否显示夹点提示等。在 AutoCAD 中，利用夹点可以方便地对已有的图形对象进行常用的修改编辑，有关内容将在第 3 章中详细介绍。

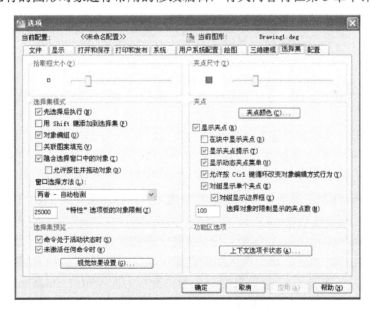

图 1-32　"选项"对话框——"选择集"选项卡

试试看

（1）启动进入 AutoCAD 后将绘图窗口的颜色设置为白色、命令提示行的字体设置为楷体、十字光标的大小定为 10。完成设置后，注意观察与 AutoCAD 初始设置的区别，然后恢复初始设置。

（2）用绘制直线命令任意绘制一个封闭的平面多边形，在多边形内再绘制一个圆。然后，在命令行的提示"命令:"状态下，用鼠标在所绘制的直线和圆上分别单击并观察图形情况。最后在出现的点上再次单击，并移动光标在新的位置单击，看看会出现什么情况。

1.7.2　AutoCAD 的绘图辅助功能

1. 栅格显示及栅格捕捉

栅格作为一种可见的位置参考图标，是由一系列排列规则的点或线组成的点阵，它类似于方格纸，遍布图形窗口的整个区域。利用栅格可以对齐对象并直观地显示对象之间的距离。输出图纸时不打印栅格。如果启用栅格捕捉，光标在图形窗口中沿 X 轴和 Y 轴方向的移动量将都是设置捕捉间距的整数倍。此时，十字光标在图形窗口中的移动是跳跃式的。当栅格与捕捉配合使用时，可以提高绘图的效率和精度。图 1-33 所示为栅格开启时的绘图窗口。

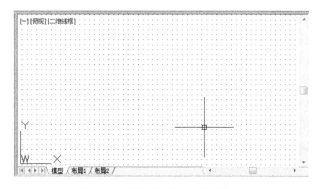

图 1-33　栅格开启时的绘图窗口

选择下拉菜单中的"工具"｜"绘图设置…"选项，输入该命令后，系统将打开如图 1-34 所示的"草图设置"对话框，该对话框中有"捕捉和栅格""极轴追踪""对象捕捉""动态输入"等 7 个选项卡。"捕捉和栅格"选项卡中主要选项区和选项框的内容介绍如下。

（1）"启用捕捉（F9）"复选框。该复选框被选中后，栅格捕捉处于开启状态；反之，栅格捕捉处于关闭状态。

（2）"启用栅格（F7）"复选框。该复选框被选中后，栅格处于开启状态；反之，栅格处于关闭状态。

（3）"捕捉间距"选项区。该选项区用于设置栅格捕捉 X 轴和 Y 轴的间距。

（4）"栅格间距"选项区。该选项区用于设置栅格显示 X 轴和 Y 轴的间距。

（5）"捕捉类型"选项区。"捕捉类型"分为"栅格捕捉"和"PolarSnap"（极轴捕捉）两种，其中"栅格捕捉"又分为"矩形捕捉"和"等轴测捕捉"。默认的 X 轴和 Y 轴的捕捉间距和栅格间距均为 10。用户绘制正等轴测图时，可选择"等轴测捕捉"。通过设定"等轴测捕捉"，可以很容易地沿 3 个等轴测平面之一对齐对象，在 3 个平面中的任一平面上工作。如果捕捉角度是 0°，那么等轴测平面的轴是 30°、90°和 150°。尽管等轴测图形看似三维图形，但它实际上是二维图形。"PolarSnap"（极轴捕捉）通常与"极轴追踪"同时使用。

图 1-34 "草图设置"对话框中的"捕捉和栅格"选项卡

（6）"栅格行为"选项区。选中"自适应栅格"复选框，栅格显示的间距将随着图形窗口显示实际的图形界限大小而自动调整；反之，则按照用户设置的栅格间距显示。

选中"显示超出界限的栅格"复选框，栅格可以超出用户设置的图形界限显示，如图 1-33 所示；反之，只在图形界限内显示栅格的绘图窗口如图 1-35 所示。

提示：为了避免绘制的图形超出图形界限，用户可以设置栅格只在图形界限内显示。在状态栏中单击"栅格"按钮或按 F7 键，可以进行栅格的开启与关闭的切换操作；在状态栏中单击"捕捉"按钮或按 F9 键，也可以进行捕捉的开启和关闭的切换操作。

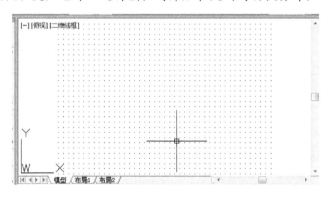

图 1-35 只在图形界限内显示栅格的绘图窗口

2. 正交功能

当正交打开时，用户在绘制直线时，在图形窗口不管怎么移动光标，也只能画水平线或者垂直线，不能画倾斜的线，正交的打开和关闭可以选择单击状态栏的"正交"按钮或按 F8 键两种方法来进行。

提示：正交打开状态不影响下面介绍的特殊点捕捉（对象捕捉）功能。

3. 对象捕捉

在绘图过程中，用户经常需要在已有的图形对象上确定一些特殊点，如直线的端点或中点、圆的圆心或象限点、直线与直线（或与曲线）的交点等。为解决这个问题，AutoCAD 向用户提供了对象捕捉功能。利用这一功能，用户可以在已有的图形对象上迅速、准确地得到某些特殊点（在 AutoCAD 中也称为特征点），从而达到精确绘图的目的。

在 AutoCAD 中，用户可以通过"对象捕捉"工具栏、"草图设置"对话框等方法打开并应用对象捕捉功能。

（1）"对象捕捉"工具栏。"对象捕捉"工具栏如图 1-36 所示。在绘图过程中，当命令行提示用户确定或输入点时，单击该工具栏中相应的特殊点按钮，再将光标移到绘图窗口中图形对象的特殊点附近，即可捕捉到相应的特殊点。"对象捕捉" 工具栏中各项捕捉模式的名称和功能见表 1-4。

图 1-36   "对象捕捉"工具栏

表 1-4   "对象捕捉"工具栏中各项捕捉模式的名称和功能

按钮图标	名称	功能
	临时追踪点	创建对象所使用的临时点
	捕捉自	从临时参照点偏移
	捕捉到端点	捕捉线段或圆弧的最近端点
	捕捉到中点	捕捉线段或圆弧等对象的中点
	捕捉到交点	捕捉线段、圆弧、圆、各种曲线之间的交点
	捕捉到外观交点	捕捉线段、圆弧、圆、各种曲线之间的外观交点
	捕捉到延长线	捕捉到直线或圆弧延长线上的点
	捕捉到圆心	捕捉到圆或圆弧的圆心
	捕捉到象限点	捕捉到圆或圆弧的象限点
	捕捉到切点	捕捉到圆或圆弧的切点
	捕捉到垂足	捕捉到垂直于线、圆或圆弧上的点
	捕捉到平行线	捕捉到与指定线平行的线上的点
	捕捉到插入点	捕捉块、图形、文字等对象的插入点
	捕捉到节点	捕捉对象的节点
	捕捉到最近点	捕捉离拾取点最近的线段、圆弧、圆等对象上的点
	无捕捉	关闭对象捕捉方式
	对象捕捉设置	设置自动捕捉方式

（2）自动捕捉。用户根据绘图的实际需要，提前选择好需要捕捉的一种或几种特殊点，每当绘图过程中命令行提示要求确定点时，只要将光标移到一个图形对象上，系统就自动捕捉到该对象上靠近光标处的特殊点，并显示出相应的标记及捕捉对象的提示。此时，单击即可确定该特殊点。下面介绍自动捕捉的设置方法。

在"草图设置"对话框中，打开"对象捕捉"选项卡，如图 1-37 所示，用户就可以进行自动捕捉的特殊点选择。

提示：用鼠标右键单击状态栏的"对象捕捉"按钮，在弹出的菜单中选择"设置..."，系统将弹出如图 1-37 所示的对话框。

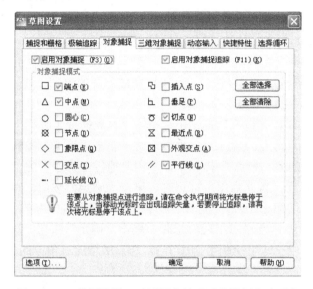

图 1-37　"草图设置"对话框中的"对象捕捉"选项卡

（3）运行捕捉和覆盖捕捉。在 AutoCAD 中，"对象捕捉"又可以按捕捉状态分为运行捕捉和覆盖捕捉两种模式。

在如图 1-37 所示的对话框中，如果选中"启用对象捕捉"复选框，每当命令行提示确定点时，系统便自动执行捕捉，这种状态直到关闭自动捕捉为止。这种捕捉模式称为运行捕捉方式。

提示：开启和关闭运行捕捉可以通过图 1-37 所示的对话框中"启用对象捕捉"复选框进行切换，也可以用按 F3 键或单击状态栏"对象捕捉"按钮的方法进行切换。

如果用户在系统提示确定点的情况下单击"对象捕捉"工具栏中的某个按钮，此时只是临时打开对象捕捉模式，这种捕捉模式称为覆盖捕捉。覆盖捕捉只对本次捕捉有效，此时，在命令行中将出现一个"于"标记。

提示：如果在图 1-37 所示的"对象捕捉模式"选项区中选择了多个选项，系统将按光标离特征点的距离来捕捉，系统总是捕捉离光标较近的特殊点。图 1-38 所示为同时选中捕捉端点、中点和交点时的不同捕捉结果，由图可见，光标位置不同，捕捉的特殊点结果也不同。如果在运行捕捉状态下用户再启用覆盖捕捉模式，系统将临时执行覆盖捕捉。

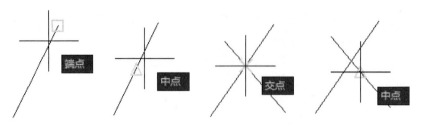

图 1-38　同时选中捕捉端点、中点和交点时的不同捕捉结果

捕捉功能在用户的绘图过程中有着极其重要的作用，为使读者更好地理解捕捉的意义和使用方法，下面举两个应用捕捉功能精确作图的实例。

【例 1-3】　作如图 1-39（a）所示三角形的外接圆。

该例题为利用覆盖捕捉功能的典型实例，外接圆通过的三角形的 3 个顶点（A、B、C）即 3 个交点，利用捕捉交点模式，可以快速、准确地完成此图的绘制。具体操作步骤和方法如下。

（1）选择下拉菜单中的"绘图"｜"圆"｜"三点"选项。

（2）在"指定圆上的第一个点:"提示下，单击"对象捕捉工具栏"的"⊠"。然后，在绘图窗口中移动光标至 A 点附近。当 A 点出现标记时，单击"确定"按钮。

（3）在"指定圆上的第二个点:"提示下，单击"捕捉工具栏"的"⊠"。然后，在绘图窗口中移动光标至 B 点附近。当 B 点出现标记时，单击"确定"按钮。

（4）在"指定圆上的第三个点:"提示下，单击"捕捉工具栏"的"⊠"，然后在绘图窗口中移动光标至 C 点附近。当 C 点出现标记时，单击"确定"按钮。

通过以上的操作，用户即可绘制出如图 1-39（b）所示的三角形的外接圆。

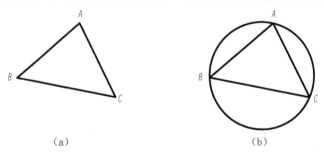

（a）　　　　　　　　　　　（b）

图 1-39　利用覆盖捕捉绘制三角形外接圆

【例 1-4】　根据图 1-40（a）给定的图形，绘制出如图 1-40（c）所示的图形。

该例题也为利用对象捕捉的典型例题，图中的直线为两圆的公切线，利用捕捉切点的方法，才能确定直线的位置，具体操作步骤和方法如下。

（1）打开运行捕捉方式，设置捕捉特征点为切点。

（2）选择下拉菜单"绘图"｜"直线"。

（3）在"line 指定第一点:"提示下，移动光标至 A 点附近。当 A 处出现标记时，单击"确定"按钮。

（4）在"指定下一点或[放弃（U）]:"提示下，移动光标至 B 点附近。当 B 处出现如图 1-40（b）

所示标记时，单击"确定"按钮。

通过以上操作，即可绘制出如图 1-40（c）所示的 *AB* 直线。读者可以仿照上面的方法重复上述的步骤一，可绘制出如图 1-40（d）所示的图形。

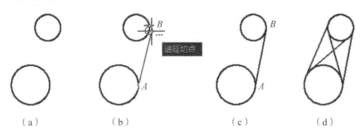

（a）　　　　　（b）　　　　　（c）　　　　　（d）

图 1-40　利用运行捕捉绘制两圆的公切线

以上两个绘图实例分别利用了覆盖捕捉和运行捕捉两种模式，读者通过这两个实例，可以理解捕捉功能的重要性。另外，还可以比较这两种捕捉模式的不同点，用户在绘图中选择哪种捕捉模式，应该根据实际绘图情况而确定。

4. 极轴追踪和对象追踪

自动追踪方式包括极轴追踪和对象捕捉追踪两种方式。绘图时利用自动追踪方式来确定一些点，可以简化绘图，提高工作效率。应用极轴追踪方式，可以方便地捕捉到所设角度线上的任意点；应用对象捕捉追踪方式，可以方便地捕捉到指定对象点延长线上的点。在应用极轴追踪和对象捕捉追踪之前，用户应先进行设置。在弹出的"草图设置"对话框中，选择"极轴追踪"选项卡，如图 1-41 所示。

图 1-41　"草图设置"对话框中的"极轴追踪"选项卡

（1）"启用极轴追踪"复选框用于打开或关闭极轴追踪方式。还可以通过单击状态栏中的"极轴追踪"按钮，或按 F10 键进行切换。

（2）"极轴角设置"选项区。用于设置极轴追踪的角度。其中"增量角"下拉列表框供用户选择用户预设的增量角。用户一旦选定增量角，系统将沿与增量角成整数倍的方向指定点的位置；"附加角"复选框供用户可以指定增量角下拉列表框中所不包括的极轴追踪角度；当选中"附加角"复选框后，单击"新建"按钮可以为用户增添极轴追踪角度，单击"删除"按钮可以删除选中的不需要的附加角。

（3）"极轴角测量"选项区。用于设置极轴追踪对齐角度的测量基础。若选中"绝对"单选框，则系统将以当前坐标系为基准计算极轴追踪角度；若选中"相对上一段"单选框，则系统将以最后绘制的两点之间的直线为基准计算极轴追踪角度。

（4）"对象捕捉追踪设置"选项区。用于设置对象捕捉追踪的形式。若选中"仅正交追踪"单选框，则系统只显示获取对象捕捉点的水平或垂直方向上的追逐路径；若选中"用所有极轴角设置追踪"单选框，则系统可以将极轴追踪设置应用到对象捕捉追踪，使用对象捕捉功时，光标将从获取对象捕捉点起，沿极轴对齐角度进行追踪。对象捕捉追踪方式的打开和关闭可以通过单击状态栏中"对象捕捉追踪"按钮或按 F11 键进行切换。

（5）"PolarSnap"（极轴捕捉）与"极轴追踪"方式的综合应用。使用极轴追踪时，光标将按指定角度进行移动。使用"PolarSnap"时，光标将沿极轴角度按指定增量进行移动。必须在"极轴追踪"和"捕捉"模式（设定为"PolarSnap"）同时打开的情况下，才能将点输入限制为极轴距离。此时移动光标，会显示极轴追踪虚线及表明距离和角度的工具提示。

提示："正交"模式和极轴追踪不能同时打开。打开极轴追踪后系统将关闭"正交"模式。同样，PolarSnap 和栅格捕捉不能同时打开，打开 PolarSnap 后系统将关闭栅格捕捉。

【例 1-5】 绘制一个长为 100、宽为 80 的矩形，然后以该矩形的中心点为圆心，绘制出半径为 30 的圆。

操作步骤如下：

（1）输入绘制直线命令，绘制长 100、宽 80 的矩形，如图 1-42（a）所示。

在矩形绘制完毕后，需要将要绘制的半径为 30 的圆心进行准确定位。按照前面学过的知识可以将圆心准确定位，但需要作辅助线。而利用 AutoCAD 对象捕捉追踪功能可以不作任何辅助线就能快速和准确地确定圆心。

（2）设置对象捕捉为中点模式，打开"运行捕捉"。

（3）打开"对象捕捉追踪"和"极轴追踪"。

（4）启用"捕捉"功能，将"捕捉"模式设定为"PolarSnap"，极轴距离设置为 10。

（5）输入绘制圆命令。

在"circle 指定圆的圆心或在[三点（3P）/两点（2P）/相切、相切、半径（T）]:"提示下，移动光标至矩形左边的中点附近稍停留，直到出现"△"（中点标记），然后水平向右拉出追踪虚线，如图 1-42（b）所示。

（6）与上一步类似，移动光标至矩形上边的中点附近稍停留，直到出现"△"（中点标记），然后竖直向下拉出追踪虚线，当两条对象追踪虚线交点处出现如图 1-42（c）所示的工具提示时，单击鼠标，圆心位置即可确定。

（7）输入圆的半径值 30，按 Enter 键，完成圆的绘制。

通过以上操作，用户便可以快速、准确地绘制出以矩形中心为圆心、半径为 30 的圆。

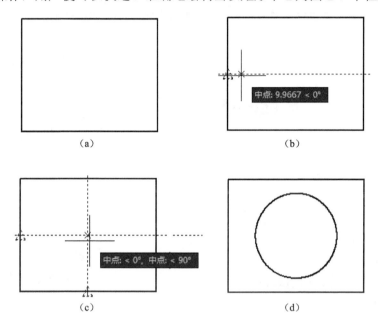

图 1-42　利用对象捕捉追踪方式绘制图形

【例 1-6】　绘制一个长 100、宽 70、高 50 长方体的正等轴测图。

利用极轴追踪方式可以方便地绘制出长方体的正等轴测图，具体操作步骤如下：

（1）启用"极轴追踪"，设定极轴增量角为"30°"。

（2）启用"栅格捕捉"功能，将"栅格捕捉"模式设定为"等轴测捕捉"。

（3）输入绘制直线命令，在"line 指定第一点:"提示下，移动光标到适当位置，单击"确定"按钮 A 点。

（4）在"指定下一点或 [放弃（U）]:"提示下，向右上方移动光标。在出现如图 1-43（a）所示的距离和角度的工具提示时，单击鼠标，确定 B 点，便绘制出长方体的一条边 AB。

（5）在"指定下一点或 [放弃（U）]:"提示下，向左上方移动光标。在出现如图 1-43（b）所示的距离和角度的工具提示时，单击鼠标，确定 C 点，便绘制出长方体的一条边 BC。

（6）在"指定下一点或 [闭合（C）/放弃（U）]:"提示下，向左下方移动光标，出现如图 1-43（c）所示的距离和角度的工具提示时，单击鼠标，确定 D 点，便绘制出长方体的一条边 CD。

（7）在"指定下一点或 [闭合（C）/放弃（U）]:"提示下，向左下方移动光标。在出现如图 1-43（d）所示的距离和角度的工具提示时，单击鼠标，回到 A 点，便绘制出长方体的一条边 DA。到此，即完成了长方体的顶面绘制。

（8）输入绘制直线命令，在"line 指定第一点:"提示下，单击 D 点。

（9）在"指定下一点或 [放弃（U）]:"提示下，向下方移动光标。在出现如图 1-43（e）所示的距离和角度的工具提示时，单击鼠标，确定 E 点，便绘制出长方体的一条边 DE。

通过以上操作，就可完成长方体顶面和左侧面一条边的正等轴测图的绘制。读者可仿照上面的方法，继续作图，最后完成如图 1-43（f）所示的长方体正等轴测图。

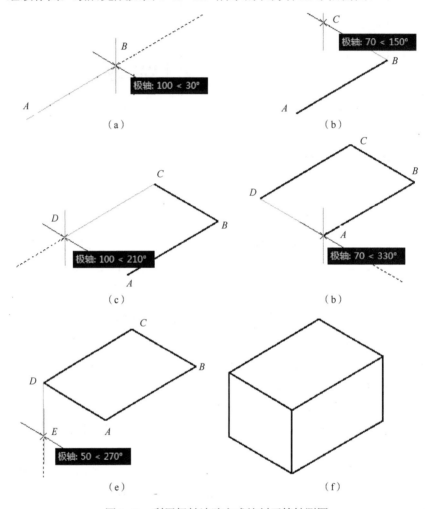

图 1-43　利用极轴追踪方式绘制正等轴测图

5. 三维对象捕捉

在"草图设置"对话框中，选择 "三维对象捕捉"选项卡，如图 1-44 所示。

（1）"三维对象捕捉"复选框用于打开或关闭极轴追踪方式。还可以通过单击状态栏中的"三维对象捕捉"按钮，或按 F4 键进行切换。

"三维对象捕捉"可以控制三维对象的执行对象捕捉设置。使用执行对象捕捉设置（也称为对象捕捉），可以在对象上的精确位置指定捕捉点。选择多个选项后，将应用选定的捕捉模式，以返回距离靶框中心最近的点。按 Tab 键，可以在这些选项之间循环。

6. 动态输入

在"草图设置"对话框中，选择"动态输入"选项卡，如图 1-45 所示。

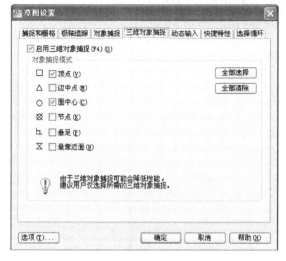

图 1-44　"草图设置"对话框　　　　　　图 1-45　"草图设置"对话框
　　——"三维对象捕捉"选项卡　　　　　　——"动态输入"选项卡

动态输入有指针输入和标注输入两种类型，指针输入一般用于输入相对直角坐标值；标注输入一般用于输入相对极坐标值。如果用户想要输入绝对坐标，可以使用命令行中输入"Dynmode"，然后通过改变变量来改变输入的坐标形式。该变量设置为 0 值时，输入的是绝对坐标值；该变量设置为非 0 值时，输入的是相对坐标值。

启用动态输入，在命令执行的过程中十字光标（鼠标）旁边将显示工具栏提示，光标旁边显示的工具栏提示信息将随着光标的移动而动态更新，当某个命令处于活动状态时，可以在工具栏提示中输入值，但动态输入不会取代命令窗口。

用户可以通过单击状态栏上的"动态输入"按钮打开或关闭动态输入。

7. 快捷特性

在"草图设置"对话框中，选择"快捷特性"选项卡，如图 1-46 所示。

（1）"选择时显示快捷特性选项板"复选框用于打开或关闭快捷特性。

（2）"选项板显示"默认设置为"所有对象"，即显示选择的任何对象。

（3）"选项板位置"控制在何处显示"快捷特性"选项板，默认位置为光标的右侧上方。

（4）"选项板行为"。自动收拢选项板："快捷特性"选项板仅显示指定数量的特性。当光标滚过时，该选项板展开。最小行数：设置当"快捷特性"选项板收拢时显示的特性数量。可以指定 1～30 的整数值。

启用快捷特性，在选择图形对象时，将显示该对象的快捷特性选项，上面列出了选定对象的特性的当前设置，用户可以修改或通过指定新值来更改特性。如图 1-47（a）所示，选择圆图形时，显示该圆的快捷特性选项，更改圆的半径及图层时，图形对象及相关特性随之改变，结果如图 1-47（b）所示。

图 1-46 "草图设置"对话框——"快捷特性"选项卡

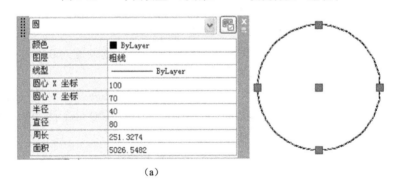

（a）

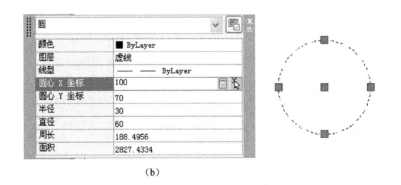

（b）

图 1-47 利用"快捷特性"选项卡更改图形特性

试试看

（1）启动 AutoCAD 后，设置图形界限为 210×297，打开栅格并启用栅格捕捉，观察图形窗口栅格的间距和十字光标移动的最小距离。然后，将栅格的间距设置为 20，捕捉间距设置为 5，并观察图形窗口栅格的间距和十字光标移动的最小距离与没有改变设置前有什么不同。

（2）首先建立新的图形文件，然后设置适当的栅格间距和捕捉间距，打开栅格和栅格捕捉及正交，最后在绘图窗口直接用鼠标定点的方式绘制一个长 90、宽 60 的矩形。

（3）首先建立新的图形文件，设置适当的图形界限，按尺寸绘制出如图 1-48 所示的平面图形（不要求标注尺寸但要求各种线型正确）。绘制完成后，将该图命名为"练习 1-4"并保存。

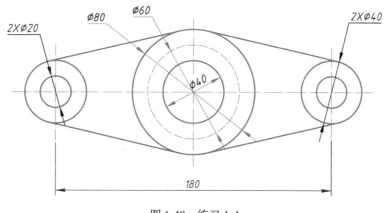

图 1-48　练习 1-4

1.8　图形的显示控制

在实际绘图过程中，通过图形显示的控制，可以灵活地观察图形的整体效果或局部细节，从而给用户绘制和编辑图形带来极大的方便。

1.8.1　图形的缩放

图形的缩放即增大或减小图形对象的屏幕尺寸，同时图形对象的真实尺寸保持不变。通过缩放视图改变屏幕显示区域和图形对象显示的大小，用户可以更准确、更详细地进行图形的绘制和编辑工作。图形的缩放命令为透明命令。

选择下拉菜单中的"视图"｜"缩放"选项，系统将弹出缩放视图的下一级子菜单，如图 1-49 所示。

如果在命令行输入"ZOOM"，然后按 Enter 键，系统将提示"指定窗口的角点，输入比例因子（nX 或 nXP），或者全部（A）/中心（C）/动态（D）/范围（E）/上一个（P）/比例（S）/窗口（W）/对象（O）] <实时>:"。

上面提示中的各选项和缩放视图子菜单中的各选项相对应，下面以前面保存的"练习 1-4"的图形为例，介绍提示中主要选项的含义及操作方法。

图 1-49　缩放视图的下一级子菜单

1. "指定窗口角点"选项

该选项是系统的默认选项之一，称为窗口缩放，主要用于放大绘图窗口内的局部图形。其操作方法是移动光标在屏幕的绘图窗口内拾取用于确定矩形窗口的两个对角点，如图 1-50（a）所示。系统将用户确定的矩形窗口充满整个绘图窗口，矩形窗口内的部分图形即被放大，如图 1-50（b）所示。

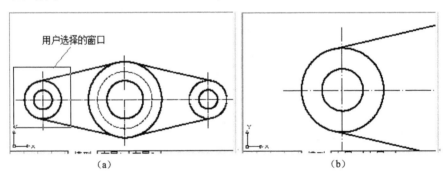

图 1-50　窗口缩放

2. "确定比例因子（nX 或 nXP）"选项

该选项也为系统的默认选项之一，称为比例缩放，用于直接输入一数值作为缩放系数缩放图形。输入的缩放系数有三种形式：

第一种形式是直接输入一数值，表示相对图形界限缩放。例如，输入"2"将使图形对象的显示尺寸变为原始图形的 2 倍。

第二种形式是输入的数值后加 x，表示相对当前视图缩放。例如，输入"2x"将使屏幕上的每个图形对象显示为原来大小的 2 倍。

第三种形式是在输入的数值后加 xP，表示相对图纸空间缩放。有关图纸空间的内容将在后面章节中进行介绍。

3. "全部（A）"选项

该选项表示将全部图形界限显示在绘图窗口中。选择该选项，输入"A"后按 Enter 键。如果图形对象没有超出图形界限，系统就按用户设置的图形界限显示，如图 1-51（a）所示；如果有图形对象超出了图形界限，系统的显示范围将被扩大，以便超出的图形对象部分也能显示在绘图窗口中。

4. "范围（E）"选项

该选项用于尽可能大地显示整个图形。选择该选项，输入"E"后按 Enter 键，系统将整个图形对象充满绘图窗口。此时与所设置的图形界限大小无关，如图 1-51（b）所示。

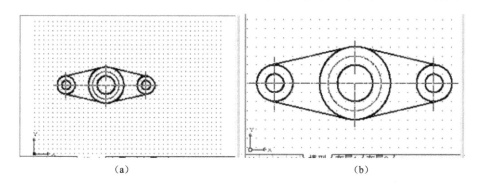

（a）　　　　　　　　　　　　　　　　　（b）

图 1-51　缩放命令中"全部（A）"选项和"范围（E）"选项的区别

5. "中心（C）"选项

该选项用于重设图形的显示中心和屏高（屏高即屏幕绘图窗口显示的实际高度）来显示图形。选择该选项，输入"C"后按 Enter 键，系统将提示：

"指定中心点："，该提示要求用户确定新的显示中心。在此，可以采用输入坐标值或用鼠标直接在绘图窗口内拾取点的方法来确定新的显示中心，也可以直接按 Enter 键（保持显示中心不变）。进行此操作后，系统又继续提示：

"输入比例或高度<400.0000>："，该提示要求用户输入显示比例或高度值。

用户选择"输入比例"选项，需要输入数值并在其后加"x "，例如输入"2x"表示相对当前视图进行缩放。

如果用户选择"高度<400.0000>："选项，那就需要输入一新的屏高值，（）里的值是屏幕绘图窗口显示的当前实际高度。如果新输入的屏高值小于当前的屏高值，那么图形显示被放大；反之，图形显示则被缩小。

6. 上一个（P）"选项

该选项用于显示上一次的图形状态。选择该选项，输入"P"后按 Enter 键，系统将绘图窗口恢复到上一次图形显示的状态。

7. "比例（S）"选项

该选项与"确定比例因子（nX 或 nXP）"选项相同。

8. "窗口（W）"选项

该选项与"指定窗口角点"选项相同。

9. "对象（O）"选项

该选项用于把选定的图形对象在绘图窗口以最大轮廓的显示出来。

10. "＜实时＞"选项

该选项对图形显示进行实时缩放。选择该选项，直接按 Enter 键，系统将进入实时缩放模式。在该模式下，光标变为放大镜图标。此时，若按住鼠标左键由下向上拖动图形，则可动态放大图形显示；若按住鼠标左键由上向下拖动图形，则可动态缩小图形显示；如果用户想退出实时缩放状态，可以单击右键，从弹出的菜单中选择"退出…"。

提示：ZOOM 命令是透明命令，在执行其他命令的当中随时可以插入该命令。另外标准工具栏有"实时缩放🔍""窗口缩放🔍"和"上一个🔍"等按钮，用户在绘图和编辑图形过程中可以方便地使用。

1.8.2 图形的平移

图形的平移是用户通过移动视图使绘图窗口显示图形的合适区域。选择下拉菜单中的"视图" | "平移"选项，系统将打开平移视图的下一级子菜单，如图 1-52 所示。下面介绍平移视图的下一级子菜单的各项含义。

1. "实时"选项

选择该选项，绘图窗口将出现一只小手形状的图标，系统同时在命令行提示："按 Esc 或 Enter 键退出，或单击右键显示快捷菜单"。

此时，可通过拖动光标的方式动态地平移视图。若按"Esc"键或按 Enter 键，则结束平移视图命令；若单击右键，则系统弹出如图 1-53 所示的视图实时缩放和平移快捷菜单，供用户选择使用。

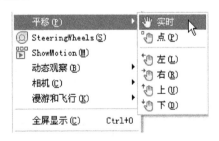

图 1-52　平移视图的下一级子菜单

图 1-53　视图实时缩放和平移快捷菜单

2. "点（P）"选项

选择该选项用户在绘图窗口确定两点，系统将根据这两点的位移量来平移整个图形。

3. "左（L）""右（R）""上（U）"和"下（D）"选项

用户如果选择上述 4 个选项之一，系统分别将整个图形向左、右、上和下进行一定距离的平移。

提示：PAN 命令也为透明命令，经常和 ZOOM 命令结合使用，以使用户能够快速地确定图形的显示区域和大小。在对图形采用实时缩放时，单击鼠标右键也将弹出如图 1-53 所示的快捷菜单。

1.9　简单机械零件图的绘制过程

下面以两个简单的机械零件为例，介绍利用 CAD 绘制机械零件图的详细过程。

【例 1-7】　绘制如图 1-54（a）所示的键轮廓图。

操作步骤如下：

（1）根据图中尺寸选择图幅和绘图比例。

（2）创建绘制键所需要的图层。

（3）设置运行捕捉点启用"象限"和"圆心"，启用"运行捕捉"功能；打开"对象捕捉追踪"和"极轴追踪"；启用"捕捉"功能，将"捕捉"模式设定为"PolarSnap"，极轴距离设置为 10。

（4）输入绘制圆命令，在"circle 指定圆的圆心或 [三点（3P）/两点（2P）/相切、相切、半径（T）]:"提示下，在适当位置单击"确定"按钮圆心。然后输入半径值"10"，按 Enter 键，就可绘制出如图 1-54（b）所示的圆。

（5）重复输入绘制圆命令，在"circle 指定圆的圆心或 [三点（3P）/两点（2P）/相切、相切、半径（T）]:"提示下，捕捉圆心并向右拉出追踪虚线。当出现如图 1-54（b）所示的距离和角度的工具提示时，单击鼠标，确定右圆的圆心位置，按照命令提示输入半径值"10"，就可绘制出如图 1-54（c）所示的圆。

（6）输入绘制直线命令，在命令提示下分别捕捉两圆的象限点，如图 1-54（c）和图 1-54（d）所示。最终绘制结果如图 1-54（e）所示。

（7）修剪多余的图线。选择下拉菜单"修改"｜"修剪"命令，系统提示："选择剪切边…选择对象…"。在该提示下移动光标至所选取的剪切边（图中两条直线）上单击，如图 1-54（f）所示。然后按 Enter 键，系统继续提示"选择要修剪的对象，或按住 Shift 键选择要延伸的对象，或[栏选（F）/窗交（C）/投影（P）/边（E）/删除（R）/放弃（U）]:"。在该提示下用鼠标选取所要修剪掉的图线，如图 1-54（g）所示。

通过上面的操作，便完成了键轮廓图的绘制，结果如图 1-54（h）所示。

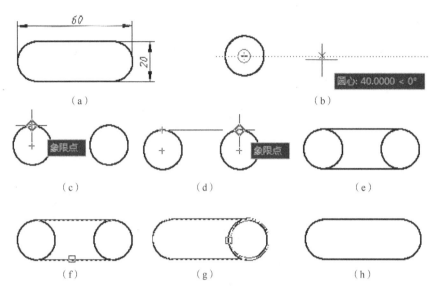

图 1-54　键轮廓图的绘制过程

【例 1-8】　绘制如图 1-55（a）所示的圆柱销图。

操作步骤如下：

（1）根据图中尺寸选择图幅和绘图比例。

（2）创建绘制圆柱销所需要的图层。

（3）设置运行捕捉点启用"端点"和"交点"，启用"运行捕捉"功能。

（4）选择点画线层，输入绘制"直线"命令，画出适当长度的轴线（点画线）；切换到粗实线层，输入绘制直线命令，在适当位置画出圆柱销的最左端面线，如图 1-55（b）所示。

（5）选择下拉菜单"修改"｜"偏移"命令，在"指定偏移距离或[通过（T）/删除（E）/图层（L）] <通过>:"的提示下，输入圆柱销的长度值"30"后按 Enter 键，系统继续提示"选择要偏移的对象，或 [退出（E）/放弃（U）] <退出>:"。在该提示下，选择图中的圆柱销的最左端面线，系统继续提示"指定要偏移的那一侧上的点，或 [退出（E）/多个（M）/放弃（U）]<退出>:"。在该提示下，移动光标至直线的右侧单击，如图 1-55（c）所示。

通过上面的操作，绘制出了圆柱销的右端面线，如图 1-55（d）所示。

（6）重复输入"偏移"命令，偏移出倒角部分的两条线（偏移距离为1），如图 1-55（e）所示。

（7）重复输入"偏移"命令，偏移出圆柱销上下两条轮廓线（偏移出的轮廓线为点画线）和倒角部分的两条线，如图 1-55（f）所示。

（8）切换到粗实线层，输入"直线"命令，绘制出圆柱销的上下轮廓线和倒角的斜线，如图 1-55（g）所示。

（9）输入"删除"命令，删除图中的 4 条点画线，如图 1-55（g）所示，删除命令执行完毕后的结果如图 1-55（h）所示。

（10）输入"修剪"命令，将图 1-55（h）中多余的图线修剪掉，便完成了圆柱销零件图的绘制工作，最后结果如图 1-55（i）所示。

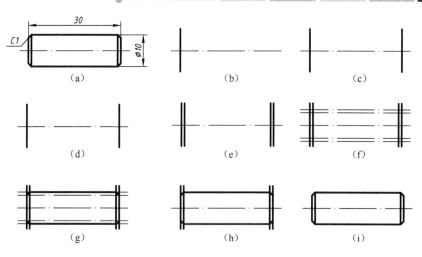

图 1-55　圆柱销零件图的绘制过程

通过键轮廓图和圆柱销零件图的绘制过程的详细介绍，读者基本上熟悉了简单平面轮廓图的绘制方法，并在绘制过程中使用了一些简单绘图命令（绘制直线、绘制圆）和图形编辑修改命令（修剪、偏移）。由于实际中机械工程图的形状是各式各样的，所以如果想要达到快速、正确地绘制出各种机械工程图的目的，读者必须要熟练地掌握常用的绘图和编辑修改命令。这些命令将在第 2 章中详细介绍。

试试看

（1）绘制一组同心圆，相邻的两个圆直径差为 10，最小圆的直径为 80，最大圆的直径为 120，想一想怎样画图是最简单的。

（2）按图 1-56 所示平面图形绘制出该图（不标注尺寸），然后将该图命名为"练习 1-4"并保存。

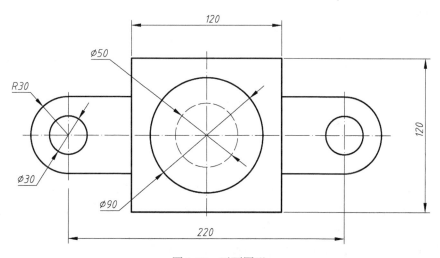

图 1-56　平面图形

本 章 小 结

本章介绍了利用 AutoCAD 绘制工程图的基础知识，主要内容包括 AutoCAD 的用户工作空间界面、AutoCAD 的命令输入方法和操作过程、AutoCAD 的坐标基础知识、绘制机械工程图前的基本设置、精确绘图的基本方法和图形显示控制的方法、绘制简单机械工程图的实例等。本章的内容是后续章节的基础知识，这些基本知识和基本操作的熟练程度将直接影响绘制机械工程图的速度，为使学生能真正打好基础。学习本章内容后，读者必须进行不少于授课时间的上机实际操作训练。

本章习题

1. 填空题

（1）在 AutoCAD 中，AutoCAD 的命令输入主要有使用_____和使用_____ 2 种方式（2 种方法）。

（2）要绘制一条长为 60 的水平线 AB（平行于 X 轴的线），如果 A 点的坐标为（20，30），那么 B 点的绝对直角坐标为_____，B 点相对于 A 点的相对直角坐标为_____。

（3）在绘制图形过程中，当绘制出的点画线和虚线等线型显示不符合要求（空白处太少或太长等）时，应该输入_____命令来调整这些不连续线型的显示。

（4）当绘出的图形只在设置好的图形界限中占很小一部分时，执行"ZOOM"命令对图形显示进行缩放过程中，选择_____时，将尽可能大地显示整个图形；选择_____时，按用户设置的图形界限显示。

2. 简答题

（1）透明命令有什么特点？学习过的命令中什么命令属于透明命令？

（2）怎么能够使实际绘制的线型、线宽和颜色等特性和用户在"图层特性管理器"对话框中的设置保持一致？

（3）如何在已经绘制出的图形对象上精确地定出特殊的点？

（4）AutoCAD 绘制机械工程图的一般步骤是什么？

3. 操作题

（1）用绘制直线命令绘制一个长 120、宽 80 的矩形，绘制过程中先定直线的起点，然后依次分别采用绝对极坐标、绝对直角坐标和相对直角坐标分别输入矩形的各个顶点，最后作出该矩形的对边中点连线和对角线。

（2）绘制一个长 120、宽 80、高 60 的长方体的轴测图。

（3）创建新的图形文件，绘图界限为 420×297，栅格距离为 20，栅格捕捉间距为 5，长度单位采用小数制，精度为小数点后 2 位，角度单位采用度、分、秒制，精度为 0d00′，然后按

图 1-57 所示绘制出该图（要求各种图线要符合国标、不标注尺寸），完成后将该图命名为"练习一第一题"并保存。

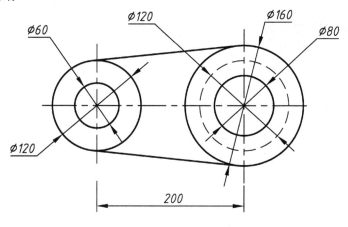

图 1-57　练习一第一题

（4）创建新的图形文件，绘图界限为 210×297，然后按图 1-58 所示绘制出该图（要求各种图线要符合国标、不标注尺寸），完成后将该图命名为"练习一第二题"并保存。

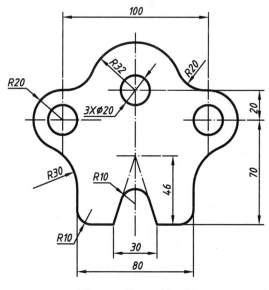

图 1-58　练习一第二题

第2章

机械零件平面轮廓图的
绘制与编辑

通过本章学习，读者应掌握 AutoCAD 的基本绘图命令和基本编辑修改命令，并能利用这些命令熟练地绘制机械零件平面轮廓图。

如图 2-1 所示为几种常见机械零件的平面轮廓图，图 2-2 所示为吊钩平面轮廓图，实际上机械工程图中的每个视图均属于平面轮廓图，所以绘制平面轮廓图是绘制机械工程图的基础。本章主要介绍 AutoCAD 的基本绘图命令、基本编辑修改命令的操作方法及其在绘制机械零件平面轮廓图过程中的具体应用。

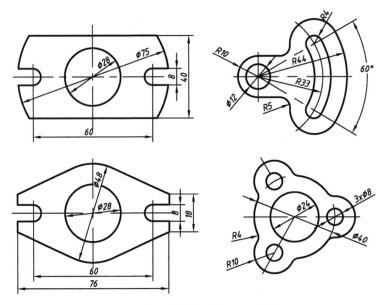

图 2-1　常见机械零件的平面轮廓图

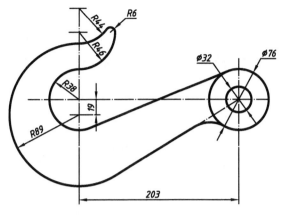

图 2-2　吊钩平面轮廓图

2.1　二维绘图命令

2.1.1　绘制构造线

构造线是一条没有起点和终点的直线，它常常被用作辅助线。选择下拉菜单中的"绘图"｜"构造线"命令，系统提示"指定点或 [水平（H）/垂直（V）/角度（A）/二等分（B）/偏移（O）]:"。

系统在提示中列出了各种情况绘制构造线的选项，用户可以根据实际绘制需要进行选取。

1. "指定点"选项

该选项是系统的默认选项。在上述提示下用户直接指定点，系统继续提示"指定通过点:"，在该提示下用户再输入一点，系统将经过"指定点"和该点绘制出一条构造线，并继续出现该提示。用户可以在该提示下多次选取通过点来绘制多条构造线，直到按 Enter 键结束命令为止。

2. "水平（H）"选项

该选项用于绘制水平构造线。下面以图 2-3（a）为例说明该选项的操作过程。在系统提示下输入"H"后，按 Enter 键，系统继续提示"指定通过点:"。在该提示下，捕捉图中的 A 点，系统将通过 A 点绘制一条水平构造线，系统继续提示"指定通过点:"。在该提示下，捕捉图中的 B 点，系统将通过 B 点又绘制一条水平构造线。系统继续提示"指定通过点:"，在该提示下按 Enter 键结束命令。

3. "垂直（V）"选项

该选项用于绘制垂直构造线，其操作过程与绘制水平构造线方法类似。

4. "角度（A）"选项

该选项用于绘制指定角度的构造线。以图 2-3（b）为例说明该选项的操作过程。

机械CAD基础 （第2版）

在系统提示下输入"A"，按 Enter 键，系统继续提示"输入构造线的角度（0）或[参照（R）]:"。在该提示下，输入"45"，按 Enter 键，系统继续提示"指定通过点:"。在该提示下，捕捉图中的 C 点，系统将通过 C 点绘制一条 45° 方向的构造线。系统重复提示"指定通过点:"，在该提示下按 Enter 键结束该命令。

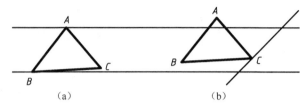

图 2-3　绘制水平构造线和指定角度构造线

5. "二等分（B）"选项

该选项可通过 3 个点来确定构造线。以图 2-4（a）为例说明该选项的操作过程。选择该选项，输入"B"，按 Enter 键，系统继续提示"指定角的顶点:"，在该提示下，捕捉图中的 B 点。系统继续提示"指定角的起点:"，在该提示下，捕捉图中的 A 点，系统继续提示"指定角的端点:"。在该提示下，捕捉图中的 C 点，系统将绘制出∠ABC 的平分线，并继续提示"指定角的端点:"，在该提示下按 Enter 键结束该命令。

6. "偏移（O）"选项

该选项用于绘制与已有直线平行且与之有一定距离的构造线。以图 2-4（b）为例说明该选项的操作过程。在系统提示下输入"O"，按 Enter 键，系统继续提示"指定偏移距离或 [通过（T）] <通过>:"在该提示下，输入偏移的距离值"20"后按 Enter 键。系统继续提示"选择直线对象:"，在该提示下，选择图中的 AB 边。系统继续提示"指定向哪侧偏移:"，在该提示下，移动光标在 AB 边的右下侧拾取点，系统将绘制出与 AB 边平行，且距离 AB 为 20 的一条构造线，并重复提示"选择直线对象:"，在该提示下按 Enter 键，结束该命令。

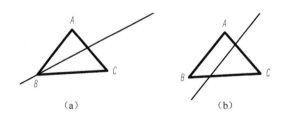

图 2-4　绘制二等分构造线和偏移构造线

2.1.2　绘制正多边形

正多边形在工程制图中用途非常广泛，AutoCAD 提供了绘制正多边形的命令，利用该命令，用户可以快速、方便地绘制出任意正多边形。

选择下拉菜单中的"绘图"｜"多边形"命令，系统提示"输入侧面数<4>:"。在该提示下，用户输入要绘制正多边形的边数并按 Enter 键，系统继续提示"指定正多边形的中心点或[边（E）]:"，该提示有两个选项，现在分别说明这两个选项的含义及操作过程。

1. "指定正多边形的中心"选项

该选项是使用正多边形的外接圆或内切圆来绘制正多边形。选择该选项，在上述提示下用户直接输入一点，该点即正多边形的中心。中心确定后，系统继续提示"输入选项 [内接于圆（I）/外切于圆（C）] <I>:"

（1）"内接于圆（I）"选项指定外接圆的半径，正多边形的所有顶点都在此圆周上。用于借助正多边形的外接圆来绘制正多边形，也是系统默认的选项。

（2）"外切于圆（C）"选项指定从正多边形圆心到各边中点的距离。用于借助正多边形的内切圆来绘制正多边形。

下面以图 2-5 为例，说明上述两个选项的操作过程。

选择下拉菜单中的"绘图"｜"多边形"命令，系统提示"输入侧面数<4>:"。在该提示下，用户输入要绘制正多边形的边数"6"，按 Enter 键。系统继续提示"指定正多边形的中心点或 [边（E）]:"，在该提示下确定正六边形的中心点后，系统继续提示"输入选项 [内接于圆（I）/外切于圆（C）] <I>:"，按 Enter 键。系统继续提示"指定圆的半径:"，在该提示下输入"50"，按 Enter 键，系统将绘制出如图 2-5（a）所示的正六边形。

如果系统提示"输入选项[内接于圆（I）/外切于圆（C）] <I>:"，就输入"C"，按 Enter 键。系统继续提示"指定圆的半径:"，在该提示下输入"50"，按 Enter 键，系统将绘制出如图 2-5（b）所示的正六边形。

2. "边（E）"选项

该选项用于绘制已知边长的正多边形。下面以图 2-6 为例，说明该选项的操作过程。

在"输入侧面数<4>:"提示下，输入"6"后按 Enter 键，系统继续提示"指定正多边形的中心点或 [边（E）]:"，在该提示下，输入"E"后按 Enter 键。系统继续提示"指定边的第一个端点:"，在该提示下，确定 A 点后按 Enter 键。系统继续提示"指定边的第二个端点:"，在该提示下，输入 B 点坐标（@60,0）后按 Enter 键，系统将绘制出如图 2-6 所示的以 AB 为一个边长且边长为 60 的正六边形。

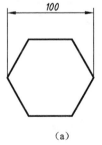
（a）

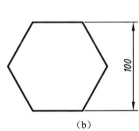
（b）

图 2-5　正六边形的绘制

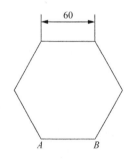

图 2-6　根据边长绘制正六边形

提示：用绘制正多边形的命令绘制出的正多边形是一个整体（属于多段线，有关多段线的知识将在后续章节中介绍）。利用边长绘制正多边形时，绘制出的正多边形的位置和方向与用户确定的两个端点的相对位置有关。用户确定的两个点之间的距离即多边形的边长，两个点可用捕捉栅格或相对坐标方法确定。

2.1.3　绘制矩形

选择下拉菜单中的"绘图"｜"矩形"命令，系统提示：

"指定第一个角点或 [倒角（C）/标高（E）/圆角（F）/厚度（T）/宽度（W）]:"

各选项的含义和操作过程如下：

1. "指定第一角点"选项

该选项是系统的默认选项。现以图2-7为例，说明该选项的操作过程。

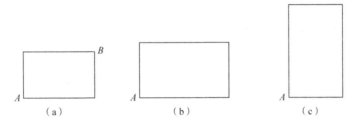

（a）　　　　　　　　（b）　　　　　　　　（c）

图2-7　绘制矩形的方法

在上述提示下，直接输入 *A* 点，系统继续提示"指定另一个角点或 [面积（A）/尺寸（D）/旋转（R）]:"。在该提示下，直接输入 *B* 点，按 Enter 键，系统将以 *A* 点和 *B* 点为对角线绘制出一个如图2-7（a）所示的矩形。

如果在该提示下输入"D"后按 Enter 键，系统将继续提示"指定矩形的长度 <0.0000>:"。在该提示下，输入"100"后按 Enter 键。系统继续提示"指定矩形的宽度 <0.0000>:"，在该提示下，输入"60"后按 Enter 键。系统继续提示"指定另一个角点或 [面积（A）/尺寸（D）/旋转（R）]:"，在该提示下，移动光标在 *A* 点的右上方单击，系统将绘制出如图2-7（b）所示的、以 *A* 点为一个角点、另一角点在 *A* 点的右上方、长100、宽60的矩形。

如果在"指定另一个角点或[面积（A）/尺寸（D）/旋转（R）]:"提示下输入"R"后按 Enter 键，系统继续提示"指定旋转角度或 [拾取点（P）] <0>:"。在该提示下输入"90"后按 Enter 键。系统继续提示"指定另一个角点或 [面积（A）/尺寸（D）/旋转（R）]"，在该提示下输入"D"后按 Enter 键。系统继续提示"指定矩形的长度 <0.0000>:"，在该提示下，输入"120"后按 Enter 键。系统继续提示"指定矩形的宽度 <0.0000>:"，在该提示下，输入"50"后按 Enter 键。系统继续提示"指定另一个角点或 [面积（A）/尺寸（D）/旋转（R）]:"，在该提示下，移动光标到 *A* 点的右下方单击，系统将绘制出如图2-7（c）所示的以 *A* 点为一个角点、另一角点到 *A* 点的右上方、长120、宽50且旋转了90°的矩形。

2. "倒角（C）"选项和"圆角（F）"选项

"倒角（C）"选项用于绘制一个 4 个角有相同斜角的矩形，如图 2-8（a）所示。

"圆角（F）"选项用于绘制一个 4 个角有相同圆角的矩形，如图 2-8（b）所示。

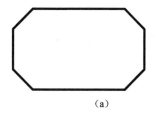
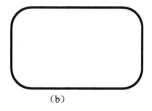

（a）　　　　　　　　　　　　　（b）

图 2-8　绘制具有斜角和圆角的矩形

3. "标高（E）"选项和"厚度（T）"选项

"标高（E）"选项用于设置在三维绘图中矩形离 *XOY* 平面的高度（相当于 *Z* 坐标），如图 2-9（a）所示。

"厚度（T）"选项用于设置在三维绘图中矩形的厚度，如图 2-9（b）所示。

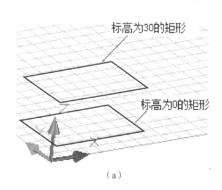
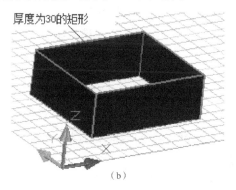

（a）　　　　　　　　　　　　　（b）

图 2-9　绘制具有标高和厚度的矩形

4. "宽度（W）"选项

该选项用于绘制一个重新指定线宽的矩形。现以图 2-10 为例，说明该选项的操作过程。

在"指定第一个角点或 [倒角（C）/标高（E）/圆角（F）/厚度（T）/宽度（W）]:"的提示下，输入"W"后按 Enter 键，系统继续提示"指定矩形的线宽 <0.0000>:"，在该提示下，输入"1"后按 Enter 键，系统重复提示"指定第一个角点或 [倒角（C）/标高（E）/圆角（F）/厚度（T）/宽度（W）]:"。在该提示下，直接输入 *A* 点，系统继续提示"指定另一个角点或 [面积（A）/尺寸（D）/旋转（R）]:"。在该提示下直接输入 *B* 点按 Enter 键，系统将以 *A* 点和 *B* 点为对角线，绘制出一个线宽为 1 的矩形，如图 2-10 所示。

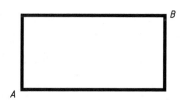

图 2-10　绘制一个重新指定线宽的矩形

提示：用矩形命令绘制出的矩形是一个整体（属于多段线，有关多段线的知识将在第3章中介绍），与用绘制直线命令绘制出的矩形不同。在执行该命令时所设置的选项内容将作为系统默认选项数值（例如倒角、圆角等），下次绘制矩形时仍按上次的设置绘制，直至用户重新设置为止。

2.1.4 绘制圆

圆是工程图中一种常见的基本实体。在 AutoCAD 中，根据实际的已知条件，可以使用 6 种方式绘制圆。

选择下拉菜单中的"绘图"｜"圆"命令，系统将弹出绘制圆的下一级子菜单，如图 2-11 所示。

图 2-11　绘制圆的下一级子菜单

1. 根据圆心和半径绘制圆

根据圆心和半径绘制圆，这是系统的默认方法，在"circle 指定圆的圆心或 [三点（3P）/ 两点（2P）/相切、相切、半径（T）]:"的提示下，确定圆心并输入圆的半径即可。

提示：系统将用此方法绘制的圆的半径作为下一次绘制圆的默认值。

2. 根据圆心和直径绘制圆

在"circle 指定圆的圆心或 [三点（3P）/两点（2P）/相切、相切、半径（T）]:"的提示下，用户确定圆心并按照提示输入圆的直径即可。

3. 根据两点绘制圆

下面以图 2-12 为例，根据图 2-12（a）已给的矩形绘制与该矩形上下边中点（A、B）相切的圆。

在"circle 指定圆的圆心或 [三点（3P）/两点（2P）/相切、相切、半径（T）]:"的提示下输入"2P"后按 Enter 键，系统继续提示"指定圆直径的第一个端点:"，在该提示下拾取矩形的上边中点 A。系统继续提示"指定圆直径的第二个端点:"，在该提示下拾取矩形的下边中点 B。

通过以上的操作，系统绘制出了与矩形上下边中点 A、B 相切的圆，即根据两点绘制圆，如图 2-12（b）所示。

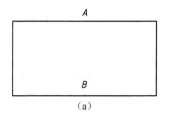

（a）

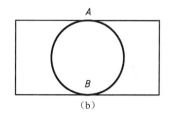

（b）

图 2-12　根据两点绘制圆

4. 根据三点绘制圆

下面以图 2-13 为例，根据图 2-13（a）图已给的三角形绘制该三角形的外接圆。

在"circle 指定圆的圆心或 [三点（3P）/两点（2P）/相切、相切、半径（T）]:"的提示下输入"3P"，按 Enter 键，系统继续提示"指定圆上的第一个点:"，在该提示下拾取三角形的顶点 A。系统继续提示"指定圆上的第二个点:"，在该提示下拾取三角形的顶点 B。系统继续提示"指定圆上的第三个点:"，在该提示下拾取三角形的顶点 C。

通过以上的操作，系统绘制出了三角形的外接圆，如图 2-13（b）所示。

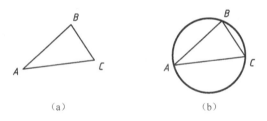

（a）　　　　　　　　　　　　　　（b）

图 2-13　根据三点绘制圆

5. 绘制与两个对象相切且半径为给定值的圆

下面以图 2-14 为例，绘制已知半径并与两个已知圆相切的圆。

在"circle 指定圆的圆心或[三点（3P）/两点（2P）/相切、相切、半径（T）]:"的提示下输入"T"，按 Enter 键，系统继续提示"指定对象与圆的第一个相切点:"。在该提示下，在小圆的 A 点附近单击，系统继续提示"指定对象与圆的第二个相切点:"。在该提示下，在大圆的 B 点附近单击，系统继续提示"指定圆的半径 <20.0000>:"。在该提示下输入"50"后按 Enter 键。

通过以上的操作，系统绘制出与两圆相切的、半径为 50 的圆，即与两个对象相切且半径为给定值的圆，如图 2-14 所示。

提示：使用"相切、相切、半径"命令绘制圆时，系统总是在距拾取点最近的部位绘制相切的圆。因此，拾取与圆相切的实体对象时，拾取的位置不同，最后得到的结果有可能不同，如图 2-15 所示。

提示：如果所选择的实体对象为两条平行线或所选择的实体对象为两个圆，并且输入的公切圆半径值太小，系统将报告"圆不存在"的错误信息。

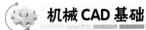

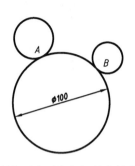

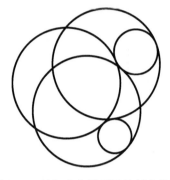

图 2-14　绘制与两个对象相切且半径为给定值的圆　　　图 2-15　相切点位置不同绘制出的圆

6. 绘制与 3 个对象相切的圆

下面以图 2-16 为例，根据图 2-16（a）给出的三角形绘制该三角形的内切圆。

选择下拉菜单中的"绘图"｜"圆"｜"相切、相切、相切"命令，系统出现提示：

"circle 指定圆的圆心或 [三点（3P）/两点（2P）/相切、相切、半径（T）]: _3p"，"指定圆上的第一个点: _tan 到"，在三角形的 *AB* 边上单击，"指定圆上的第二个点: _tan 到"，在三角形的第二条边 *BC* 上单击，"指定圆上的第三个点: _tan 到"，在三角形的第三条边 *AC* 上单击。

通过以上的操作，系统绘制出了三角形的内切圆，即与 3 个对象相切的圆，如图 2-16（b）所示。

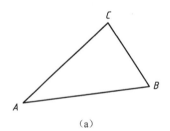

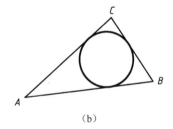

（a）　　　　　　　　　　　　　　　　（b）

图 2-16　绘制与 3 个对象相切的圆

2.1.5　绘制圆弧

圆弧是图形中的重要实体，在 AutoCAD 中，根据实际的已知条件，可以使用多种方式绘制圆弧。

选择下拉菜单中的"绘图"｜"圆弧"命令，系统将弹出绘制圆弧的下一级子菜单，如图 2-17所示。以下重点介绍几种常用绘制圆弧的方法。

1. 用三点方式绘制圆弧

下面以图 2-18 为例，说明此方式的操作过程。

在"arc 指定圆弧的起点或[圆心（C）]:"的提示下，输入圆弧的起点。在 *A* 处单击，系统继续提示"指定圆弧的第二个点或[圆心（C）/端点（E）]:"。在该提示下，输入圆弧的第二个点。在 B 处单击，系统继续提示"指定圆弧的端点:"，在该提示下，输入圆弧的终点，在 C 处单击。

通过以上的操作，系统绘制出了通过 A、B 和 C 点的圆弧，即三点绘制圆弧，如图 2-18 所示。

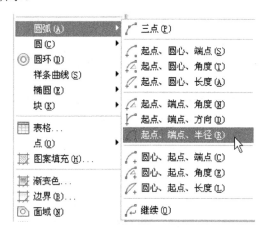

图 2-17　绘制圆弧的下一级子菜单

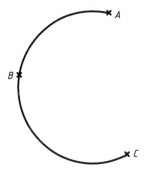

图 2-18　三点绘制圆弧

2. 用起点、圆心、端点方式绘制圆弧

现以图 2-19 为例，说明此方式的操作过程。

在"arc 指定圆弧的起点或 [圆心（C）]:"的提示下，输入圆弧的起点，拾取 A 点，系统继续提示"指定圆弧的第二个点或 [圆心（C）/端点（E）]: _c 指定圆弧的圆心:"。在该提示下确定圆心，拾取点 B，系统继续提示"指定圆弧的端点或 [角度（A）/弦长（L）]:"。在该提示下输入圆弧的终点，拾取 C 点。

通过以上的操作，系统绘制出了以 A 为起点、B 为圆心的圆弧，即用起点、圆心、端点方式绘制圆弧，如图 2-19（a）所示。

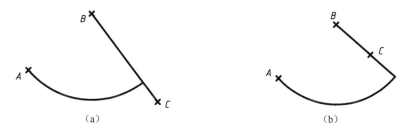

（a）　　　　　　　　　　　　　　（b）

图 2-19　用起点、圆心、端点方式绘制圆弧

提示： 系统默认的方式是按逆时针方向绘制圆弧。当给出圆弧的起点和圆心后，圆弧的半径已经确定，终点只决定圆弧的长度范围，圆弧截止于圆心和终点的连线上[见图 2-19（a）]或圆心和终点连线的延长线上[见图 2-19（b）]。

3. 用起点、圆心、角度方式绘制圆弧

角度即圆弧所对应的圆心角。现以图 2-20 为例，说明此方式的操作过程。

在 "arc 指定圆弧的起点或[圆心（C）]:" 的提示下，输入圆弧的起点，拾取 A 点，系统继续提示 "指定圆弧的第二个点或[圆心（C）/端点（E）]: _c 指定圆弧的圆心:"。在该提示下确定圆心，拾取 B 点。系统继续提示 "指定圆弧的端点或[角度（A）/弦长（L）]: _a 指定包含角:"，在该提示下输入角度 "90"，按 Enter 键。

通过以上的操作，系统绘制出了以 A 为起点、以 B 为圆心、圆心角为 90° 的圆弧，用起点、圆心、角度方式绘制圆弧，如图 2-20 所示。

提示：当用户按提示输入圆心角（包含角）的值时，若输入为正值，系统从起点开始沿逆时针方向绘制圆弧；若输入为负值，系统则从起点开始沿顺时针方向绘制圆弧。

4. 用起点、终点、半径方式绘制圆弧

下面以图 2-21 为例，说明此方式的操作过程。

在 "arc 指定圆弧的起点或 [圆心（C）]:" 的提示下，输入圆弧的起点，拾取 A 点，系统继续提示 "指定圆弧的第二个点或 [圆心（C）/端点（E）]: _e 指定圆弧的端点:"。在该提示下确定圆弧的终点，拾取 B 点。系统继续提示 "指定圆弧的圆心或 [角度（A）/方向（D）/半径（R）]: _r 指定圆弧的半径:"。在该提示下输入 "50"，按 Enter 键。

通过以上的操作，系统绘制出了以 A 为起点、以 B 为终点、半径为 50 的圆弧，即用起点、终点、半径方式绘制圆弧，如图 2-21 所示。

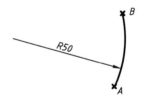

图 2-20　用起点、圆心、角度方式绘制圆弧　　　　图 2-21　用起点、终点、半径方式绘制圆弧

提示：用起点、终点、半径方式绘制圆弧时，在默认情况下，用户只能沿逆时针方向画圆弧。若用户输入的半径值为正值，系统则绘制出角度小于 180° 的圆弧；反之，系统将绘制出大于 180° 的圆弧。

5. 用连续方式绘制圆弧

在该方式中，系统将以用户最后绘制的线段或圆弧的最后一个点作为新绘制圆弧的起点、并以该图线终止点处的切线方向作为新绘制圆弧在起点处的切线方向，然后用户只要给出一点，系统就会将该点作为新绘制圆弧的终点绘制出一段新圆弧。

除了以上介绍的几种方法，AutoCAD 还有其他绘制圆弧的方式。由于这些方式在实际中使用较少或和已介绍的方式类似，故在此不再详细介绍。

技巧：实际绘制圆弧时，经常是把圆弧所在的整个圆绘出；然后，再利用编辑和修改命令把需要的圆弧修剪出来。这样做，往往效率更高。

2.1.6　绘制样条曲线

样条曲线命令创建经过或靠近一组拟合点或由控制框的顶点定义的平滑曲线，是一种数学模型，它被称为非均匀有理 B 样条曲线（NURBS）。

选择下拉菜单中的"绘图"｜"样条曲线"命令，系统将弹出绘制样条曲线的下一级子菜单，AutoCAD 2012 为用户提供了两种绘制样条曲线的方式。

1. 用拟合点方式绘制样条曲线

使用拟合点创建样条曲线时，生成的曲线通过指定的点，并受曲线中数学节点间距的影响。系统默认的设置方式是使用拟合点创建样条曲线。

系统提示："当前设置: 方式=拟合　节点=弦　指定第一个点或 [方式（M）/节点（K）/对象（O）]:"

下面介绍上述提示中各选项的含义及操作过程。

1）"指定第一点"选项

该选项是系统的默认选项。现以图 2-22（a）为例，说明该选项的操作过程：

在系统提示下，输入第一个点 A，系统继续提示"指定下一点或 [起点切向（T）/公差（L）]:"，在该提示下，输入第二个点 B。系统继续提示"指定下一点或[端点相切（T）/公差（L）/放弃（U）]:"，在该提示下，输入第三个点 C；系统继续提示"输入下一个点或 [端点相切（T）/公差（L）/放弃（U）/闭合（C）]:"，在该提示下，输入第四点 D。系统继续提示"输入下一个点或 [端点相切（T）/公差（L）/放弃（U）/闭合（C）]:"，在该提示下，输入第五点 E，按 Enter 键，系统将绘制出一条如图 2-22（a）所示的样条曲线。

（1）"端点相切（T）"选项用于指定样条曲线端点处的切线方向。

（2）"公差（L）"选项用于设置样条曲线的拟合公差。拟合公差是指实际样条曲线与输入的控制点所允许的最大偏移距离。系统默认的拟合公差为 0，如果拟合公差不为 0 时，那么系统所绘制的样条曲线不一定通过各个指定点（但始终通过起点和终点）。拟合公差为 5 时的样条曲线如图 2-22（b）所示。

（3）"闭合（C）"选项用于按输入的点绘制一条封闭的样条曲线。通过点 A、B、C、D、E 绘制的封闭样条曲线，如图 2-22（c）所示。

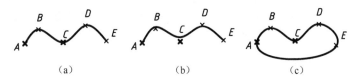

（a）　　　　　　　（b）　　　　　　　（c）

图 2-22　样条曲线的绘制

2）"方式"（M）选项

创建或编辑样条曲线的方式有两种，使用控制点或拟合点。

3）"节点（K）"选项

该选项使用节点参数化选项确定节点的间距。节点参数化分为弦长参数化、平方根参数化、统一参数化。默认设置为弦长参数化，对于所有情况，不存在节点参数化的最佳选择。

4）"对象（O）"选项

该选项可以将多段线编辑得到的二次或三次拟合曲线转换成等价的样条曲线。

2. 用控制点方式绘制样条曲线

使用控制顶点创建样条曲线时，指定的点显示它们之间的临时线，从而形成确定样条曲线形状的控制多边形。现以图 2-23 为例，说明该选项的操作过程。

系统提示"当前设置: 方式=控制点　阶数=3　指定第一个点或[方式（M）/阶数（D）/对象（O）]:"，在该提示下，输入第一个点 A；系统继续提示"输入下一个点:"，在该提示下，输入第二个点 B；系统继续提示"输入下一个点或 [放弃（U）]:"，在该提示下，输入第三个点 C；系统继续提示"输入下一个点或 [闭合（C）/放弃（U）]:"，在该提示下，输入第四个点 D；系统继续提示"输入下一个点或 [闭合（C）/放弃（U）]:"，在该提示下，输入第五个点 E；按 Enter 键，系统将绘制出一条如图 2-23（a）所示的样条曲线。

两种方式绘制的样条曲线如图 2-23 所示，图 2-23（a）所示的样条曲线将沿着控制多边形显示控制顶点，而图 2-23（b）所示的样条曲线显示拟合点。

（a）　　　　　　　　　　　（b）

图 2-23　两种"方式"绘制的样条曲线

2.1.7　绘制椭圆

该命令用于根据椭圆的长短轴绘制椭圆。选择下拉菜单中的"绘图" | "椭圆"命令，系统将弹出绘制椭圆的下一级子菜单，AutoCAD 2012 为用户提供了两种绘制椭圆的方式。

1. 用圆心方式绘制椭圆

下面以图 2-24 为例，说明该方法的操作过程。

选择下拉菜单中的"绘图" | "椭圆" | "圆心（C）"命令，系统提示"指定椭圆的中心点:"，在该提示下，确定椭圆的中心点 O。系统继续提示"指定轴的端点:"，在该提示下，输入"@60，0"，确定椭圆长轴的端点 A。系统继续提示"指定另一条半轴长度或[旋转（R）]:"，在该提示下，输入"30"后按 Enter 键，系统将绘制出以 O 点为中心、长轴为 120、短轴为 60 的椭圆，如图 2-24 所示。

2. 用轴、端点方式绘制椭圆

下面以图 2-25 为例，说明该方式的操作过程。

在"指定椭圆的轴端点或[圆弧（A）/中心点（C）]:"的提示下，直接确定 A 点，系统继续提示"指定轴的另一个端点:"。在该提示下，输入 B 点（AB 之间的距离等于椭圆的长轴）。系统继续提示"指定另一条半轴长度或 [旋转（R）]:"，在该提示下，输入"30"后按 Enter 键，系统将绘制出以 AB 为长轴、短轴为 60 的椭圆，如图 2-25 所示。

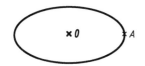

图 2-24　用圆心方式绘制椭圆

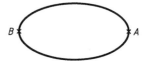

图 2-25　用轴、端点方式绘制椭圆

2.1.8　绘制点

1. 点的特性和点样式

点与直线、圆弧和圆一样，都是图形实体对象，同样具备图形对象的属性，而且可以被编辑，对绘制出的点可以利用捕捉节点的模式进行捕捉。

选择下拉菜单中的"格式"｜"点样式…"命令，系统弹出如图 2-26 所示的"点样式"对话框。该对话框列出了可供选择的 20 种点样式，单击某个点样式，该点样式即成为点的当前样式。利用该对话框还可以设置点显示的大小。

2. 绘制单点

选择下拉菜单中的"绘图"｜"点"｜"单点"命令，系统提示"指定点:"。在该提示下，输入点的坐标值或用鼠标直接拾取点，即可绘制出单点。

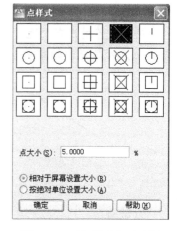

图 2-26　"点样式"对话框

3. 绘制多点

选择下拉菜单中的"绘图"｜"点"｜"多点"命令，系统提示"指定点:"。在该提示的不断重复下，可以连续输入点的坐标值或用鼠标直接拾取点，即可绘制出多点。

提示：不能用 Enter 键结束绘制多点命令，只能用 Esc 键结束该命令。

4. 定数等分

利用该方式绘制点，可以在选定的单个图形对象上等间隔地放置点，将图形对象等分。以图 2-27 为例，说明该命令的操作过程。

选择下拉菜单中的"绘图"｜"点"｜"定数等分"命令，系统提示"选择要定数等分的对象:"。在该提示下，选择图 2-27（a）中的线段 AB，系统继续提示"输入线段数目或 [块（B）]:"。在该提示下，输入"4"后按 Enter 键。

通过以上的操作，系统就将线段 AB 进行了四等分，等分结果如图 2-27（b）所示。

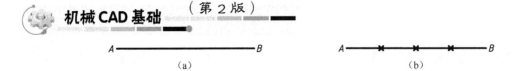

图 2-27　利用"绘制点"功能等分图形对象

提示：在系统提示中，"[块（B）]"选项表示用块作为等分点标志。关于块的内容将在后面章节介绍。

5. 定距等分

利用该方式绘制点，可以在选定的单个图形对象上定距离放置点。以图 2-28 为例，说明该命令的操作过程。

选择下拉菜单中的"绘图"｜"点"｜"定距等分"命令，系统提示"选择要定距等分的对象:"。在该提示下，选择图 2-28（a）中的线段 CD，系统继续提示"指定线段长度或 [块（B）]:"，在该提示下，输入"20"后按 Enter 键。

通过以上操作，系统就在线段上从端点 C 开始，定距离地（距离为 20）放置了一系列点，如图 2-28（b）所示。

提示：若用户在"选择要定距等分的对象:"提示下，选择线段 CD 时的拾取点靠近 D 点，则系统将从 D 点开始测量距离，结果如图 2-28（c）所示。

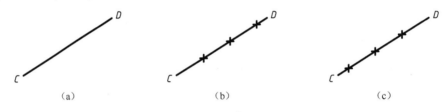

图 2-28　定距离放置点

试试看

（1）用绘制直线命令按尺寸绘制（不标注尺寸，图中粗实线的线宽为 0.7）图 2-29（a）所示的矩形，然后将该矩形分成如图 2-29（b）所示的 4 个同样大小的矩形。绘制完成后，将该图命名为"练习 2-1"并保存。

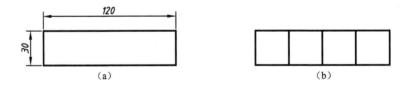

图 2-29　练习 2-1

（2）按尺寸绘制（不标注尺寸，图中粗实线的线宽为 0.7，其他线宽为 0.35）图 2-30 所示的图形。绘制完成后，将该图命名为"练习 2-2"并保存。

（3）根据图 2-31（a）和图 2-31（b）所示给定的条件，分别绘制出图中的两个扇形。绘制完成后，将该图命名为"练习 2-3"并保存。

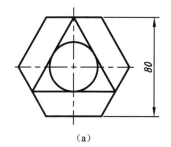
（a）

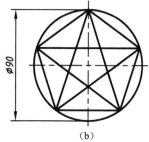
（b）

图 2-30　练习 2-2

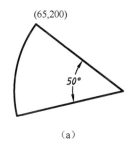
（a）

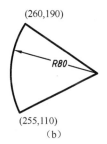
（b）

图 2-31　练习 2-3

2.2　常用的图形编辑和修改命令

AutoCAD 具有强大的图形编辑和修改功能，在设计和绘图的过程中发挥着重要的作用。它可以帮助用户合理地构造与组织图形，极大地减少绘图时的重复工作，从而显著提高设计和绘图的工作效率。

2.2.1　选取图形对象的方式

AutoCAD 的许多编辑修改命令在执行过程中，系统在命令行都会首先出现"选择对象："的提示。此时，十字光标将变成一个小方块（称为拾取框），要求用户从绘图窗口中选取要编辑和修改的图形实体对象。AutoCAD 提供了多种实体对象的选择方式，下面详细介绍这些选择方式。

1．直接点取方式

该方式是系统默认的一种选择实体方式，选择方法是在"选择对象："提示下，用鼠标移动拾取框，使之定位在要选择的图形对象图线上。然后单击，该对象将以虚线形式显示，表示已被选中，如图 2-32 所示。

2．默认窗口方式

当命令行出现"选择对象："提示时，如果将拾取框移动到图形窗口空白处单击，系统就会接着提示"指定对角点："。此时，用户如果将光标移动到另一位置后单击，系统会自动以这两个点为对角点确定一个默认的矩形选择窗口。

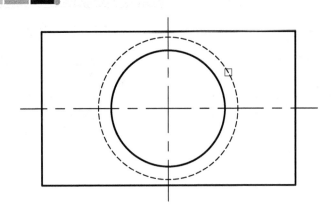

图 2-32　选中对象以虚线形式显示

在使用默认的矩形选择窗口选择对象时有两种不同的操作方式，选择的结果也不同。

（1）若用从左向右的方式确定矩形选择窗口，则矩形窗口显示为实线。此时，只有完全在矩形窗口内的图形对象才被选中（相当于窗口方式），如图 2-33 所示。此方式称为完全窗口。

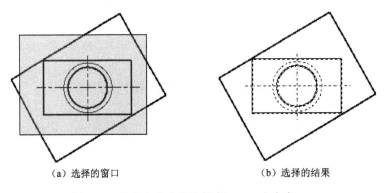

（a）选择的窗口　　　　　　　　　　　　　　　（b）选择的结果

图 2-33　从左向右定义选择窗口——完全窗口

（2）若用户用从右向左的方式确定矩形选择窗口，则矩形窗口显示为虚线。此时，只要图形对象有部分在矩形窗口内，该图形对象即被选中（相当于交叉窗口方式），如图 2-34 所示。此方式称为交叉窗口。

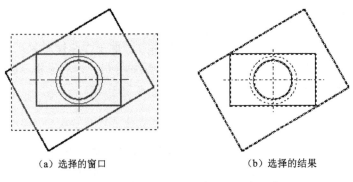

（a）选择的窗口　　　　　　　　　　　　　　　（b）选择的结果

图 2-34　从右向左定义选择窗口——交叉窗口

3. 窗口方式

窗口方式表示选取完全在矩形窗口内的所有图形对象，其操作步骤如下。

在"选择对象："的提示下，输入"W"后按 Enter 键，系统继续提示"指定第一个角点："。在该提示下，确定窗口第一个角点，系统继续提示"指定对角点："。在该提示下，确定窗口的另一个角点。

通过以上操作，所有完全在矩形窗口内的图形对象均被选中。

提示：窗口方式下选择对象与默认窗口方式下的完全窗口方式选择对象的方法相同。

4. 交叉窗口和交叉多边形方式

（1）交叉窗口方式表示选取某矩形窗口内部及与窗口相交的所有图形对象，其操作步骤如下。

在"选择对象："的提示下，输入"C"后按 Enter 键，系统继续提示"指定第一个角点："。在该提示下，确定矩形窗口的第一个角点，系统继续提示"指定对角点："。在该提示下，确定矩形窗口的另一个角点。

通过以上操作，所有在矩形窗口内部及与窗口相交的图形对象均被选中。

提示：交叉窗口方式下选择对象与默认窗口方式下的交叉窗口方式选择对象的方法相同。

（2）交叉多边形方式表示选取某多边形内部及与窗口相交的所有图形对象，其操作步骤如下。

在"选择对象："的提示下，输入"CP"后按 Enter 键，系统继续提示"第一圈围点："。在该提示下，确定多边形第一条边的起点。系统继续提示"指定直线的端点或〔放弃（U）〕："，在该提示下，确定第一条边的终点，系统重复提示"指定直线的端点或〔放弃（U）〕："。在该提示下，确定多边形第二条边的终点（系统默认将第一条边的终点作为第二条边的起点）。系统将反复提示"指定直线的端点或〔放弃（U）〕："，在不断出现的该提示下，用户可以连续确定多边形的各个边，直到按 Enter 键结束命令为止。

通过以上操作，所有在多边形内部及与多边形的边相交的图形对象均被选中。

5. 全部方式和最后方式

（1）全部方式表示要选取当前图形的所有对象，其操作步骤是在"选择对象："的提示下，输入"ALL"后按 Enter 键，系统将选中当前图形中的所有对象。

（2）最后方式表示选取用户最后绘制在图中的图形对象，其操作步骤是在"选择对象："的提示下，输入"LAST"后按 Enter 键，系统将选中用户最后绘制的图形对象。

试试看

（1）要删除图 2-35 中的细实线圆，应采用怎样的方式选择对象最合适？如果要只保留外面的正六边形，应采用怎样的方式选择对象？如果要将整个图形全部删除，应采用怎样的方式选择对象？

（2）绘制一条直线，然后在所绘制出的直线上再重复绘制同样的另一条直线（两条直线完成重合），然后选择删除命令。在执行删除命令时的"选择对象："提示下，如果用户只想删除位于上面的那条直线，那应该怎样选择对象？

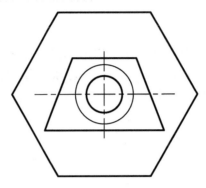

图 2-35　图形对象选取方法

2.2.2　图形的编辑和修改命令

1. 复制

复制命令用于将选定的图形对象一次或多次重复绘制。对于图中相同的、反复出现的图形对象，可以利用图形复制功能进行复制，以避免绘图中的重复工作。现在以图 2-36 为例说明复制命令的操作过程。

选择下拉菜单中的"修改"｜"复制"命令，系统提示"选择对象:"。该提示要求用户选取要复制的图形对象，可选取图 2-36（a）中的圆。按 Enter 键确认后，系统继续提示"指定基点或 [位移（D）/模式（O）] <位移>:"。在此提示下，捕捉圆的圆心，如图 2-36（b）所示。

系统继续提示"指定第二个点或 [阵列（A）] <使用第一个点作为位移>:"，在该提示下捕捉三角形上面的顶点，系统将复制出圆心位于三角形上面顶点的一个圆，如图 2-36（c）所示。

系统继续提示"指定第二个点或 [阵列（A）/退出（E）/放弃（U）] <退出>:"，在该提示下，用户可以重复复制多个位置的圆，直到按 Enter 键结束复制命令为止。

命令提示中的"阵列"选项可以一次复制多个图形对象；"位移（D）"选项使用相对距离复制对象；"模式（O）"选项用于选择复制的模式，复制模式有单个复制和多个复制两种。

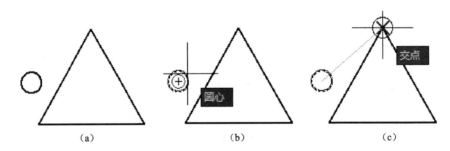

（a）　　　　　　　　　（b）　　　　　　　　　（c）

图 2-36　图形对象的复制

2. 镜像

镜像是将用户所选择的图形对象以相反方向进行对称的复制，实际绘图时常用于对称图形的绘制。

选择下拉菜单中的"修改"｜"镜像"命令，系统提示"选择对象:"。在该提示下，选择要镜像的图形对象后按 Enter 键，系统继续提示"指定镜像线的第一个点:"。该提示要求用户确定镜像线上的第一个点，确定第一个点后，系统继续提示"指定镜像线的第二个点:"。该提示要求用户确定镜像线上的第二个点，确定第二个点后，系统继续提示"要删除源对象？[是（Y）/否（N）] <N>:"。该提示询问用户是否要删除原来的对象，系统默认的选项是保留原来的图形对象，如果用户决定要删除原来的对象，可在该提示下输入"Y"后按 Enter 键。

通过上述操作，即可完成图形对象的镜像，图 2-37 所示为图形对象镜像操作实例。

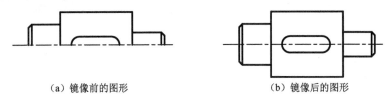

（a）镜像前的图形　　　　　　　　　　（b）镜像后的图形

图 2-37　图形对象的镜像操作实例

提示：镜像线由用户确定的两点决定，该线不一定真实存在，且镜像线可以为任意角度的直线。另外，当对文字对象进行镜像时，其镜像结果由系统变量 MIRRTEXT 控制，当 MIRRTEXT=0 时，文字只是位置发生了镜像，但不发生颠倒。当 MIRRTEXT=1 时，文字不但位置发生镜像，而且产生颠倒，变为不可读。

AutoCAD 的一些命令的执行结果受其系统变量的控制，系统变量的值不同，命令执行的结果往往也不同。改变系统变量值的方法是在命令行直接输入系统变量，然后重新输入系统变量值即可。

3. 偏移

偏移命令用于平行复制一个与用户选定图形对象相类似的新对象，并把它放置到用户指定的、与选定图形对象有一定距离的位置。实际上偏移不同的图形对象，会出现不同的结果。偏移直线、构造线、射线等图形对象，相当于将这些图形对象平行复制；偏移圆、圆弧、椭圆等图形对象，则可创建与原图形对象同心的更大或更小的圆、圆弧和椭圆；偏移矩形、正多边形、封闭的多段线等图形对象，则可创建比原图形对象更大或更小的类似图形对象。

选择下拉菜单中的"修改"｜"偏移"命令，系统提示"指定偏移距离或 [通过（T）/删除（E）/图层（L）] <通过>:"，下面说明各选项的含义和操作过程。

（1）"指定偏移距离"选项是系统的默认选项，用于通过指定偏移距离来偏移复制图形对象，下面以图 2-38 为例，说明该选项的操作过程。

在"指定偏移距离或 [通过（T）/删除（E）/图层（L）] <通过>:"的提示下，输入"50"后按 Enter 键，系统继续提示"选择要偏移的对象，或 [退出（E）/放弃（U）] <退出>:"。在该提示下选择图 2-38（a）中的直线，系统继续提示"指定要偏移的那一侧上的点，或 [退出（E）/多个（M）/放弃（U）] <退出>:"。在该提示下，移动光标至直线的右侧单击，如图 2-38（a）所示。

经过以上的操作，系统将平行复制出一条位于选定直线右侧 50 的新直线，如图 2-38（b）

所示，并重复提示"选择要偏移的对象，或 [退出（E）/放弃（U）] <退出>:"。在该提示下，用户可以按照上面的操作过程继续偏移直线，如图 2-38（c）所示，也可以按 Enter 键结束命令。

在图 2-38 中，偏移正六边形的操作结果是将正六边形同心进行了复制。

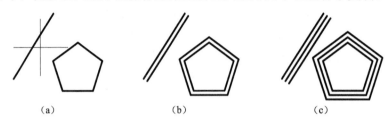

图 2-38　指定距离进行偏移复制

技巧：在实际绘图时，利用直线的偏移可以快捷地解决平行轴线、平行轮廓线之间的定位问题。

（2）"通过（T）"选项用于通过确定通过点来偏移复制图形对象。下面以图 2-39 为例，说明该选项的操作过程。

在"指定偏移距离或 [通过（T）/删除（E）/图层（L）] <通过>:"的提示下，输入"T"按 Enter 键，系统继续提示"选择要偏移的对象，或 [退出（E）/放弃（U）] <退出>:"。在该提示下，选取图中的圆，系统继续提示"指定通过点或 [退出（E）/多个（M）/放弃（U）] <退出>:"。在该提示下，捕捉图中的点 A，如图 2-39（a）所示。

通过上述操作，系统将通过 A 点复制出一个如图 2-39（b）所示的、与选定的圆同心的圆，并重复提示"选择要偏移的对象，或[退出（E）/放弃（U）] <退出>:"。在该提示下，用户可以按照上面的操作过程继续偏移复制同心圆，如图 2-39（c）所示，然后按 Enter 键结束命令。

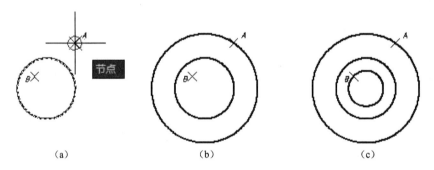

图 2-39　指定通过点进行偏移复制

（3）"删除（E）"选项用于设置在偏移复制新图形对象的同时是否要删除被偏移的图形对象。

（4）"图层（L）"选项用于设置偏移复制新图形对象的图层是否和源对象相同。

4. 阵列

在实际绘制机械工程图的过程中，经常会碰到一些结构完全相同的图形对象，绘制这些图形对象时，除可以用复制命令外，对于呈规律分布的相同图形对象（如机械零件中呈圆周状态均匀分布的小圆孔、横竖成行的孔槽等结构）的多个图形结构，也可以用阵列命令进行多个复制。在 AutoCAD 2012 中，阵列的方式有以下 3 种。

1）"矩形阵列"

下面以图 2-40 为例，说明该命令的操作过程。选择下拉菜单中的"修改"｜"阵列"｜"矩形阵列"命令，系统提示"选择对象:"。在该提示下，选择圆及对称中心线如图 2-40（a）所示。按 Enter 键，系统提示"类型 = 矩形　关联 = 是"和"为项目数指定对角点或 [基点（B）/角度（A）/计数（C）] <计数>:"。按 Enter 键，系统提示"输入行数或 [表达式（E）] <4>:"。在该提示下，输入"2"后按 Enter 键，系统继续提示"输入列数或 [表达式（E）] <4>:"。在该提示下，输入"3"后按 Enter 键，系统继续提示"指定对角点以间隔项目或 [间距（S）] <间距>:"。在该提示下，输入"S"后按 Enter 键，系统继续提示"指定行之间的距离或 [表达式（E）] <42>:"。在该提示下，输入"80"后按 Enter 键，系统继续提示"指定列之间的距离或 [表达式（E）] <55.5>:"。在该提示下，输入"60"后按 Enter 键。此时，系统显示如图 2-40（b）所示的图形。系统继续提示"按 Enter 键接受或 [关联（AS）/基点（B）/行（R）/列（C）/层（L）/退出（X）] <退出>:"，在该提示下，按 Enter 键结束命令。

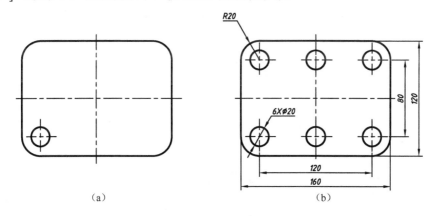

（a）　　　　　　　　　　　　　　　（b）

图 2-40　矩形阵列

"矩形阵列"命令提示中各选项的含义如下：

（1）"项目"指定阵列中的项目数。使用预览网格以指定反映所需配置的点。

（2）"计数"分别指定阵列的行数和阵列的列数。

（3）"间隔项目"指定行间距和列间距，使用预览网格以指定反映所需配置的点。

（4）"间距（S）"分别指定行间距和列间距。

（5）"基点（B）"指定阵列的基点。默认的基点指源对象的质心，如圆的圆心、正多边形的中心、直线的中心等。

（6）"关键点"对于关联阵列，在源对象上指定有效的约束（或关键点）以用作基点，阵列的基点与源对象的关键点重合。

（7）"角度"指定行轴的旋转角度，行轴和列轴保持相互正交。对于关联阵列，可以编辑

各个行和列的角度。

（8）"关联（AS）"指定是否在阵列中创建项目作为关联阵列对象，或作为独立对象。选择"是"，即创建关联阵列，阵列对象中的所有阵列项目类似于块，是一个整体，可以通过编辑阵列的特性和源对象，快速修改。选择"否"，则创建阵列项目作为独立对象，更改一个项目不影响其他项目。

（9）"行数（R）"编辑阵列中的行数和行间距，以及它们之间的增量标高。"表达式"选项要求使用数学公式或方程式获取行间距的值。"总计"选项要求指定第一行和最后一行之间的总距离。

（10）"列数 （C）"编辑列数和列间距。"总计"选项要求指定第一列和最后一列之间的总距离。

（11）"层级（L）"指定层数和层间距。默认设置是"1"层，即在 XOY 面上创建阵列项目。"总计"选项指定第一层和最后一层之间的总距离。

2）"环形阵列"

下面以图 2-41 为例，说明该命令的操作过程

选择下拉菜单中的"修改"｜"阵列"｜"环形阵列"命令，系统提示"选择对象"。在该提示下，选择正多边形及对称中心线，如图 2-41（a）所示。按 Enter 键，系统提示："类型 = 极轴 关联 = 是"和"指定阵列的中心点或 [基点（B）/旋转轴（A）]:"。在该提示下，指定圆心。系统继续提示"输入项目数或 [项目间角度（A）/表达式（E）] <4>:"。在该提示下，输入"8"后按 Enter 键，系统提示"指定填充角度(+=逆时针、-=顺时针)或 [表达式(EX)] <360>:"。在该提示下，按 Enter 键，系统显示如图 2-41（b）所示的图形，系统继续提示"按 Enter 键接受或 [关联（AS）/基点（B）/项目（I）/项目间角度（A）/填充角度（F）/行（ROW）/层（L）/旋转项目（ROT）/退出（X）]"，在该提示下，按 Enter 键结束命令。

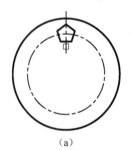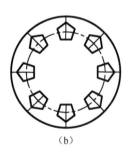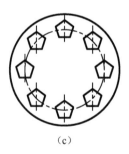

（a）   （b）   （c）

图 2-41   环形阵列

"环形阵列"命令提示中各选项的含义如下：

（1）"中心点"用于输入环形阵列的中心坐标。用户可以在绘图窗口中确定或捕捉一点作为环形阵列的中心。

（2）"旋转轴"在三维建模中由两个指定点定义的轴线。旋转轴是当前 UCS 的 Z 轴。

（3）"项目数"用于输入环形阵列的总数。

（4）"项目间角度（A）"用于输入环形阵列中每两个图形对象间的角度。

（5）"表达式"使用数学公式或方程式获取每两个图形对象间的角度。

（6）"填充角度"用于输入环形阵列的圆心角。

（7）"行（ROW）"指定环形阵列的行数，及行数之间的距离和行数之间的标高增量。

（8）"旋转项目（ROT）"控制在排列环形阵列的各项目时是否旋转项目。图 2-41（b）和图 2-41（c）分别是旋转项目和不旋转项目的环形阵列效果。默认的设置是旋转项目。

3）"路径阵列"

下面以图 2-42 为例，说明该命令的操作过程。

选择下拉菜单中的"修改"｜"阵列"｜"路径阵列"命令，系统提示"选择对象"。在该提示下，选择如图 2-42（a）所示的正多边形，按 Enter 键。系统继续提示"类型 = 路径　关联 = 是"和"选择路径曲线:"。在该提示下，选择图 2-42（a）中的直线，系统提示"输入沿路径的项数或 [方向（O）/表达式（E）] <方向>:"。在该提示下，输入"4"后按 Enter 键，系统提示"指定沿路径的项目之间的距离或 [定数等分（D）/总距离（T）/表达式（E）] <沿路径平均定数等分（D）>:"。在该提示下，按 Enter 键，此时系统将显示如图 2-42（b）所示的图形。系统继续提示"按 Enter 键接受或 [关联（AS）/基点（B）/项目（I）/行（R）/层（L）/对齐项目（A）/Z 方向（Z）/退出（X）] <退出>:"。在该提示下，按 Enter 键结束命令。

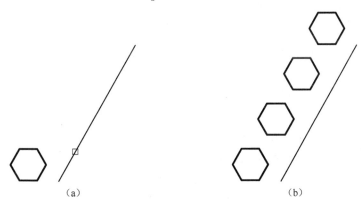

（a）　　　　　　　　　　　　　　　　　　　（b）

图 2-42　路径阵列

"路径阵列"命令提示中各选项的含义如下：

（1）"输入沿路径的项数"用于输入路径阵列的总数。

（2）"方向"用于确定沿路径阵列的方向，即与路径起始方向一致的方向。

（3）"定数等分（D）"阵列时将沿整个路径长度均匀地分布项目。

（4）"总距离（T）"指定第一个和最后一个项目之间的总距离。

（5）"表达式（E）"使用数学公式或方程式获取每两个图形对象间的距离。

提示：选择路径阵列对象时，路径可以是直线、多段线、三维多段线、样条曲线、螺旋形、圆弧、圆形或椭圆形。

5. 移动

在 AutoCAD 的绘图过程中，如果出现了图形相对于图形界限定位不当的情况，只需使用移动命令即可方便地将部分图形或整个图形移到图形界限中的适当位置，不必像手工绘图那样为考虑图面布局工作而花费大量时间。

下面以图 2-43 为例，说明利用移动命令将图 2-43（a）中的圆移动到矩形中心的操作方法。

选择下拉菜单中的"修改"｜"移动"命令，系统提示"选择对象:"。在该提示下，选择圆并按 Enter 键，系统继续提示"指定基点或 [位移（D）] <位移>:"。在该提示下，指定圆的圆心，系统继续提示"指定第二个点或 <使用第一个点作为位移>:"。在该提示下，捕捉矩形的中心，如图 2-43（a）所示。单击鼠标，操作结果如图 2-43（b）所示。

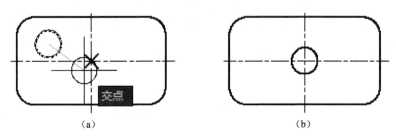

(a)   (b)

图 2-43   图形对象的移动

6. 旋转

该命令用于将选中的图形对象绕指定的基准点进行旋转。下面以图 2-44 为例，说明旋转命令的操作过程。

选择下拉菜单中的"修改"｜"旋转"命令，系统提示"选择对象:"。在该提示下，选择图 2-44（a）中的直线。按 Enter 键，系统继续提示"指定基点:"。在该提示下，捕捉圆心后按 Enter 键，系统继续提示"指定旋转角度，或 [复制（C）/参照（R）] <0>:"。在该提示下，输入"-90"后按 Enter 键，系统将用户选择的直线顺时针旋转了 90°，如图 2-44（b）所示。

如果在"指定旋转角度，或[复制（C）/参照（R）] <0>:"提示下，输入"C"后按 Enter 键，系统就会继续提示"旋转一组指定图形 指定旋转角度，或 [复制（C）/参照（R）] <0>:"。在该提示下，输入"-90"后按 Enter 键，操作结果如图 2-44（c）所示。

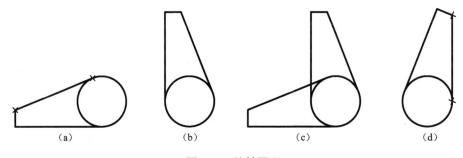

(a)   (b)   (c)   (d)

图 2-44   旋转图形

如果在系统提示下输入"R"后按 Enter 键，系统就会把用户选择的直线按照参照角进行旋转。

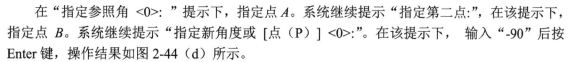

在"指定参照角 <0>："提示下，指定点 *A*。系统继续提示"指定第二点："，在该提示下，指定点 *B*。系统继续提示"指定新角度或 [点（P）] <0>："。在该提示下，输入"-90"后按 Enter 键，操作结果如图 2-44（d）所示。

提示：选择"复制"选项，系统不仅将按旋转角度再形成一个新的图形而且保留原图形。选择"参照"选项，在旋转对象时，使图形对象中的某一线段与绝对角度对齐或与指定线段对齐。

7. 比例缩放

比例缩放命令用于将选中的图形对象相对于基准点按用户输入的比例进行放大或缩小。

选择下拉菜单中的"修改"｜"缩放"命令，系统提示"选择对象："。在该提示下，选择要进行比例缩放的图形对象后按 Enter 键，系统继续提示"指定基点："。在该提示下，选择图形缩放的基点，系统继续提示"指定比例因子或 [复制（C）/参照（R）]："。在该提示下，输入比例因子后按 Enter 键，系统将用户选择的图形对象以基点为基准按输入的比例因子进行缩放。

提示：选择"复制"选项，系统不仅将按比例缩放后再形成一个新的图形而且保留原图形；选择"参照"，需要用户按照系统的提示依次输入参照长度值和新的长度值，系统将根据参照长度与新长度的值自动计算比例因子（比例因子=新长度值/参照长度值），然后进行缩放。

8. 拉伸

拉伸命令用于对选取的图形实体的一部分进行拉伸或压缩。选择下拉菜单中的"修改"｜"拉伸"命令，系统提示"以交叉窗口或交叉多边形选择要拉伸的对象…"和"选择对象："。

下面以图 2-45 为例，说明该命令的操作过程。在上述提示下，用交叉窗口选择图形中的右侧部分，如图 2-45（a）所示，按 Enter 键，系统继续提示"指定基点或位移："。在该提示下，指定点（任意指定一点），如图 2-45（b）所示。系统继续提示"指定位移的第二个点或 <用第一个点作位移>："。在该提示下，输入"@10,0"后按 Enter 键，系统将用户选中的图形实体部分向右拉伸（或移动）了 10 个绘图单位，如图 2-45（c）所示。

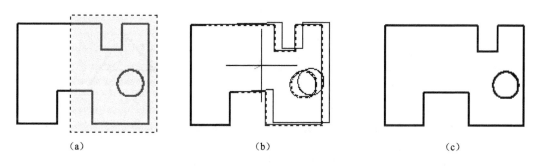

（a）　　　　　　　　　　（b）　　　　　　　　　　（c）

图 2-45　拉伸命令的操作过程

提示：拉伸命令只能用交叉窗口和交叉多边形选择对象，若用其他方式选择对象，则不能进行拉伸。在执行拉伸命令时，若某些图形对象（如直线、圆弧等）的整体都在选择窗口内，则该图形对象被平移而不是被拉伸，只有一端在选择窗口内，另一端在选择窗口外的图形对象才被拉伸。对于圆、椭圆、块、文本等没有端点的图形对象来说，它们不能被拉伸，在执行拉伸命令时，这些图形对象将可能发生平移或不动，其结果取决于图形对象的特征点是否在选择窗口内。

9. 修剪

该命令用于选定边界后对线性图形实体进行精确地剪切。

选择下拉菜单中的"修改"｜"修剪"命令，系统提示"当前设置:投影=UCS，边=无 选择剪切边…选择对象或 <全部选择>:"。在该提示下，选择作为修剪边的图形对象。可以同时选择多个修剪边，选择完毕按 Enter 键，系统继续提示"选择要修剪的对象，或按住 Shift 键选择要延伸的对象，或 [栏选（F）/窗交（C）/投影（P）/边（E）/删除（R）/放弃（U）]:"。

该提示中的部分选项功能如下:

（1）"选择要修剪的对象"选项是系统的默认选项。用户直接在绘图窗口选择图形对象后，系统将以选择的修剪边为边界对该对象进行剪切处理。

（2）"按住 Shift 键选择要延伸的对象"选项用来提供延伸的功能。如果用户在按住 Shift 键的同时选择与修剪边不相交的图形对象，修剪边界将变成延伸边界，系统将用户选择的对象延伸至与修剪边界相交。

（3）"栏选（F）"选项表示将采用栏选的方法选择修剪对象。

（4）"窗交（C）"选项表示将采用交叉窗口的方法选择修剪对象。

（5）"投影（P）"选项用于设置在修剪对象时系统使用的投影模式。

（6）"边（E）"选项用于设置修剪边的隐含延伸模式。选择该选项，输入"E"后按 Enter 键，系统继续提示"输入隐含边延伸模式 [延伸（E）/不延伸（N）] <不延伸>:"，选择"延伸（E）"表示按延伸模式进行修剪。

延伸模式和不延伸模式的区别如图 2-46 所示，图 2-46（a）显示了用户选择的剪切边。如果选择不延伸模式，剪切边没有与被修剪的图形对象相交，那么被修剪对象不进行修剪，如图 2-46（b）所示；如果选择延伸模式，那么系统会自动将修剪边界延长，然后进行修剪，结果如图 2-46（c）所示。

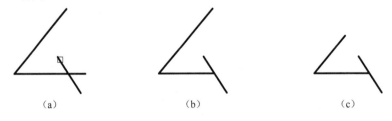

(a)　　　　　　　　(b)　　　　　　　　(c)

图 2-46　延伸模式与不延伸模式的修剪结果

（7）"删除（R）"选项用于在修剪过程中删除图形对象。

（8）"放弃（U）"选项用于取消上一次的修剪操作。

10. 延伸

该命令用于将图形对象延伸至由其他图形对象定义的边界处结束。

选择下拉菜单中的"修改"|"延伸"命令，系统提示"当前设置:投影=UCS，边=无 选择边界的边…选择对象或 <全部选择>:"。

在该提示下，选择作为延伸边的图形对象，可以同时选择多个延伸边。选择完毕按 Enter 键，系统继续提示"选择要延伸的对象，或按住 Shift 键选择要修剪的对象，或[栏选（F）/窗交（C）/投影（P）/边（E）/放弃（U）]:"。

该提示中的部分选项功能如下：

（1）"选择要延伸的对象"选项是系统的默认选项。直接在绘图窗口选择图形对象后，系统将以选择的延伸边为边界对该对象进行延伸处理。

（2）"按住 Shift 键选择要修剪的对象"选项用来提供修剪的功能。如果用户在按住 Shift 键的同时，选择与延伸边不相交的图形对象，延伸边界将变成修剪边界，系统将对用户选择的对象进行修剪。

其他选项与修剪命令的同名选项含义相似，在此不再详述。

11．打断

该命令用于删除图形对象的一部分或将图形对象分为两部分。下面以图 2-47 为例，说明该命令的操作过程。

选择下拉菜单中的"修改"|"打断"命令，系统提示"选择对象:"。在该提示下，选择要打断的图形对象,在直线点 A 附近单击，系统继续提示"指定第二个打断点或 [第一点（F）]:"。在该提示下，在直线点 B 附近单击，系统将 A、B 两个点之间的部分删除，结果如图 2-47（a）所示。

如果选择打断的对象是圆，系统提示"指定第二个打断点或 [第一点（F）]:"，输入"F"后按 Enter 键，系统继续提示"指定第一个打断点:"。在该提示下，单击第一个点 A，系统继续提示"指定第二个打断点:"。在该提示下，单击第二个点 B，如图 2-47（b）所示，系统将 A、B 两个断点之间的部分删除，结果如图 2-47（c）所示。

提示：（1）当用户选择的两个打断点重合时，所选择的图形对象虽然在显示上没有任何变化，但图形对象在打断点处已经被断开。

（2）打断圆时，系统沿逆时针方向将两断点之间的部分删除。若在命令执行过程中选择第一个点 B、第二个点 A，则操作结果如图 2-47（d）所示。

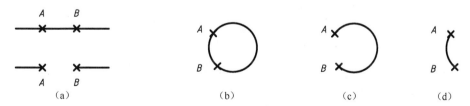

（a） （b） （c） （d）

图 2-47 打断命令的操作结果

12．合并

该命令用于将断开的部分图形对象合并在一起，使其成为一个整体。

选择下拉菜单中的"修改"｜"合并"命令，系统提示"选择源对象或要一次合并的多个对象:"。在该提示下，选择要合并的一个图形对象后，系统继续提示"选择要合并的对象:"。在该提示下，确定第二个要合并的图形对象，系统重复提示"选择要合并的对象:"。在该提示下，可以继续选取要合并的图形对象。如果按 Enter 键，系统就将用户前面选择的几部分图形对象进行合并后结束该命令。

提示：如果要合并直线，直线对象就必须共线（位于同一无限长的直线上）；如果要合并圆弧，圆弧对象就必须位于同一个假想的圆上；如果合并多段线，对象之间就不能有间隙，并且必须位于与 UCS 的 *XOY* 平面平行的同一平面上。

13. 倒角

该命令用于在两条不平行的直线间绘制一个斜角。下面以图 2-48 为例，说明该命令的操作过程。

选择下拉菜单中的"修改"｜"倒角"命令，系统提示"（修剪模式）当前倒角距离 1 = 0.0000，距离 2 = 0.0000"和"选择第一条直线或[放弃（U）/多段线（P）/距离（D）/角度（A）/修剪（T）/方式（E）/多个（M）]:"。在系统提示下，输入"D"后，按 Enter 键，"指定第一个倒角距离 <0.0000>:"。在该提示下，输入"5"后按 Enter 键，系统继续提示"指定第二个倒角距离 <5.0000>:"。在该提示下，输入"5"或按 Enter 键，系统返回提示"选择第一条直线或 [放弃（U）/多段线（P）/距离（D）/角度（A）/修剪（T）/方式（E）/多个（M）]:"。在系统提示下，选择图 2-48（a）中的一条直线，系统继续提示"选择第二条直线，或按住 Shift 键选择直线以应用角点或 [距离（D）/角度（A）/方法（M）]:"。在该提示下，选择图 2-48（a）中的另一条直线，操作结果如图 2-48（b）所示。图 2-48（c）和图 2-48（d）所示为将两个倒角距离全部设置为零的倒角结果。

| （a） | （b） | （c） | （d） |

图 2-48　倒角命令的操作结果

命令提示中其他选项的含义如下。

（1）"距离（D）"选项用于设置倒角的距离。系统提示输入第一个倒角距离和第二个倒角距离。

（2）"角度（A）"选项用于根据第一个倒角距离和角度来设置倒角尺寸。系统提示输入第一个倒角距离和倒角边与第一条直线间的夹角。

（3）"放弃（U）"选项用于恢复在命令执行中的上一个操作。

（4）"多段线（P）"选项用于对整条多段线的各顶点处（交角）进行倒角。

（5）"修剪（T）"选项用于设置对象在倒角时是否以倒角边为修剪边界进行修剪。选择"修剪（T）"选项，对象在倒角的同时进行修剪；选择"不修剪（N）"选项，对象在倒角的同时不进行修剪。

（6）"方法（E）"选项用于设置倒角方法。

（7）"多个（M）"选项用于在一次命令执行过程中对多个对象进行倒角。

下面以图 2-49 为例，说明指定距离倒角的操作过程。

在系统提示下，输入"D"后按 Enter 键，系统继续提示"指定第一个倒角距离 <0.0000>:"。在该提示下，输入"5"后按 Enter 键，系统继续提示"指定第二个倒角距离 <10.0000>:"。在该提示下，输入"5"后按 Enter 键，系统返回提示"选择第一条直线或 [放弃（U）/多段线（P）/距离（D）/角度（A）/修剪（T）/方式（E）/多个（M）]"。在该提示下，输入"P"后按 Enter 键，系统继续提示"选择二维多段线或[距离（D）/角度（A）/方法（M）]:"。在该提示下，选择图 2-49（a）中的矩形，系统在该矩形的 4 个顶点处同时设置倒角，结果如图 2-49（b）所示。如果采用不修剪模式，那么操作结果如图 2-49（c）所示。

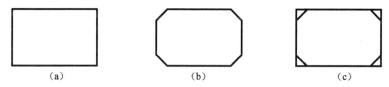

图 2-49　指定距离倒角的操作结果

下面以图 2-50 为例，说明指定长度和角度倒角的操作过程。

在系统给出的"选择第一条直线或 [放弃（U）/多段线（P）/距离（D）/角度（A）/修剪（T）/方式（E）/多个（M）]:"的提示下，输入"A"后按 Enter 键，系统继续提示"指定第一条直线的倒角长度 <5.0000>:"。在该提示下，输入"10"后按 Enter 键，系统继续提示"指定第一条直线的倒角角度 <0>:"。在该提示下，输入"60"后按 Enter 键，系统返回提示"选择第一条直线或[放弃（U）/多段线（P）/距离（D）/角度（A）/修剪（T）/方式（E）/多个（M）]"。在该提示下，选择图 2-50（a）中的直线 AB，系统继续提示"选择第二条直线，或按住 Shift 键选择直线以应用角点或[距离（D）/角度（A）/方法（M）]:"。在该提示下，选择图 2-50（a）中的直线 BC，系统在顶点 B 处进行倒角，结果如图 2-50（b）所示。

图 2-50　指定长度和角度倒角的操作结果

提示："多段线（P）"选项适用于矩形和正多边形等二维多段线。在对封闭多边形进行倒角时，采用不同方法画出的封闭多边形的倒角结果不同。若画多段线时用"闭合（C）"选项进行封闭，系统将在每一个顶点处倒角；若封闭多边形是使用点的捕捉功能画出的，系统则认为封闭处是断点，因此无须进行倒角。

14. 圆角

该命令用于将两个图形对象用指定半径的圆弧光滑连接起来。

选择下拉菜单中的"修改"｜"圆角"命令，系统提示：

"当前设置：模式 ＝ 修剪，半径 ＝ 0.0000

选择第一个对象或 [放弃（U）/多段线（P）/半径（R）/修剪（T）/多个（M）]:"

下面以图 2-51 为例，说明该命令的操作过程。在系统提示下选择图 2-51（a）中的直线 *AB*，系统继续提示"选择第二个对象，或按住 Shift 键选择对象以应用角点或 [半径（R）]:"。在该提示下，选择图 2-51（a）中的直线 *CD*，系统自动将圆角半径定义为两条平行线间距离的一半，并将这两条平行线用圆角连接起来，如图 2-51（b）所示。

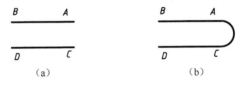

图 2-51　圆角命令的操作结果

命令提示中其他选项的含义如下。

（1）"放弃（U）"选项用于恢复在命令执行中的上一个操作。

（2）"多段线（P）"选项用于对整条多段线的各顶点处（交角）进行圆角连接。

（3）"半径（R）"选项用于设置圆角半径。

（4）"修剪（T）"选项用于设置对象在圆角连接时是否进行修剪。其含义和操作与倒角命令下的同名选项相似，

（5）多个"（M）"选项用于对图形对象的多处进行圆角连接。

下面以图 2-52（a）为例，说明设定圆角半径的操作过程。在系统提示下，输入"R"后，按 Enter 键，系统继续提示"指定圆角半径 <0.0000>:"。在该提示下，输入"5"后按 Enter 键，系统返回提示"选择第一个对象或 [放弃（U）/多段线（P）/半径（R）/修剪（T）/多个（M）]:"。在该提示下，选择图 2-52（a）中的直线 L_1，系统继续提示"选择第二个对象，或按住 Shift 键选择对象以应用角点或[半径（R）]:"。在该提示下，选择图 2-52（a）中的直线 L_2，系统将这两条直线用圆角连接起来，如图 2-52（b）所示。半径为 15 的圆角操作结果如图 2-52（c）所示。

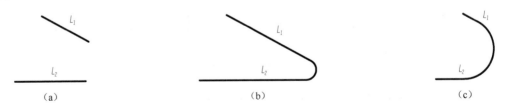

图 2-52　圆角半径的操作结果

由上面的操作结果可知，对两条直线进行圆角操作时，必须根据给定的圆角半径的大小，对直线进行自动的修剪或者延伸处理。

提示：（1）当用户设置的圆角半径不合适时，系统不能用圆角进行连接，并在命令行给出提示信息"圆角半径太大或太小"。

（2）如果圆角半径设置为 0，那么执行圆角命令时可以使不平行的两直线相交与一点。

（3）圆角命令可以用于机械制图中圆弧连接的绘制，使圆弧连接绘制工作更简化、更快捷，如图 2-53 所示的 R40 和 R50 圆弧都可以用圆角命令绘制。

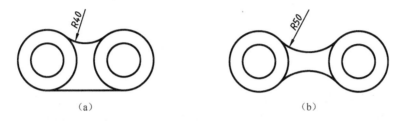

（a）   （b）

图 2-53   圆角命令用于圆弧连接的实例

技巧：在实际绘制机械图的过程中，可以利用前面介绍过的倒角和圆角命令，将倒角距离和圆角半径值设置为零，可以进行两条直线的修剪和延伸操作，使两条直线正好相交，图 2-54 所示为实际操作的几个例子。

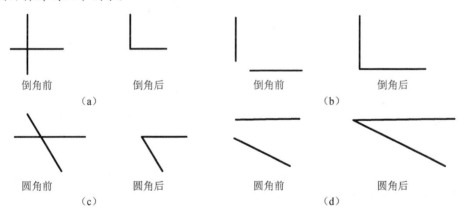

倒角前   倒角后   倒角前   倒角后

（a）   （b）

圆角前   圆角后   圆角前   圆角后

（c）   （d）

图 2-54   倒角距离和圆角半径值设置为零时的倒角、圆角前后结果

15. 分解

在 AutoCAD 中，有很多图形对象是作为一个整体存在的，有时为了编辑这些图形对象，用户需要将整体图形对象分解为多个图形对象。可以分解的整体图形对象有矩形、正多边形、多段线、面域、填充图案、图块、尺寸标注、三维实体等。

选择下拉菜单中的"修改"│"分解"命令 ，系统提示"选择对象:"。在该提示下，选择要进行分解的整体图形对象（可以多次选择）后按 Enter 键，系统就将用户选择的整体图形对象进行分解。

图 2-55（a）和图 2-55（b）所示分别是没有进行分解和已经分解的正六边形。如果选择删除命令，在系统提示"选择对象："时，可以分别在图 2-55（a）和图 2-55（b）中的各点取同一条边，选择的结果如图 2-55 所示。

（a）   （b）

图 2-55　整体图形分解的结果

试试看

（1）按尺寸绘制出如图 2-56（a）所示的图形（不标注尺寸，图中粗实的线宽为 0.6，其他线宽为 0.3 下），然后将该图编辑成如图 2-56（b）所示的图形，完成后将该图命名为"练习 2-4"并保存。

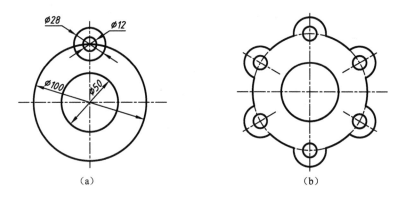

（a）   （b）

图 2-56　练习 2-4

（2）按尺寸绘制图 2-57 所示的图形（不标注尺寸，图中粗实线的线宽为 0.6，其他线宽为 0.3），绘制完成后将该图命名为"练习 2-5"并保存。

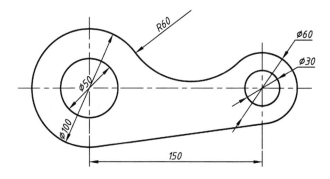

图 2-57　练习 2-5

2.3　绘制平面图形实例

　　前面已介绍了常用的绘图和编辑修改命令，为了使读者能够掌握这些命令的应用，下面给出几个绘制平面图的实例。

　　【例 2-1】　绘制如图 2-58 所示的平面图形（线型自定，不标注尺寸）。绘制完成后，将该图命名为"平面图形一"并保存。

　　以下结合图 2-59 来说明平面图形的绘制过程。

　　（1）建立新的图形文件，并根据图形尺寸和线型的情况设置图形界限和创建图层。

　　（2）输入"圆"命令，绘制直径为 105 的圆如图 2-59（a）所示。

　　（3）输入"多边形"命令，绘制正五边形如图 2-59（b）所示。

　　（4）输入"圆弧"命令，启动自动捕捉功能，用"三点"方式绘制圆弧，如图 2-59（c）所示。

图 2-58　平面图形一

　　（5）输入"直线"命令，绘制直线，如图 2-59（d）所示。

　　（6）输入"圆"命令，绘制三角形内切圆，如图 2-59（e）所示。

　　（7）输入"删除"命令，删除直线。

　　（8）输入"环形阵列"命令，复制圆和圆弧，如图 2-59（f）所示。

　　（9）将完成的图形命名为"平面图形一"并保存。

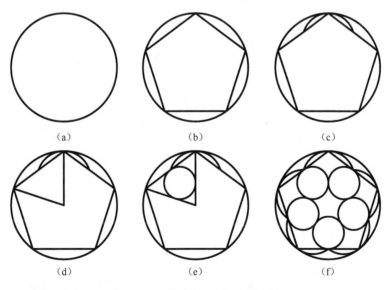

图 2-59　平面图形一的绘制过程

　　【例 2-2】　绘制如图 2-60 所示的平面图形（线型自定，不标注尺寸），绘制完成后将该图命名为"平面图形二"并保存。

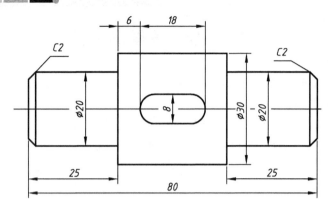

图 2-60　平面图形二

以下结合图 2-61 来说明平面图形的绘制过程。

（1）建立新的图形文件，并根据图形尺寸和线型的情况设置图形界限和创建图层。

（2）确定作图的基准，输入"直线"命令，绘制水平中心线和垂直方向的基准线，如图 2-61（a）所示。

（3）输入"偏移"命令，根据图中的尺寸偏移复制出各位置的垂直线和水平线，如图 2-61（b）和图 2-61（c）所示。

（4）输入"修剪"命令，根据平面图形的形状对图形进行修剪，修剪的结果如图 2-61（d）所示。

（5）输入"删除"命令，删除图中多余的两条辅助直线，如图 2-61（e）所示。

（6）输入"圆角"命令，绘制出图中的两处圆角，如图 2-61（f）所示。

（7）输入"倒角"命令，绘制出图中的四处倒角，如图 2-61（g）所示。

（8）输入"直线"命令，绘制出倒角的两条直线，如图 2-61（h）所示。

（9）输入"特性匹配"命令，按照图 2-57 所示，将图中的线型进行特性匹配，如图 2-61（i）所示。

（10）将完成的图形命名为"平面图形二"并保存。

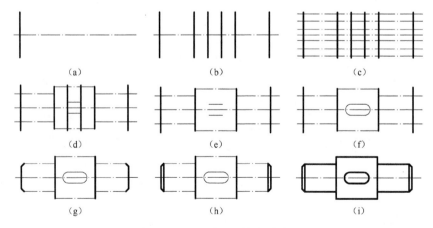

图 2-61　平面图形二的绘制过程

【例 2-3】 按尺寸绘制如图 2-62 所示（不标注尺寸，图中粗实线的线宽为 0.6，其他线宽为 0.3）的图形，绘制完成后将该图命名为"平面图形三"并保存。

以下结合图 2-63 来说明平面图形的绘制过程。

（1）建立新的图形文件，并根据图形尺寸和线型的情况设置图形界限和创建图层。

（2）确定作图的基准，输入"直线"命令，绘制水平和垂直方向的中心线和基准线，如图 2-63（a）所示。

（3）输入"偏移"命令，根据图中的尺寸偏移复制出垂直和水平方向的定位基准线，如图 2-63（b）所示。

（4）为使图形清晰，输入"打断"命令，将偏移复制出的垂直和水平方向的定位基准线调整到适当长度，如图 2-63（c）所示。

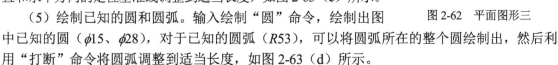

图 2-62　平面图形三

（5）绘制已知的圆和圆弧。输入绘制"圆"命令，绘制出图中已知的圆（φ15、φ28），对于已知的圆弧（R53），可以将圆弧所在的整个圆绘制出，然后利用"打断"命令将圆弧调整到适当长度，如图 2-63（d）所示。

（6）利用圆弧的相切条件确定中间圆弧的圆心。输入绘制"圆"命令，绘制出 R21（R35-R14）和 R43（R53-R10）两个圆弧所在的圆，然后利用"打断"命令将圆弧调整到适当长度，如图 2-63（e）所示。

（7）绘制出中间圆弧。输入绘制"圆"命令，绘制出 R35、R27 和 R10 这 3 个圆弧所在的圆，然后利用"打断"命令将圆弧调整到适当长度，如图 2-63（f）所示。

（8）绘制出连接圆弧。输入绘制"圆"命令，绘制出 R34、R20 和 R6 这 3 个圆弧所在的圆，然后利用"打断"命令将圆弧调整到适当长度，如图 2-63（g）所示。

（9）输入"修剪"命令，根据平面图形的形状对图形进行修剪，修剪的结果如图 2-63（h）所示。

（10）输入"特性匹配"命令，按照图 2-62 所示，将图 2-63（h）中的线型进行特性匹配。经过上面的操作步骤便得到如图 2-62 所示的图形。

（11）将完成的图形命名为"平面图形三"并保存。

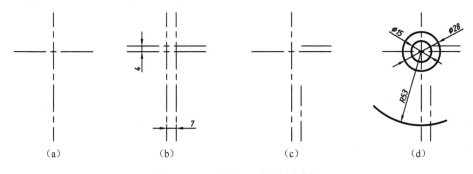

图 2-63　平面图形三的绘制过程

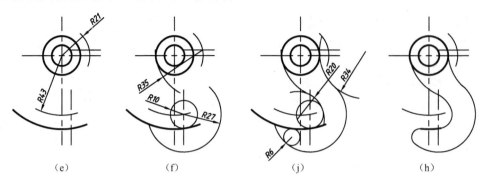

| （e） | （f） | （j） | （h） |

图 2-63 平面图形三的绘制过程（续）

本 章 小 结

本章主要介绍了 AutoCAD 的基本绘图和基本编辑修改命令，要达到快速准确地绘制出机械零件平面轮廓图的目的，必须通过大量的实际绘图来熟练掌握这些命令的使用方法。另外，本章中特别介绍了几种图形对象的选取方式，在对已经绘制出的图形对象进行修改和编辑时，选用适当的图形对象选取方式是非常重要的。因此，应该熟悉并掌握多种图形对象的选取方式。

本 章 习 题

1. 填空题

（1）在连续绘制直线的过程中，当直线的第三点确定后，输入_____表示从当前点到此次绘制直线命令的起点绘制一条直线并结束命令；输入"U"表示_____。

（2）在 AutoCAD 中，选择用下拉菜单绘制圆有_____种方法。

（3）在对已经绘制出的图形对象进行拉伸时，对拉伸图形部分的选取必须用_____或者_____的方式。

（4）在 AutoCAD 中，阵列的方式有_____、_____、_____3 种。

2. 简答题

（1）在对含有文字的图形对象进行镜像时，如何保持文字的可读性？

（2）用完全窗口方式和交叉窗口方式选取图形对象有什么区别？

（3）如果想将绘制出的不平行也没有相交的两条直线延长并相交，可以采用什么方法？

（4）用绘制直线命令和绘制矩形命令绘制出的矩形有什么不同？

3. 操作题

（1）建立新的图形文件，设置适当的图形界限，按图 2-64 所示创建图层，然后绘制该平面图形（不标注尺寸）。完成后，将该图命名为"练习二第一题"并保存。

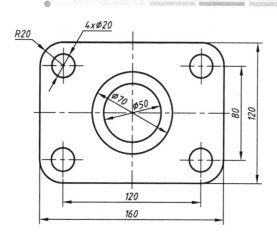

图 2-64　练习二第一题

（2）建立新的图形文件，设立适当的图形界限，按图 2-65 所示创建图层，并绘制该平面图形（不标注尺寸）。完成后，将该图命名为"练习二第二题"并保存。

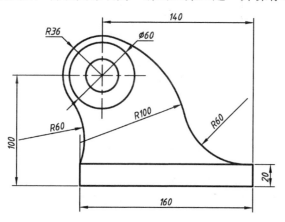

图 2-65　练习二第二题

（3）建立新的图形文件，设定图形界限为 420×210，创建绘图需要的图层，然后按比例 2：1 绘制如图 2-66 所示的平面图形（不标注尺寸）。绘制完成后，将该图命名为"练习二第三题"并保存。

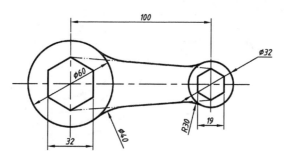

图 2-66　练习二第三题

（4）建立新的图形文件，设定图形界限为 210×297，创建绘图需要的图层，然后按比例 1：1 绘制如图 2-67 所示的平面图形。绘制完成后，将该图命名为"练习二第四题"并保存。

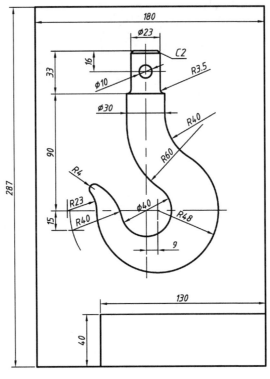

图 2-67　练习二第四题

（5）建立新的图形文件，设定图形界限为 420×210，按图 2-68 所示创建绘图需要的图层，然后按比例 1.5：1 绘制出该平面图形。完成后，将该图命名为"练习二第五题"并保存。

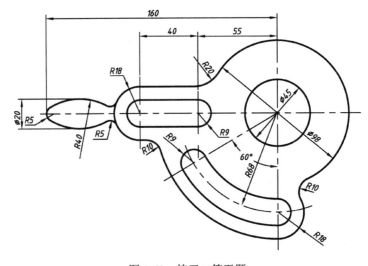

图 2-68　练习二第五题

（6）建立新的图形文件，根据图形尺寸设置适当的图形界限，创建绘图需要的图层（粗实线的线宽为 0.6，其他线宽为 0.3），然后按比例 1∶1 绘制如图 2-69 所示的平面图形（不标注尺寸）。绘制完成后，将该图命名为"练习二第六题"并保存。

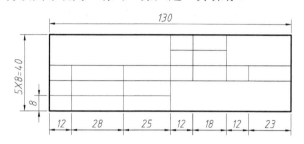

图 2-69　练习二第六题

（7）建立新的图形文件，根据图形尺寸设置适当的图形界限，创建绘图需要的图层，然后绘制出如图 2-70 所示的平面图形（不标注尺寸）。完成后，将该图命名为"练习二第七题"并保存。

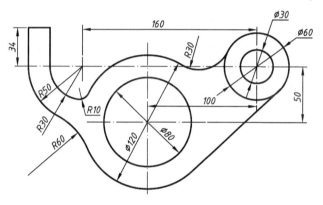

图 2-70　练习二第七题

（8）建立新的图形文件，根据图形尺寸设置适当的图形范围，创建绘图需要的图层，然后绘制出如图 2-71 所示的平面图形（不标注尺寸）。完成后，将该图命名为"练习二第八题"并保存。

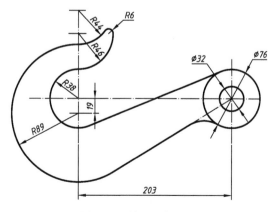

图 2-71　练习二第八题

（9）建立新的图形文件，根据图形尺寸设置适当的图形界限，创建绘图需要的图层，然后绘制出如图 2-72 所示的平面图形（不标注尺寸）。完成后，将该图命名为"练习二第九题"并保存。

（10）建立新的图形文件，根据图形尺寸设置适当的图形界限，创建绘图需要的图层，然后绘制出如图 2-73 所示的平面图形（不标注尺寸）。完成后，将该图命名为"练习二第十题"并保存。

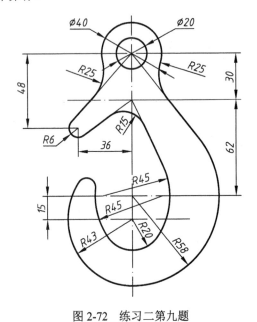

图 2-72　练习二第九题

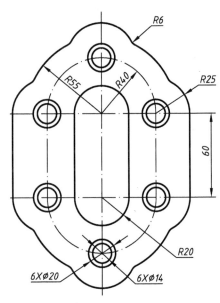

图 2-73　练习二第十题

第3章

基本体和组合体
三视图的绘制

通过本章的学习和实际训练，要求读者能够熟练掌握特殊图形的绘制、编辑和修改命令，快速、准确地绘制出各种基本体和组合体的三视图，为后续绘制机械工程图打下良好的基础。

本章的主要内容有 AutoCAD 对特殊图形对象的绘制、编辑和修改命令、绘制基本体和组合体三视图的步骤和方法。

图 3-1 所示为常见的切口体和组合体的三视图。利用 AutoCAD 绘制这些三视图，除了需要利用前面学过的绘图基本知识来保证绘出的各视图之间的"三等"规律，还需要学习新的知识来熟练掌握特殊图形对象的绘制、编辑和修改命令（如绘制截交线和相贯线）。

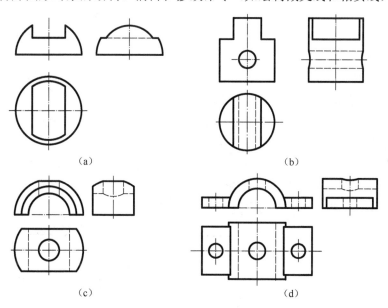

(a)   (b)

(c)   (d)

图 3-1 常见的切口体和组合体的三视图

3.1　基本体和切口体（特殊组合体）的三视图绘制方法

绘制任何形体的三视图，一般都应该根据形体的尺寸和形状及绘图的比例，先进行图形界限、绘图单位、创建图层等基本绘图环境的设置，然后使用绘图命令绘制各个视图的底图，最后利用修改和编辑命令对绘制出的底图进行整理得到最终的三视图。

在具体的绘图过程中，应该充分利用 AutoCAD 的"正交""对象捕捉"等绘图辅助功能和辅助线的方法使各个视图之间符合"三等"规律。

【例 3-1】　绘制出一个高 60、内孔直径为 30、外圆直径为 45 的空心圆柱的三视图。绘制完成后将该图命名为"练习 3-1"并保存。

下面以图 3-2 所示为例，说明该空心圆柱三视图的绘制过程和方法。

（1）建立新的图形文件，并根据圆柱的尺寸、视图线型需要和绘图比例来设置图形界限、创建图层。

（2）确定作图的基准，输入"直线"命令，绘制出圆柱各视图垂直方向的对称线和水平方向上的基准线，如图 3-2（a）所示。

（3）输入"打断"命令，将主视图和俯视图连在一起的垂直方向上的线断开，并利用"偏移"命令将圆柱的主视图和左视图的最高轮廓线确定，如图 3-2（b）所示。

（4）输入"圆"命令，绘制出空心圆柱俯视图的两个圆（$\phi45$、$\phi30$），如图 3-2（c）所示。

（5）输入"偏移"命令，根据给定的尺寸偏移复制出圆柱内外表面的主视图和左视图的轮廓线，如图 3-2（d）所示。

（6）输入"修剪"命令，将视图多余的线修剪掉，对于太长和太短的线段利用"打断"和"延伸"命令，将线段调整到适当长度，如图 3-2（e）所示。

提示：对于线段长短的调整，除了可以用"打断"和"延伸"命令方法，还可以用夹点编辑的方法。关于此方法将在后续章节进行介绍。

（7）利用图层管理的办法将空心圆柱 3 个视图中的各段线段的线型、线宽等特性按要求进行调整，便得到空心圆柱的三视图，如图 3-2（f）所示。

（8）将绘制完成的图 3-2（f）命名为"练习 3-1"并保存。

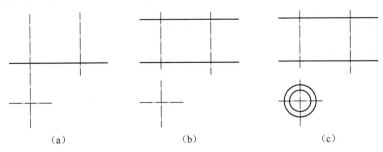

(a)　　　　　　　　(b)　　　　　　　　(c)

图 3-2　空心圆柱三视图的绘制过程

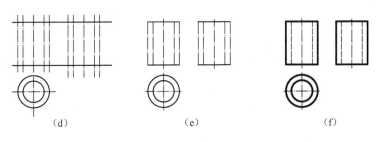

（d）　　　　　　　（e）　　　　　　　（f）

图 3-2　空心圆柱三视图的绘制过程（续）

【例 3-2】根据图 3-3 给定的条件绘制出开槽圆柱的三视图，绘制完成后将该图命名为"练习 3-2"并保存。

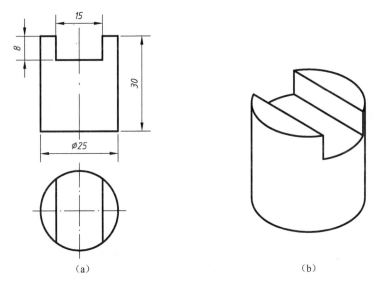

（a）　　　　　　　　　　　　　　　　（b）

图 3-3　开槽圆柱的已知条件

　　根据图 3-3 可知，该开槽圆柱的主视图和俯视图已经给出，现在需要根据已知条件绘制左视图。下面以图 3-4 为例说明该图的绘制方法。

　　（1）建立新的图形文件，并根据开槽圆柱的尺寸、视图线型需要和绘图比例来设置图形界限、创建图层。

　　（2）根据给定条件按照图 3-3 所示绘制出开槽圆柱的主视图和俯视图，输入"直线"命令，绘制出左视图的轴线，如图 3-4（a）所示。

　　（3）输入"直线"命令，利用主视图的已知条件，按照三视图的投影规律，输入"偏移"命令，画出左视图，打开"正交"。然后再画出左俯视图和开槽位置的投影线，如图 3-4（b）所示。

　　（4）输入"倒角"或"圆角"命令，使俯视图的对称线和左视图的轴线同时延伸相交，输入"构造线"命令，过交点作一条倾斜角为-45°的构造线作为俯视图和左视图联系的辅助线，然后利用"打断"和"删除"命令调整构造线为适当长度，如图 3-4（c）所示。

（5）根据三视图的宽相等规律，利用已作的构造线，从俯视图出发把左视图开槽的宽度位置确定，如图3-4（d）所示。

（6）输入"修剪"命令，修剪掉多余的线段，并删除作为辅助线的构造线和多余线条，如图3-4（e）所示。

（7）利用图层管理的方法将开槽圆柱的俯视图和左视图中的各段线段的线型、线宽等特性按要求进行调整，便得到开槽圆柱的完整三视图，如图3-4（f）所示。

（8）将图3-4（f）命名为"练习3-2"并保存。

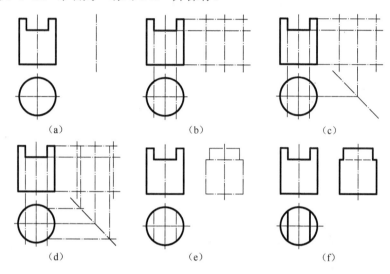

图3-4　开槽圆柱三视图的绘制过程

【例3-3】　根据图3-5给定的条件绘制出相贯圆柱的左视图，绘制完成后将该图命名为"练习3-3"并保存。

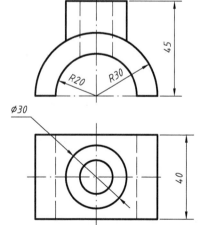

图3-5　相贯圆柱的已知条件

根据图3-5可知，该圆柱与圆柱相贯体的主视图和俯视图已经给出，现在需要根据已知条件补画出左视图，左视图除了两个圆柱轮廓还有内外两条相贯线，作图时应特别注意。下面以图3-6为例说明该图的绘制方法。

（1）建立新的图形文件，并根据相贯体的尺寸、视图线型需要和绘图比例来设置图形界限、创建图层。

（2）根据给定条件按照图3-5所示绘制出相贯圆柱的主视图和俯视图，输入"直线"命令，绘制出左视图的轴线；打开正交，然后根据"高平齐"绘制出左视图和主视图对应等高的各个轮廓线，如图3-6（a）所示。

（3）利用"倒角"命令，将俯视图和左视图轴线延伸至相交并过交点作一条倾斜角为-45°的直线，然后根据"宽相等"原则绘制出左视图与俯视图对应等宽的各个轮廓线，如图3-6（b）所示。

（4）输入"修剪"命令，将左视图多余的线修剪掉，并将多余的投影线删除，如图3-6（c）所示。

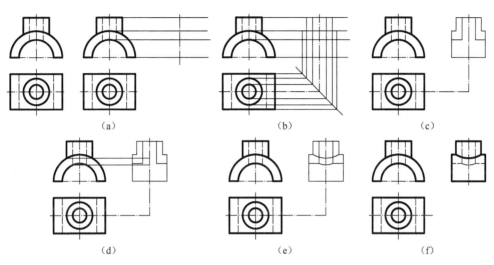

图3-6　相贯圆柱三视图的绘制过程

（5）输入"直线"命令，作辅助线找到左视图内外两条相贯线上的最低点，如图3-6（d）所示。

（6）输入"圆弧"命令，选择"三点"绘制圆弧的方式，绘制出内外两条相贯线，如图3-6（e）所示。

（7）利用特性匹配将左视图中的各段线段的线型、线宽等特性按要求进行调整，然后再讲俯视图和左视图的轴线调整到合适长度，就完成了相贯圆柱左视图的绘制，如图3-6（f）所示。

（8）将图3-6（f）命名为"练习3-3"并保存。

试试看

（1）根据图3-7所给出的视图和尺寸，按比例1∶1完成该开槽四棱台的三视图，不标注尺寸，图中的线型按相关国家标准自定。绘制完成后，将该图命名为"练习3-4"并保存。

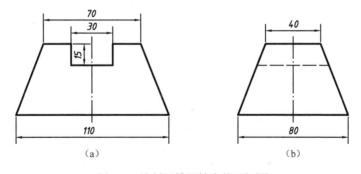

图3-7　绘制开槽四棱台的三视图

机械CAD基础 （第2版）

（2）根据图 3-8 所给出的视图和尺寸，按比例 1：1 完成该开槽正六棱柱的三视图，不标注尺寸，图中的线型按相关国家标准自定。绘制完成后，将该图命名为"练习 3-5"并保存。

（3）根据图 3-9 给定的条件完成该切口圆柱的三视图，不标注尺寸，比例自定，图中的线型按相关国家标准自定。绘制完成后，将该图命名为"练习 3-6"并保存。

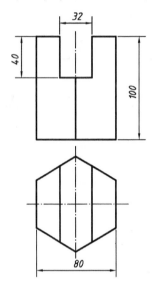

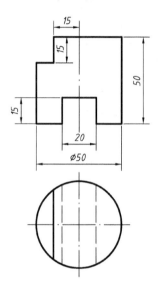

图 3-8　绘制开槽正六棱柱的三视图　　　　图 3-9　绘制切口圆柱的三视图

（4）根据图 3-10 给定的条件完成圆柱相贯体的主视图，不标注尺寸，比例自定。图中的线型按相关国家标准自定。绘制完成后，将该图命名为"练习 3-7"并保存。

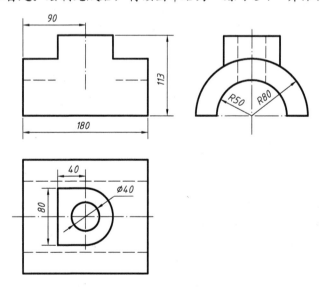

图 3-10　绘制圆柱相贯体的三视图

3.2　特殊图形的绘制和修改编辑命令

AutoCAD 不仅提供了基本的绘制和修改编辑命令，而且还提供了一些特殊图形的绘制和编辑命令。读者掌握了这些命令的使用方法，就可以快速地绘制和编辑工程图了。

3.2.1　多段线的绘制及编辑

多段线由多段图线组成，它可以包括直线和圆弧，多段线中各段图线可以设置不同的线宽，并且无论包含多少条直线和圆弧。只要是在同一次命令中绘制的多段线都是一个整体图形对象，可以统一对其进行编辑，这对绘图而言是非常有利的。

1. 多段线的绘制

选择"绘图"｜"多段线"命令，系统提示"指定起点:"。在该提示下，确定多段线的起点。系统接着提示"当前线宽为 0.0000"和"指定下一个点或 [圆弧（A）/半宽（H）/长度（L）/放弃（U）/宽度（W）]:"。

下面详细介绍上述提示中各选项的含义和操作过程。

（1）"指定下一个点"选项是系统的默认选项。选择该选项，用户直接输入一点，系统将从起点到该点绘制一段线段，并继续提示"指定下一点或 [圆弧（A）/闭合（C）/半宽（H）/长度（L）/放弃（U）/宽度（W）]:"。

（2）"圆弧（A）"选项用于将绘制线段方式切换为绘制圆弧方式。选择该选项，输入"A"后按 Enter 键，系统继续提示"指定圆弧的端点或 [角度（A）/圆心（CE）/闭合（CL）/方向（D）/半宽（H）/直线（L）/半径（R）/第二个点（S）/放弃（U）/宽度（W）]:"

用户可以在"指定圆弧的端点"选项、"角度（A）"选项、"圆心（CE）"选项、"方向（D）"选项、"半径（R）"选项和"第二个点（S）"的选项中，选择一种绘制圆弧的方法。

（3）"直线（L）"选项用于将绘制圆弧方式切换为绘制直线段方式。其他各选项与绘制直线时的同名选项功能相同，将在下面介绍。

（4）"闭合（C）"选项用于把多段线的最后一点和起点相连，形成一条封闭的多段线，并结束该命令。

提示：在选择"闭合"选项时，如果多段线是绘制直线段方式，那么系统用直线连接最后一点和起点；如果多段线是绘制圆弧方式，那么系统用圆弧连接最后一点和起点。

（5）"半宽（H）"选项用于设置多段线的半宽值（多段线线宽的一半数值）。选择该选项，系统将提示用户输入多段线的起点半宽值和终点半宽值。在绘制多段线的过程中，多段线的每一段都可以重新设置半宽值。另外，任何一段的起点和终点半宽值可以不同。

（6）"长度（L）"选项用于确定多段线下一段线段的长度。若多段线的上一段是线段，系统将以用户确定的长度沿上一段线段方向绘制出这段线段；若多段线的上一段是圆弧，系统将以用户确定的长度绘制出与圆弧相切的这段线段。

（7）"放弃（U）"选项用于取消绘制的最后一段多段线。

（8）"宽度（W）"选项与"半宽（H）"选项一样都是用于设置多段线的宽度值，只是该选项设置的是多段线全宽（多段线的线宽）。

提示：系统设置的多段线默认宽度值为0。当用户设置了多段线的宽度值后，下一次再绘制多段线时，起点的宽度值将以上一次用户设置的宽度值为默认值，而终点的宽度值则以本次起点的宽度值为默认值。

【例3-4】 绘制如图3-11所示的图形（不标注尺寸，多段线线宽度为0.6），并将绘制出的图形命名为"练习3-8"后并保存。

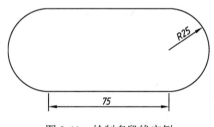

图3-11 绘制多段线实例

该图形是利用多段线进行绘图的典型图例，下面结合图3-12介绍具体操作步骤和方法。

（1）输入绘制多段线命令。

（2）在"指定起点:"的提示下，拾取点A，系统继续提示"当前线宽为 0.0000""指定下一个点或[圆弧（A）/半宽（H）/长度（L）/放弃（U）/宽度（W）]:"。

（3）在上面的提示下，输入"W"后按 Enter 键，系统继续提示"指定起点宽度<0.0000>:"。在该提示下，输入"0.6"后按 Enter 键，系统继续提示"指定端点宽度<0.6000>:"。在该提示下，输入"0.6"后按 Enter 键（或直接回车），系统继续提示"指定下一个点或 [圆弧（A）/半宽（H）/长度（L）/放弃（U）/宽度（W）]:"。

（4）在上述提示下，用相对直角坐标（@75,0）确定 B 点，系统将绘制出如图 3-12（a）所示多段线的一段直线段 AB，并继续提示"指定下一点或 [圆弧（A）/闭合（C）/半宽（H）/长度（L）/放弃（U）/宽度（W）]:"。

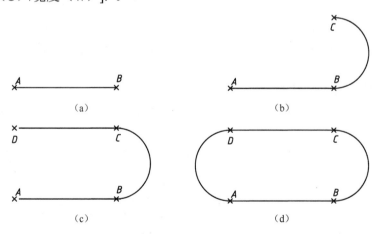

图3-12 绘制多段线的过程

（5）在上述提示下，输入"A"后按 Enter 键，系统继续提示"指定圆弧的端点或[角度（A）/圆心（CE）/闭合（CL）/方向（D）/半宽（H）/直线（L）/半径（R）/第二个点（S）/放弃（U）/宽度（W）]:"。

（6）在上述提示下，输入"A"后按 Enter 键，系统继续提示"指定包含角:"，在该提示下，输入包含角（圆心角）"180"后按 Enter 键，系统继续提示"指定圆弧的端点或 [圆心（CE）/半径（R）]:"。在该提示下，用相对直角坐标（@0,50）确定 C 点，系统将绘制出如图 3-12（b）所示多段线的一段圆弧 BC，并继续提示"指定圆弧的端点或[角度（A）/圆心（CE）/闭合（CL）/方向（D）/半宽（H）/直线（L）/半径（R）/第二个点（S）/放弃（U）/宽度（W）]:"。

（7）在上述提示下，输入"L"后按 Enter 键，系统继续提示"指定下一点或[圆弧（A）/闭合（C）/半宽（H）/长度（L）/放弃（U）/宽度（W）]:"在该提示下，输入"L"后按 Enter 键，系统继续提示"指定直线的长度:"。在该提示下，输入直线的长度值"75"后按 Enter 键，系统将绘制出如图 3-12（c）所示多段线的一段段线段 CD，并继续提示"指定下一点或[圆弧（A）/闭合（C）/半宽（H）/长度（L）/放弃（U）/宽度（W）]:"。

（8）在上述提示下，输入"A"后按 Enter 键，系统继续提示"指定圆弧的端点或[角度（A）/圆心（CE）/闭合（CL）/方向（D）/半宽（H）/直线（L）/半径（R）/第二个点（S）/放弃（U）/宽度（W）]:"。

（9）在上述提示下，用捕捉功能确定 A 点，系统将绘制出如图 3-12（d）所示多段线的最后一段圆弧 DA，并继续提示"指定圆弧的端点或 [角度（A）/圆心（CE）/闭合（CL）/方向（D）/半宽（H）/直线（L）/半径（R）/第二个点（S）/放弃（U）/宽度（W）]:"。在该提示下，按 Enter 键结束绘制多段线的命令。

通过上面的操作就完成了如图 3-11 所示图形的绘制，结果如图 3-12（d）所示。

（10）将该图形命名为"练习 3-8"并保存。

2. 多段线的编辑

选择"修改"｜"对象"｜"多段线"命令，系统提示"选择多段线或 [多条（M）]:"。在该提示下，可以选择一条或多条多段线。如果用户选择的对象不是多段线，系统将提示"是否将直线和圆弧转换为多段线？[是（Y）/否（N）]?<Y>"。

在上述提示下直接按 Enter 键，系统就把所选的对象转化为多段线。用户选择了多段线后，系统继续提示"输入选项[打开（O）/合并（J）/宽度（W）/编辑顶点（E）/拟合（F）/样条曲线（S）/非曲线化（D）/线型生成（L）/放弃（U）]"。

在上述提示下，如果按 Enter 键，就结束多段线编辑命令。其他各选项的含义和操作过程如下。

（1）"闭合（C）"选项用于封闭多段线。选择该选项，输入"C"后按 Enter 键，系统将选取的多段线首尾相连，形成一条封闭的多段线。如果选取的多段线是封闭的，该选项则变为"打开（O）"。

（2）"合并（J）"选项用于将直线、圆弧或者多段线连接到指定的非闭合多段线上。选择该选项，输入"J"后按 Enter 键，如果编辑的是多条多段线，系统将提示用户输入合并多段线的允许距离；如果编辑的是单个多段线，系统将把用户选取的首尾连接的直线、圆弧等对象连成一条多段线。

提示： 执行该选项的操作时，要连接的各相邻对象必须在形式上彼此首尾相连。

（3）"宽度（W）"选项用于重新设置所编辑的多段线线宽。选择该选项，输入"W"后按 Enter 键，在系统提示下输入新的线宽后，所选择的多段线线宽均变成该线宽。

（4）"编辑顶点（E）"选项用于编辑多段线的顶点。

（5）"拟合（F）"选项用于将选择的多段线拟合成一条光滑曲线。选择该选项，输入"F"后按 Enter 键，系统将通过多段线的每个顶点绘制出一条光滑的曲线，如图 3-13 所示。其中，图 3-13（a）图为原始多段线，图 3-13（b）为拟合后的多段线，图 3-13（c）为拟合完闭合后的多段线。

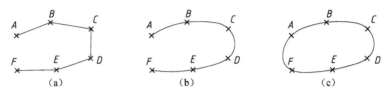

图 3-13　编辑多段线——拟合和闭合

（6）"样条曲线（S）"选项用于将选择的多段线拟合成一条样条曲线。选择该选项，输入"S"后按 Enter 键，系统将以多段线的各顶点为控制点（一般只通过多段线的起点和终点）绘制出一条样条曲线，如图 3-14 所示。其中，图 3-14（a）为原始多段线，图 3-14（b）为样条曲线化的多段线。

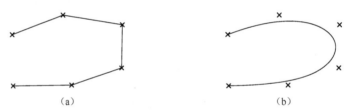

图 3-14　编辑多段线——样条曲线

（7）"非曲线化（D）"选项用于将拟合或样条曲线化的多段线恢复到原状。

（8）"线型生成（L）"选项用于设置非连续线型多段线在各顶点处的绘制方法。

（9）"放弃（U）"选项用于取消多段线编辑命令的上一次操作。

3.2.2　创建边界和面域

1. 多段线的创建

在 AutoCAD 中，用户在已有的图形对象中，可用相邻的或重叠的图形对象生成一条多段线边界。当用户进行这样的操作时，重叠对象的边必须形成完全封闭的区域，即使边界间有很小的间隙，操作也将失败。

选择"绘图"｜"边界…"（或者在命令行输入"BOUNDARY"后按 Enter 键）命令，系统弹出如图 3-15 所示的"边界创建"对话框。下面对该对话框有关的选项进行介绍。

（1）"拾取点"按钮用于通过在封闭区域内选点的方式生成多段线边界。单击该按钮，"边界创建"对话框暂时消失，系统返回绘图窗口，并提示"选择内部点:"。在该提示下，在绘图窗口中要生成多段线边界的区域内部拾取点，系统将会按用户的设置自动生成多段线边界，同时，所生成的多段线边界以虚线形式呈高亮度显示。

（2）选中"孤岛检测"复选框表示在创建多段线边界时要检查设置孤岛情况。孤岛是指封闭区域内部的图形对象。

（3）"边界保留"选项区用于指定是否将边界保留为对象，并确定应用于这些对象的对象类型。

（4）"对象类型"选项区用于选择所创建的是多段线还是面域的新边界。

（5）"边界集"选项区用于指定进行边界分析的范围，其默认选项是当前视口，即在定义边界时，系统分析范围为当前视口中的所有对象。

提示：如果用户选择的区域没有完全封闭，系统就会弹出如图 3-16 所示的信息提示框。

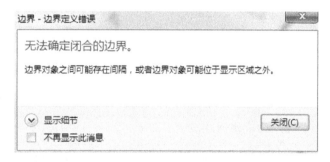

图 3-15　"边界创建"对话框　　　　　图 3-16　边界定义错误信息提示框

【例 3-5】 将如图 3-17（a）图中左边带有小圆的封闭区域变为多段线边界，并检查该多段线边界。

本题是为读者熟悉创建多段线边界的操作而特意编排的，其具体操作步骤和方法如下。

（1）输入创建多段线边界命令，打开如图 3-15 所示的"边界创建"对话框。

（2）进行对话框的设置：选中"孤岛检测"复选框，将"对象类型"设置为"多段线"，将"边界集"设置为"当前视口"，单击"拾取点"按钮，系统将提示"选择内部点:"。

（3）在上述提示下，移动光标至图形中的小圆外且靠近外轮廓线的位置处并单击。此时，被选定的多段线边界以虚线形式呈高亮度显示，如图 3-17（b）所示。然后按 Enter 键，完成多段线边界的创建。

为了使读者进一步理解多段线边界，现在以图 3-18 所示为例，对以上所创建的多段线边界进行检查，具体操作步骤如下。

（1）输入"移动"命令。

（2）在"选择对象:"提示下，输入"L"后按 Enter 键（L 表示最后绘制的图形对象，即新创建的多段线边界）。此时，多段线边界将被选中。

（3）在"指定基点或位移:"的提示下，移动光标至多段线边界内任一点位置并单击。

（4）在"指定位移的第二点或 <用第一点作位移>:"的提示下，拖动光标向左上方移动，用户就可以看到生成的多段线边界，如图 3-18 所示。

（a） （b）

图 3-17 多段线边界定义实例

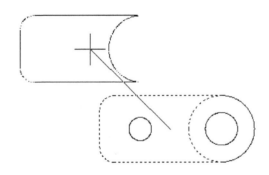

图 3-18 检查所创建的多段线边界

2. 面域的创建

面域是封闭区域所形成的二维实体对象，可以将它看成一个平面实心区域。利用面域进行拉伸、旋转等操作形成立体是绘制三维实体非常重要的方法之一。虽然 AutoCAD 中有许多命令可以生成封闭区域（如圆、正多边形、矩形等），但是面域和这些封闭区域有本质的不同。封闭区域只包含了边界的信息，面域不仅包含边的信息，而且还包含边界里整个面的信息。AutoCAD 可以利用这些信息计算工程属性，如面积、质心和惯性矩等。

用户可以用前面介绍过的"边界创建"对话框（见图 3-15）创建面域，只需将"对象类型"设置为"面域"即可。其他操作和创建多段线边界的操作一样，在此不再重述。下面介绍另外一种创建面域的方法。

选择"绘图" | "面域"（或者在命令行输入"REGION"后按 Enter 键）命令，系统提示"选择对象:"。现在以图 3-19 为例说明创建面域过程。

在上述提示下，用户选取（用单选或默认窗口方式）图 3-19（a）中的圆和四边形用来创建面域的平面闭合环边界。选择完毕按 Enter 键，此时，系统将结束该命令，并在命令行出现下列提示信息："已提取 2 个环。已创建 2 个面域。"创建的面域如图 3-19（a）所示。

提示：REGION 命令只能通过平面闭合环来创建面域，即组成面域边界的图形对象必须是自行封闭的或经修剪而成为封闭的，如图 3-19（a）所示。如果是由图形对象内部相交而构成的封闭区域，那么不能通过 REGION 命令创建面域，但可以通过 BOUNDAY 命令来创建，如图 3-19（b）所示。

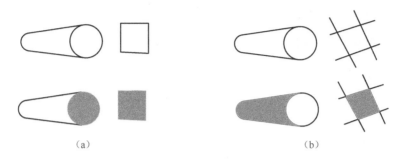

（a）　　　　　　　　　　　　　　　（b）

图 3-19　创建的面域

3. 面域的布尔运算

布尔运算是一种数学逻辑运算。在 AutoCAD 中，用户可以对共面的面域和三维实体进行布尔运算从而快速形成新的面域和三维实体，提高绘图效率。

面域可以进行并集、差集和交集三种布尔运算，其运算的结果如图 3-20 所示。图 3-20（a）所示是创建的两个面域，图 3-20（b）、图 3-20（c）、图 3-20（d）分别为将两个面域部分重叠后进行不同布尔运算的三种结果。

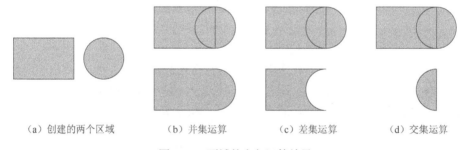

（a）创建的两个区域　　　（b）并集运算　　　（c）差集运算　　　（d）交集运算

图 3-20　面域的布尔运算结果

（1）并集运算。并集运算是指将两个或多个面域合并为一个单独的面域。可以通过选择下拉菜单中的"修改"|"实体编辑"|"并集"命令，进行并集运算。此时，需要连续选择要合并的面域对象，然后按 Enter 键，系统完成并集运算并结束该命令。

（2）差集运算。差集运算是指从一个面域中减去另一个面域。可以通过选择下拉菜单中的"修改"|"实体编辑"|"差集"命令，进行差集运算。此时，需要先选择求差的源面域，并按 Enter 键，再选择要被减掉的面域，按 Enter 键，系统即完成差集运算并结束该命令。

（3）交集运算。交集运算是指从两个或多个面域中抽取其重叠部分而形成的一个独立的面域。可以通过选择下拉菜单中的"修改"|"实体编辑"|"交集"命令，进行交集运算。此时，用户需要连续选择参加运算的面域对象，然后按 Enter 键，系统就完成了交集运算并结束该命令。

提示：在上述 3 种布尔运算中，若用户选择的面域实际并未相交，则 3 种运算的结果如下：通过并集运算，所选的面域被合并成一个单独的面域；通过差集运算，将删除被减掉的面域；通过交集运算，则删除所有选择的面域。

3.2.3 利用夹点编辑图形

夹点又称为钳夹点，其实质是图形对象的控制点。在 AutoCAD 中，利用夹点编辑图形是一种非常简便和实用的功能，它为用户提供了方便、快捷的图形编辑操作方法。

1. 夹点的显示

在不执行任何命令的状态下，用鼠标选择图形对象（可以用单选方式或默认窗口方式），所选图形对象的夹点便在图形中显示出来。图 3-21 所示为不同图形对象夹点的显示。

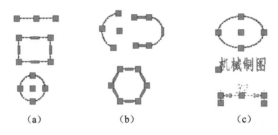

(a) (b) (c)

图 3-21 不同图形对象的夹点显示

2. 利用夹点编辑图形

夹点分为冷态和热态两种，图 3-21 所示的所有夹点都是冷态夹点（默认情况下显示为蓝色），图 3-22（a）中显示的夹点也是冷态夹点。若此时，单击某个冷态夹点，则该夹点就变为热态夹点（默认情况下显示为红色），即图 3-22（b）所示直线的中点。

图 3-22 冷态夹点和热态夹点

当图形对象中出现热态夹点时，用户就可以对该图形对象进行编辑。此时，系统在命令行出现下列提示：

"** 拉伸 **" 和 "指定拉伸点或[基点（B）/复制（C）/放弃（U）/退出（X）]:"

上述提示告诉用户当前要执行拉伸命令，并提示用户输入相应的选项。如果用户想执行其他的编辑命令，可以用按 Enter 键的方法进行切换。通过夹点可以对图形进行的编辑命令有拉伸、移动、旋转、比例缩放和镜像等。

当图形对象中出现热态夹点时，如果在绘图窗口单击右键，系统就会弹出如图 3-23 所示的夹点编辑快捷菜单，通过此快捷菜单也可以执行相应的修改命令。

【例 3-6】 将图 3-24（a）所示圆的垂直中心线延长到适当长度。

该问题可以利用第 2 章介绍的修改命令解决，但是利用夹点编辑方法解决该问题更简单、更快捷。下面结合图 3-24 介绍具体操作步骤。

（1）在命令状态下单击需要延长的中心线，该中心线上出现冷态夹点。

（2）移动光标至该中心线上端的夹点上再次单击，该夹点变为热态夹点，同时系统提示如下：

"** 拉伸 **"和"指定拉伸点或 [基点（B）/复制（C）/放弃（U）/退出（X）]:"

（3）打开"正交"功能，向上移动光标至合适位置进行单击，如图 3-24（b）所示。

重复上面的步骤也可以将水平中心线调整到适当长度，操作结果如图 3-24（c）所示。

| 确认(E) |
| 最近的输入 ▶ |
| 拉伸(S) |
| 移动(M) |
| 旋转(R) |
| 缩放(L) |
| 镜像(I) |
| 基点(B) |
| 复制(C) |
| 参照(F) |
| 放弃(U)　Ctrl+Z |
| 退出(X) |

图 3-23　夹点编辑快捷菜单

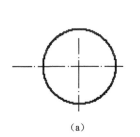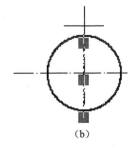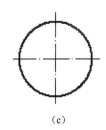

　　　　（a）　　　　　　　　　　（b）　　　　　　　　　　（c）

图 3-24　利用夹点编辑图形

提示：在利用夹点编辑功能进行拉伸操作时，如果选择的热态夹点是直线的中点、圆的圆心、椭圆的中心、文字的对齐点、块的插入点等，那么实际的操作结果就不是将这些图形对象进行拉伸，而是将其进行了移动。

3.2.4　图形对象的特性编辑

用户绘制的每个图形对象都有自己的特性，这些特性包括图形对象的基本属性（如图层、颜色、线型、线宽等）和图形对象的几何特性（如尺寸、位置等）。利用单独的命令可以修改图形对象的特性，例如，选择下拉菜单中的"格式"｜"颜色"命令，可以修改颜色；选择下拉菜单中的"修改"｜"缩放"命令，可以改变图形对象的尺寸。但是，这些命令修改的内容单一，不能综合修改图形对象的特性，而利用 AutoCAD 的图形对象特性编辑命令，就可以对图形对象进行综合修改。

选择下拉菜单中的"修改"｜"特性"命令，系统将打开如图 3-25 所示的无选择情况下的"特性"窗口。此时，如果用户选中某个图形对象（图形对象显示夹点），"特性"窗口将显示所选图形对象的有关特性。如图 3-26 所示为选中图形对象时"特性"窗口中显示的内容，用户在该窗口中就可以对选中图形对象的特性进行综合修改。

机械 CAD 基础（第 2 版）

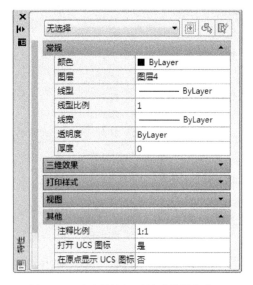

图 3-25　无选择情况下的"特性"窗口

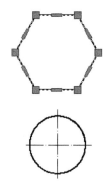

图 3-26　选中图形对象时的"特性"窗口

　　无论用户一次修改一个还是修改多个图形对象，而且无论修改哪一种图形对象，用"特性"窗口修改图形对象特性的操作都可以归纳为以下两种情况。

　　1. 修改数值选项

　　（1）用"拾取点"的方法修改。该方法如图 3-27 所示，图中选择的修改对象为圆，单击需要修改的选项行（图中选择的是圆心的坐标），该选项行最右位置会显示一个拾取点按钮"拾取"。单击该按钮，即可在绘图窗口拾取一点，该点即圆的新圆心位置（此时圆也随之移到了新的位置）。

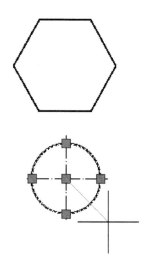

图 3-27　用拾取点方法编辑图形

（2）用"输入一新值"方法修改。该方法如图 3-28 所示，图中选择的修改对象为圆，单击需要修改的选项行（图中选择的是圆的半径），再双击其数值。然后，输入一个新值来代替原来的数值，最后按 Enter 键确定，即可改变圆的半径。

如果用户要结束对图形对象的特性修改，应按 Esc 键，然后可再选择其他的图形对象进行修改，或者单击"特性"窗口左上方的关闭按钮，关闭该窗口，退出图形对象的特性编辑命令。

提示：打开"特性"窗口，在没有选择图形对象时，窗口显示整个绘图窗口的特性及它们的当前设置，如图 3-25 所示；打开"特性"窗口不影响用户在绘图窗口的各种操作；利用"特性"窗口可以方便地对后面章节将要介绍的文本对象、尺寸标注、图块等对象进行编辑和修改。

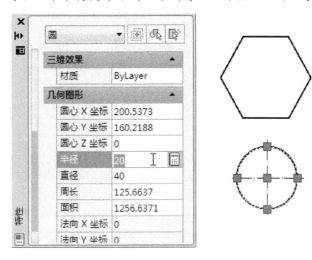

图 3-28　用"输入一新值"方法修改图形

2. 用修改有下拉列表框的选项来修改图形

现以一个实例说明修改方法。

【例 3-7】 将图 3-29（a）所示为虚线层上的正六棱柱利用"特性"窗口将它修改到如图 3-29（c）所示的粗实线层上，具体操作步骤和方法如下。

（1）输入图形对象特性编辑命令，打开"特性"窗口。

（2）选择要修改的图形对象，如图 3-29（b）所示，单击要修改的选项行，即"特性"窗口中的"图层"选项。

（3）单击"图层"选项行右边的下拉箭头，打开"图层"下拉列表，从中选择需要的图层，即"粗实线层"。

（4）按 Esc 键，结束该命令。

通过以上的操作，图中的虚线正六棱柱即被修改为粗实线正六棱柱圆，如图 3-29（c）所示。

想一想

在绘图过程中，如果需要改变直线的长短、圆的位置、文字的位置等应该选用哪些方法？比较简单的方法是什么？

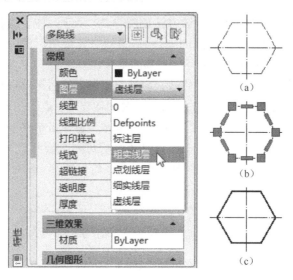

图 3-29　用修改有下拉列表框的选项来修改图形

试试看

（1）绘制如图 3-30 所示的图形（尺寸自定），绘制完成后将该图命名为"练习 3-9"并并保存。

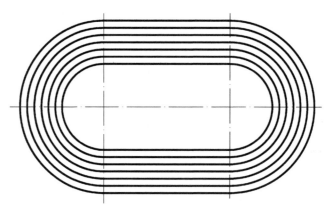

图 3-30　练习 3-9

（2）用绘制直线和圆的命令绘制如图 3-31（a）所示的图形（尺寸自定），然后将其转变为封闭的多段线，最后将此多段线分别进行拟合[见图 3-31(b)，线宽为 0.8]和样条曲线化[见图 3-31（c），线宽为 1]。

（3）绘制如图 3-32（a）所示的矩形和梯形并创建为两个面域，然后将两个面域部分重叠后复制出 3 个如图 3-32（b）、图 3-32（c）和图 3-32（d）所示，最后分别进行"并集""差集"和"交集"三种布尔运算。

（4）以点（120，80）为圆心绘制一个半径为 50 的粗实线圆，然后利用图形对象的特性编辑命令将该圆的半径修改为 30、将圆心移到坐标点（160，110）的位置，并将该圆转变为虚线圆。

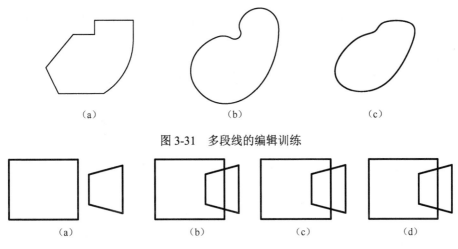

图 3-31　多段线的编辑训练

图 3-32　布尔运算训练

3.3　组合体三视图的绘制方法

组合体三视图的绘制方法与 3.1 节中介绍的绘制基本体和切口体三视图的方法基本是一样的，但是组合体相对复杂一些。为了避免因线条太多造成的图面混乱，在具体画图过程中应该按照机械制图所学的知识，先将组合体分成几个部分，然后一部分一部分地画出并及时整理（随时删除使用完的定位线），以保证图面的清晰。下面结合实例介绍组合体三视图的绘制方法。

【例 3-8】　按照图 3-33 所示，抄画该组合体的三视图（比例为 1∶1，线型按相关国家标准自定，不标注尺寸）。绘制完成后，将该图命名为"练习 3-10"并保存。

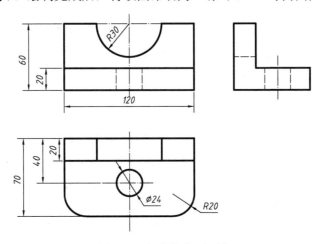

图 3-33　组合体的三视图

下面以图 3-34 和图 3-35 所示为例，说明该组合体三视图的绘制过程和方法。

（1）建立新的图形文件，并根据组合体的尺寸、视图线型需要和绘图比例来设置图形界限、创建图层。

（2）确定作图的基准。输入"直线"命令，绘制出组合体各视图的作图基准线，如图 3-34 （a）所示。

（3）绘制底板的三面视图。输入"偏移"命令，利用作图基准线，把底板的 3 个视图轮廓线偏移复制出来，如图 3-34（b）所示。然后输入"修剪"命令，将图中多余的线段修剪掉，以使图面保持清晰，如图 3-34（c）所示。

（4）绘制竖板的三面视图。输入"偏移"命令，把竖板的 3 个视图轮廓线偏移复制出来，如图 3-34（d）所示。然后输入"修剪"命令，将图中多余的线段修剪掉，如图 3-34（e）所示。

（5）绘制底板上的圆角。输入"圆角"命令，设置圆角半径为 20，将底板的两个圆角绘制出，如图 3-34（f）所示。

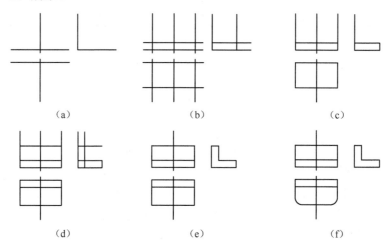

图 3-34　组合体的绘制过程一

（6）绘制竖板上的半圆槽。输入"圆"命令，在主视图上绘制半径为 30 的圆，确定半圆槽的主视图轮廓。然后，输入"直线"命令、打开"正交"、捕捉功能从主视图出发绘制出半圆槽在俯视图和左视图上的投影轮廓线，如图 3-35（a）所示。最后，输入"修剪"命令，将图中多余的线段修剪掉，如图 3-35（b）所示。

（7）绘制底板上的圆孔。输入"偏移"命令，按尺寸偏移相关的直线，将圆孔的各视图的中心线位置定出，输入"圆"命令，在俯视图上绘制直径为 24 的圆。然后，输入"直线"命令、打开"正交"、捕捉功能从俯视图出发绘制出圆孔在主视图上的投影轮廓线，输入"偏移"命令，在左视图上将圆孔的投影轮廓线偏移复制出来，如图 3-35（c）所示。最后，输入"修剪"命令，将图中多余的线段修剪掉，如图 3-35（d）所示。

（8）利用打断、夹点编辑等命令，将图中的点划线调整到适当的长度，如图 3-35（e）所示。

（9）利用图层管理的办法将组合体三视图中的各段线段的线型、线宽等特性按要求进行调整，便得到该组合体的三视图，如图 3-35（f）所示。

（10）将绘制完成的图 3-35（f）命名为"练习 3-10"并保存。

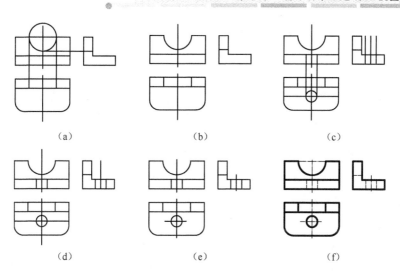

(a)　　　　　　　　(b)　　　　　　　　(c)

(d)　　　　　　　　(e)　　　　　　　　(f)

图 3-35　组合体的绘制过程二

【例 3-9】　根据图 3-36 所给出的主视图和俯视图补画该组合体的左视图（比例为 1∶1，线型按相关国家标准自定，不标注尺寸）。绘制完成后，将该图命名为"练习 3-11"并保存。

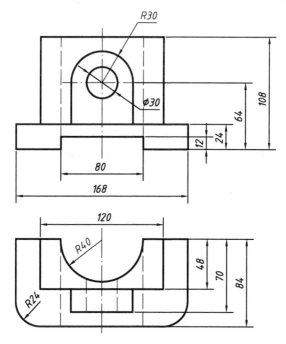

图 3-36　根据组合体的两面视图补画左视图

下面以图 3-37、图 3-38 和图 3-39 为例，说明补画该组合体的左视图的方法和步骤。

（1）建立新的图形文件，并根据组合体的尺寸、视图线型需要和绘图比例来设置图形界限、创建图层。

（2）根据给定条件按照图 3-36 所示绘制出该组合体的主视图和俯视图。

（3）输入"构造线"命令，在适当位置作一条倾斜角为-45°的构造线作为俯视图和左视图相联系的辅助线。然后，利用"打断"和"删除"命令调整构造线为适当长度，如图3-37（a）所示。

（4）输入"延伸"命令，将俯视图的底板轮廓线延伸到构造线上。然后，输入"直线"命令、打开"正交"、捕捉功能从构造线出发，将底板左视图前后的轮廓线绘制出，如图3-37（b）所示。

（5）输入"延伸"命令，将主视图的底板轮廓线延伸到左视图，如图3-37（c）所示。

（6）输入"修剪"命令，修剪掉左视图上多余的线段，输入"删除"命令，删除掉使用过的辅助线，如图3-37（d）所示。

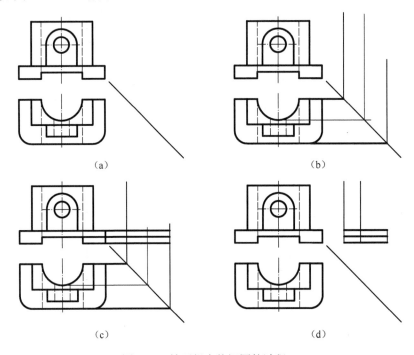

（a）　　　　　　　　　　　　　　（b）

（c）　　　　　　　　　　　　　　（d）

图3-37　补画组合体视图的过程一

（7）输入"延伸"命令，将主视图的竖板轮廓线延伸到左视图上，再将俯视图的竖板轮廓线延伸到构造线上，然后输入"直线"命令，打开"正交"、捕捉功能从构造线出发，将竖板的左视图的轮廓线绘制出，如图3-38（a）所示。

（8）输入"修剪"命令，修剪掉左视图上多余的线段。输入"删除"命令，删除掉使用过的辅助线，如图3-38（b）所示。

（9）输入"延伸"命令，将俯视图的U形块的轮廓线延伸到构造线上。然后，输入"直线"命令，打开"正交"、捕捉功能从构造线出发，将U形块的左视图的轮廓线绘制出。最后，从主视图出发，将U形块及其圆孔左视图的轮廓线绘制出，如图3-38（c）所示。

（10）输入"修剪"命令，修剪掉左视图上多余的线段。输入"删除"命令，删除掉使用过的辅助线，如图3-38（d）所示。

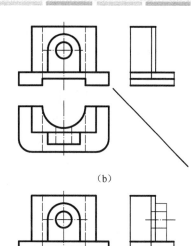

（a）　　　　　　　　　　　（b）

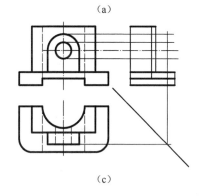 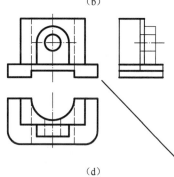

（c）　　　　　　　　　　　（d）

图 3-38　补画组合体视图的过程二

（11）画出 U 形块上圆孔与半圆槽形成的相贯线上的特殊点（最后点）的侧面投影，如图 3-39（a）所示。

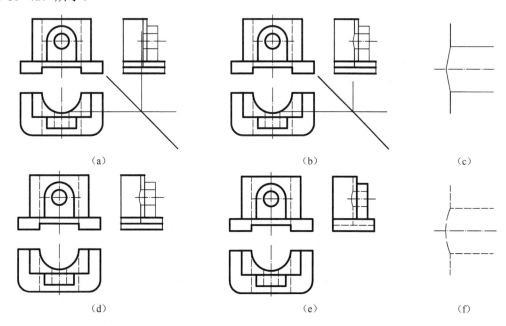

（a）　　　　　　　　　　　（b）　　　　　　　　　　　（c）

（d）　　　　　　　　　　　（e）　　　　　　　　　　　（f）

图 3-39　补画组合体视图的过程三

（12）输入"多段线"命令，在左视图中将 U 形块上圆孔与半圆槽形成的相贯线上的特殊点（最高点、最低点和最后点）用多段线相连，如图 3-39（b）所示。图 3-39（c）所示为相贯线部分的放大图。

（13）选择下拉菜单"修改"｜"多段线"，将左视图中连成的多段线进行拟合，便得到 U 形块上圆孔与半圆槽形成的相贯线的侧面投影，如图 3-39（d）所示。

（14）输入"特性匹配"命令，将左视图中图线修改为需要的线型，即完成了全部作图过程，结果如图 3-39（e）所示，图 3-39（f）所示为已完成的相贯线部分放大图。

（15）将图 3-39（e）命名为"练习 3-11"并保存。

试试看

（1）根据图 3-40 所给出的主视图和左视图补画出该组合体的俯视图（比例为 1∶1，线型按相关国家标准自定，不标注尺寸）。绘制完成后，将该图命名为"练习 3-12"并保存。

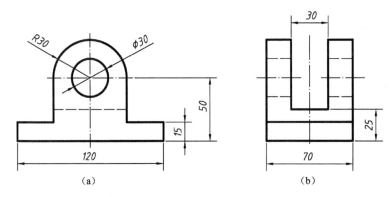

图 3-40　练习 3-12

（2）根据图 3-41 所给出的主视图和左视图补画出该组合体的俯视图（比例为 1∶1，线型按相关国家标准自定，不标注尺寸）。绘制完成后，将该图命名为"练习 3-13"并保存。

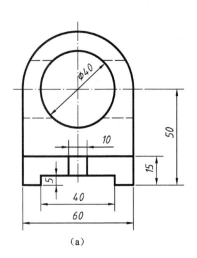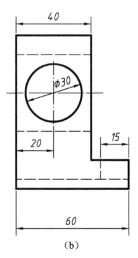

图 3-41　练习 3-13

本 章 小 结

本章重点介绍了利用 AutoCAD 绘制三视图的方法和步骤，以及 AutoCAD 特殊图形的绘制和编辑修改命令。AutoCAD 特殊图形的绘制、编辑和修改命令是绘制特殊曲线和三维图形的基础，特别是对于本章中出现相贯线的绘制方法，读者需要通过一定数量的实际训练才能熟练和掌握。

本 章 习 题

1. 填空题

（1）在绘制多段线的过程中，用户可以随时设置多段线的_____，在绘制直线的过程中输入 "A" 表示_____，在绘制圆弧过程中输入 "L" 表示_____，再次输入 "L" 表示_____，输入 "W" 表示_____。

（2）在修改多段线的过程中，当选择好了多段线后输入 "F" 表示_____，输入 "S" 表示_____，输入 "W" 表示_____。

（3）用 "特性" 窗口修改图形对象特性的操作可以归纳为_____和_____两种情况。

（4）在夹点显示过程中，夹点显示分为_____夹点和_____夹点两种，只有当夹点显示成_____时，才能利用夹点进行图形编辑。

2. 简答题

（1）多段线有什么特点？
（2）面域的布尔运算有几种？图 3-42（a）所示为两个重叠的面域，图 3-42（b）、图 3-42（c）、图 3-42（d）所示图形分别是用什么运算方法得到的？

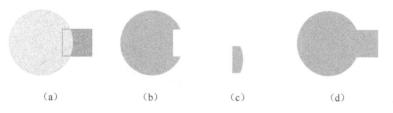

| (a) | (b) | (c) | (d) |

图 3-42　面域的运算方法

（3）对于组合体中出现的空间曲线（截交线和相贯线）的投影，可以用哪些方法绘制出来？
（4）使用夹点操作可以对图形对象进行哪些修改和编辑？

3. 操作题

（1）根据图 3-43 所给出的视图及尺寸，绘制出切口圆柱的完整三视图（比例为 1：1，图形界限自定，不标注尺寸）。绘制完成后，将该图命名为 "练习三第一题" 并保存。

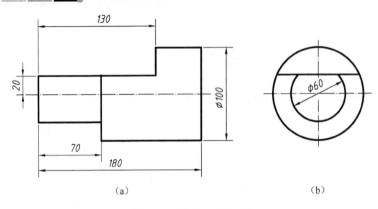

（a）　　　　　　　　　　　　　　（b）

图 3-43　练习三第一题

（2）根据图 3-44 所给出的视图及尺寸，绘制出切口正六棱柱的完整三视图（比例为 1∶1，图形界限自定，不标注尺寸）。绘制完成后，将该图命名为"练习三第二题"并保存。

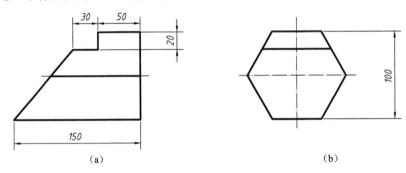

（a）　　　　　　　　　　　　　　（b）

图 3-44　练习三第二题

（3）绘制如图 3-45（a）所示的图形（比例、尺寸自定），然后用通过有关编辑和修改命令，将 3-45（a）所示图形编辑后修改为 3-45（b）所示的图形。要求图中的轮廓线为封闭多段线，且从最外圈到最里圈图线的线宽依次为 1.5、1.2、0.8 和 0.5，点画线的线宽为 0.25。绘制完成后，将该图命名为"练习三第三题"并保存。

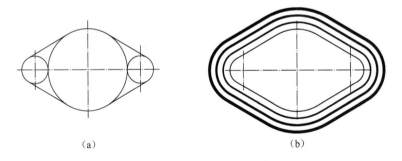

（a）　　　　　　　　　　　　　　（b）

图 3-45　练习三第三题

（4）按图 3-46 所示的形状和尺寸绘制该图形（比例为 1∶1，图形界限自定，不标注尺寸），绘制结束后利用图形对象的特性编辑命令将图中原有的粗实线修改为点画线，将最大矩形和 4

个小圆的线型修改为粗实线。绘制完成后，将该图命名为"练习三第四题"并保存。

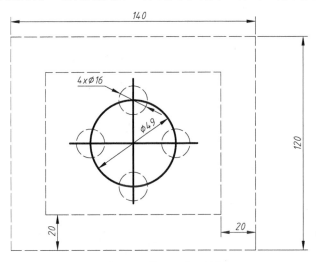

图 3-46　练习三第四题

（5）根据图 3-47 所给出的主视图和俯视图绘制出该组合体的完整三视图（比例为 1：1，图形界限自定，不标注尺寸）。绘制完成后，将该图命名为"练习三第五题"并保存。

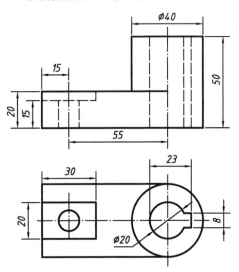

图 3-47　练习三第五题

（6）根据图 3-48 所给出的主视图和俯视图绘制出该组合体的完整三视图（比例为 1：1，图形界限自定，不标注尺寸）。绘制完成后，将该图命名为"练习三第六题"并保存。

（7）新建一个图形文件，图形界限为 420×297，按照图 3-49 所示，建立符合国家标准的图层并按尺寸绘制出该图（比例为 1：1，不标注尺寸，但要求各种线型显示正确）。绘制完成后，将该图命名为"练习三第七题"并保存。

（8）根据图 3-50 所给出的主视图和左视图绘制出该组合体的完整三视图（比例为 1：1，

图形界限自定，不标注尺寸）。绘制完成后，将该图命名为"练习三第八题"并保存。

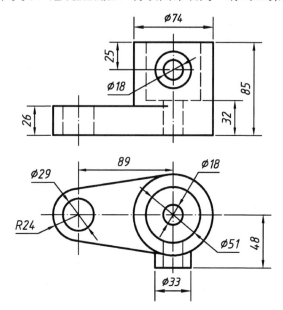

图 3-48　练习三第六题

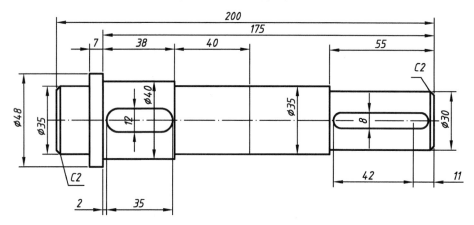

图 3-49　练习三第七题

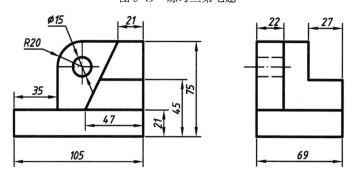

图 3-50　练习三第八题

（9）新建一个图形文件，图形界限为 420×297，按照图 3-51 所示的主视图和俯视图，绘制该组合体的完整三视图（比例为 1:1，不标注尺寸）。绘制完成后，将该图命名为"练习三第九题"并保存。

（10）新建一个图形文件，图形界限为 420×297，按照图 3-52 所示的主视图和俯视图，绘制该组合体的完整三视图（比例为 1:1，不标注尺寸）。绘制完成后，将该图命名为"练习三第十题"并保存。

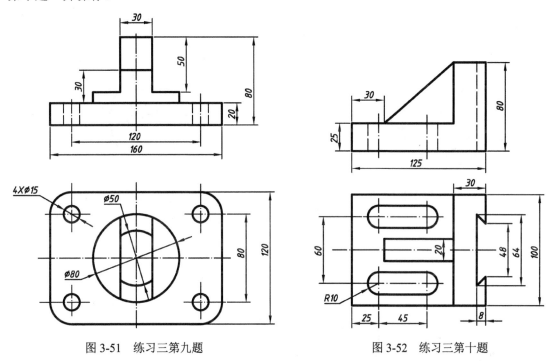

图 3-51　练习三第九题　　　　　　　　　　　图 3-52　练习三第十题

（11）新建一个图形文件，图形界限为 210×297，按照图 3-53 所示的主视图和俯视图，绘制该组合体的完整三视图（比例为 1:1，不标注尺寸）。绘制完成后，将该图命名为"练习三第十一题"并保存。

（12）新建一个图形文件，图形界限为 210×297，按照图 3-54 所示的主视图和俯视图，绘制该组合体的完整三视图（比例为 1:1，不标注尺寸）。绘制完成后，将该图命名为"练习三第十二题"并保存。

（13）新建一个图形文件，图形界限为 210×297，按照图 3-55 所示的主视图和俯视图，绘制该组合体的完整三视图（比例为 1:1，不标注尺寸）。绘制完成后，将该图命名为"练习三第十三题"并保存。

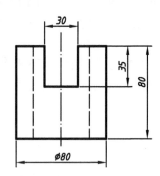

图 3-53　练习三第十一题

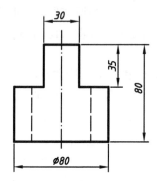

图 3-54　练习三第十二题

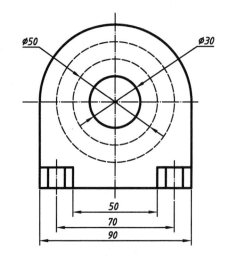

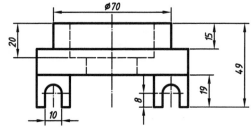

图 3-55　练习三第十三题

第4章

剖视图和断面图的绘制

通过本章的学习，应该使读者能够熟练地绘制出机械图中的剖视图和断面图。本章的教学重点是图案填充的方法、剖视图和断面图的绘制步骤。在绘制机械工程图时，为了能够充分地表达机械零件的内部形状和断面形状，经常采用剖视图和断面图的表达方法。图 4-1 所示为机械工程图中几种典型的剖视图和断面图，本章将具体介绍这些剖视图和断面图的绘制方法。

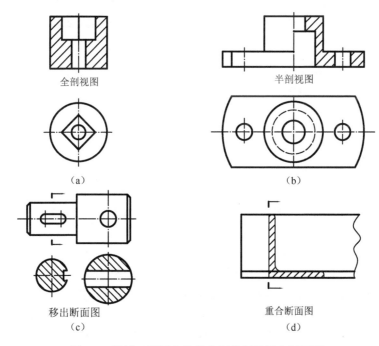

全剖视图

半剖视图

（a）

（b）

移出断面图
（c）

重合断面图
（d）

图 4-1　机械工程图中几种典型的剖视图和断面图

4.1　图案填充的方法及应用

在实际工程设计绘图过程中，为了表达某个断面的不同材质，常常需要用某种图案来填充某个封闭的区域（如机械工程图中金属零件的剖面），这个过程在 AutoCAD 中称为图案填充。

选择下拉菜单中的"绘图" | "图案填充…"命令，系统弹出如图 4-2 所示的"图案填充

和渐变色"对话框。该对话框中包括"图案填充"和"渐变色"两个选项卡，下面分别介绍这些选项卡的具体内容。

4.1.1 "图案填充"选项卡

"图案填充"选项卡（见图 4-2）用于设置和进行图案填充，其中各选项的含义和功能如下。

图 4-2　图案填充和渐变色对话框——"图案填充"选项卡

1. "类型和图案"选项区

该选项区用于设置填充图案的类型和图案。

（1）"类型"下拉列表框用于设置填充图案的类型，包括"预定义""用户定义"和"自定义" 3 个选项。

（2）"图案"下拉列表框用于设置填充的图案，用户可以从该下拉列表框中根据图案名称来选择填充图案，也可以单击其右边的"⋯"按钮，在弹出的如图 4-3 所示的"填充图案选项板"对话框中选择图案。

（3）"样例"预览窗口用于预览当前选中的图案，单击窗口中的样例，系统也同样弹出"填充图案选项板"对话框。

（4）"自定义图案"下拉列表框。只有填充的图案类型选择为"自定义"时，该选项才可用，用户可以在该下拉列表框中根据图案名称来选择填充图案，也可以单击其右边的"⋯"按钮，在弹出的"填充图案选项板"对话框中选择图案，如图 4-3 所示。

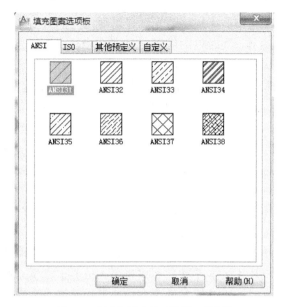

图 4-3 "填充图案选项板"对话框

2. "角度和比例"选项区

该选项区用于指定选定填充图案的角度和比例。

（1）"角度"下拉列表框用于确定填充图案相对于当前坐标系 X 轴的转角，用户可以从该下拉列表中选取角度，也可以直接在文本框中输入角度。

（2）"比例"下拉列表框用于设置填充图案的缩放比例系数，用户可以从该下拉列表中选取比例，也可以直接在文本框中输入比例系数。

（3）选中"相对图纸空间"复选框表示要相对图纸空间单位缩放填充图案，该选项只有在"布局"中填充才有效。

（4）"间距"文本框用于确定用户定义的简单填充图案中平行线的间距，该选项只有在填充图案为"用户定义"类型时才有效。

（5）"ISO 笔宽"下拉列表框用于设置笔的宽度，该选项只有在填充图案为"预定义"类型，并选择了"ISO"填充图案时才有效。

3. "图案填充原点"选项区

该选项区用于设置填充图案生成的起始位置。选中"使用当前原点"单选框，在默认情况下，填充图案生成的起始位置为（0，0）；选中"指定的原点"单选框，用户可以指定新的填充图案生成的起始位置。

4. "边界"选项区

该选项区用于选择和查看图案填充的边界。

（1）单击"添加：拾取点"按钮，系统将用点选的方式定义填充边界。单击该按钮，对话

框暂时消失，系统返回绘图窗口。用户移动光标在需要填充的封闭区域内单击，系统会自动选择出包围该点的封闭填充边界，同时以虚线形式呈高亮度显示该填充边界，用户用点选的方式可以一次性选择多个填充区域。

（2）单击"添加：选择对象"按钮，系统将用选择对象的方式定义填充边界。单击该按钮，对话框暂时消失，系统返回绘图窗口。用户可以用单选或默认窗口的方式选择填充边界对象。

（3）单击"删除边界"按钮，用户删除前面定义的填充边界。单击该按钮，对话框暂时消失，系统返回绘图窗口，用户可以用单选的方式删除前面选择的填充边界对象。

（4）单击"重新创建边界"按钮用户可以围绕选定的图案填充或图案填充对象创建多段线或面域。

（5）单击"查看选择集"按钮，对话框暂时消失，系统返回绘图窗口，用户可以查看已经选择的边界对象。

提示：用户进行图案填充时，如果出现填充区域内有文字、尺寸文本等情况，在选择填充边界时，系统自动将文字、尺寸文本等对象也作为填充边界。在填充图案过程中，当遇到这些文字、尺寸文本等特殊对象时，填充图案便会自动断开，使这些文字、文本对象更加清晰，如图4-4所示。

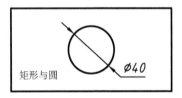 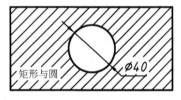

（a）自动选择封闭区域内文字作为填充边界 （b）填充结果

图4-4　封闭区域内包含文字、文本时的图案填充情况

5. "选项"选项区

该选项区用于设置填充的图案与填充边界的关系。

（1）选中"关联"单选框表示填充图案和填充边界相关联，完成填充后，如果填充边界发生变化，填充图案就会自动随填充边界的变化而更新，如图4-5所示。

 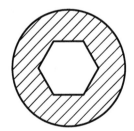 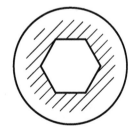

（a）原始图案填充　　　（b）关联性填充边界变化后　　　（c）非关联性填充边界变化后
　　　　　　　　　　　　　　　的图案填充　　　　　　　　　　　的图案填充

图4-5　关联性图案填充和非关联性图案填充

（2）选中"创建独立的图案填充"复选框表示当选择了多个闭合边界时，每个闭合边界的图案填充是独立的。

（3）"绘图次序"下拉列表框用于为图案填充指定绘图次序，可以将图案填充置于所有其他对象之前或之后，也可以将图案填充置于图案填充边界之前或之后。

6. "继承特性（I）"按钮

单击"继承特性"按钮，可以将选中的、图中已有的填充图案作为当前的填充图案。

4.1.2 "渐变色"选项卡

该选项卡（见图 4-6）用于使用渐变色代替填充图案进行填充，其中各选项的含义和功能如下。

（1）"单色"单选框：选中该单选框，系统将使用一种颜色产生的渐变色来填充选定的填充区。双击其右边的颜色条或单击"⋯"按钮，系统将弹出"选择颜色"对话框。在该对话框中，用户可以选择渐变色的颜色。用户还可以通过拖动"着色/渐浅"滑块来调整渐变色的变化程度。

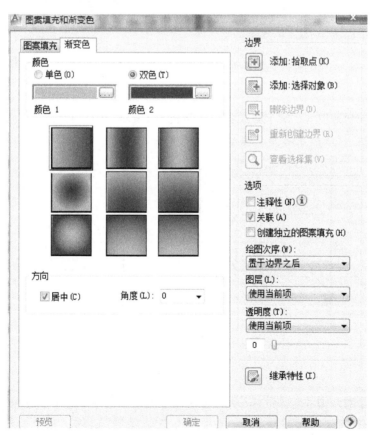

图 4-6 "图案填充和渐变色"对话框——"渐变色"选项卡

（第 2 版）

机械 CAD 基础

（2）"双色"单选框：选中该单选框，系统将使用由两种颜色产生的渐变色来填充选定的填充区。

（3）"渐变色图案"预览列表：该列表显示了当前设置的渐变色图案的 9 种效果，供用户选择使用。

（4）"居中"复选框：选中该复选框，创建的渐变色图案显示为对称渐变。

（5）"角度"下拉列表框：用于设置渐变色的角度。

（6）"预览"按钮：用于预览填充效果。单击该按钮，对话框暂时消失，系统返回绘图窗口，并显示当前的填充效果，以便用户调整图案填充的各项设置和所选择的填充区域。用户可按"ESC"键返回对话框进行调整，也可以按 Enter 键进行图案填充并结束该命令。

图 4-7 所示为使用单色和双色创建的渐变色对封闭区域进行填充后的效果。

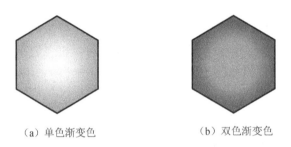

（a）单色渐变色　　　　　　　　（b）双色渐变色

图 4-7　使用渐变色对封闭区域进行填充的效果

试试看

（1）按尺寸绘制如图 4-8 所示螺纹孔的两面视图（比例为 1：1，图形界限自定，不标注尺寸）。绘制完成后，将该图命名为"练习 4-1"并保存。

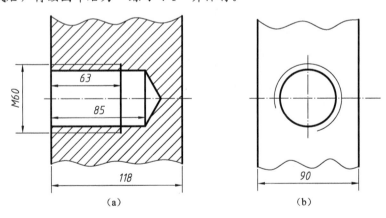

图 4-8　练习 4-1

（2）按尺寸绘制如图 4-9 所示机件的两面视图（图形界限自定，比例为 1：1，图中粗实线的线宽为 0.5、其他线型的线宽为 0.25，不标注尺寸）。绘制完成后，将该图命名为"练习 4-2"并保存。

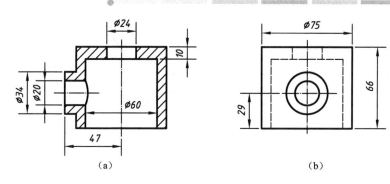

图 4-9 练习 4-2

4.2 剖视图和断面图的绘制方法

4.2.1 剖视图的绘制方法

绘制机械零件的剖视图时，应该先选择剖切方法和剖切位置，然后将剖视图中的剖面轮廓线和其他可见轮廓线绘制出来，最后将剖面进行图案填充（绘制剖面符号），即可得到剖视图。下面给出两个绘制剖面图的实例。

【例 4-1】 打开第 3 章的"练习 3-10"图形文件，对该组合体进行适当的剖切并绘制出剖视图。完成后，将剖视图命名为"练习 4-3"并保存。

具体操作步骤如下：

（1）打开"练习 3-10"图形文件，如图 4-10（a）所示，对该组合体进行分析，选择剖视方案。经分析，该组合体的底板上的圆孔在主视图和左视图不可见，竖板上的半圆槽在左视图不可见，投影为虚线。为了看到这些结构，可以在主视图和左视图上选择局部剖视。

（2）绘制局部剖视的边界线。输入"样条曲线"命令，绘制出主视图和左视图上的局部剖视边界线，如图 4-10（b）所示。

（3）通过分析修改剖视图中轮廓线从中得到剖面轮廓线。在分析的基础上，按剖视绘制主视图和左视图中的各条轮廓线，对因采用剖视方法后而改变长短和特性（如虚线变为粗实线）的轮廓线进行修改和编辑，如图 4-10（c）所示。

（4）填充剖面线。输入"图案填充"命令，通过各种设置和选择后，在剖视图上剖面绘制出剖面线，如图 4-10（d）所示。

（5）将图 4-10（d）命名为"练习 4-3"并保存。

【例 4-2】 打开第 3 章的"练习 3-11"图形文件，对该组合体进行适当的剖切并绘制出剖视图。完成后，将剖视图命名为"练习 4-4"并保存。

具体步骤如下：

（1）打开"练习 3-11"图形文件，如图 4-11（a）所示，对该组合体进行分析，选择剖视方案。经分析，该组合体的上下、前后方向的半圆通槽和圆孔左视图均不可见，投影为虚线。为了看到这些结构可以在左视图上选择全剖视且剖切平面为组合体的左右对称平面。

（2）通过分析修改剖视图中轮廓线。输入"修剪"命令，按剖视图修剪多余的轮廓线，如图 4-11（b）所示。

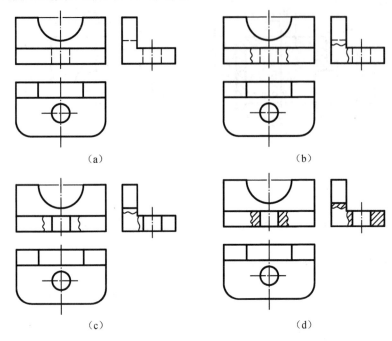

图 4-10　练习 4-3

（3）通过分析修改剖视图中轮廓线从中得到剖面轮廓线。在分析的基础上，对因采用剖视方法后而改变长短和特性（如虚线变为粗实线）的轮廓线进行修改和编辑，如图 4-11（c）所示。

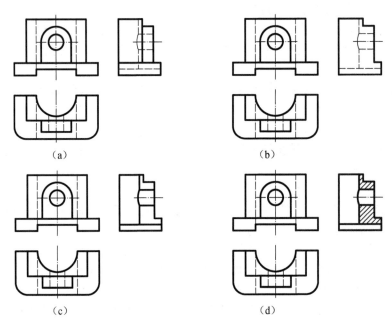

图 4-11　练习 4-4

（4）填充剖面线。输入"图案填充"命令，通过各种设置和选择后，在剖视图上剖面绘制出剖面线，如图 4-11（d）所示。

（5）将图 4-11（d）命名为"练习 4-4"并保存。

4.2.2　断面图的绘制方法

绘制机械零件的断面图时，应该先根据已有的视图分析零件的形状，选择要表达零件断面的剖切位置。然后，按照选定断面图的位置将断面图的轮廓绘制出。最后，将断面进行图案填充（绘制剖面符号）即可得到断面图。下面给出绘制断面图的实例。

【例 4-3】　绘制如图 4-12 所示轴一的两面视图（不标注尺寸），绘制完成后将该图命名为"轴的两面视图"并保存。然后，在轴一的适当位置作移出断面图以代替左视图。最后，将完成的图形命名为"练习 4-5"并保存。

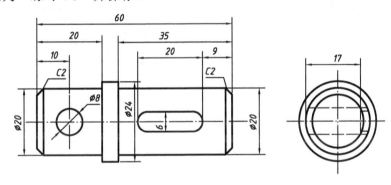

图 4-12　轴一的两面视图

具体操作步骤如下：

（1）建立新的图形文件，并根据轴的尺寸、视图线型需要和绘图比例来设置图形界限、创建图层。

（2）根据给定条件按照图 4-12 所示绘制出轴的主视图和左视图。

（3）将绘制出的如图 4-12 所示的图形命名为"轴一的两面视图"并保存。

（4）根据已有的轴一的两面视图，在分析清楚轴结构形状的基础上，确定需要表达轴断面的位置和数量。通过简单分析可以看出，该轴断面的形状是圆形，只有轴一上的打孔处和键槽两处需要表达断面的形状。

（5）输入"直线"命令，先绘制出表达断面图剖切位置的图线，然后绘制出断面图的作图基准线，将左视图删除，如图 4-13（a）所示。

（6）按尺寸绘制出断面图的底图，如图 4-13（b）所示。

（7）利用图层管理的方法将断面图中的各段线段的线型、线宽等特性按要求进行调整，如图 4-13（c）所示。

（8）填充剖面线。输入"图案填充"命令，通过各种设置和选择后，在断面图上绘制出剖面线，如图 4-13（d）所示。

（9）将图 4-13（d）命名为"练习 4-5"并保存。

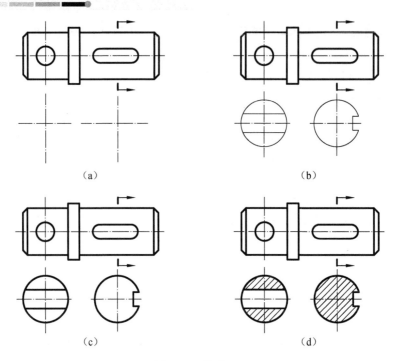

（a）　　　　　　　　　　　　　　　（b）

（c）　　　　　　　　　　　　　　　（d）

图 4-13　练习 4-5

【例 4-4】　绘制如图 4-14 所示轴二的两面视图（不标注尺寸），绘制完成后将该图命名为"轴二的两面视图"并保存。然后，在轴二的适当位置作移出断面图以代替左视图。最后，将完成的图形命名为"练习 4-6"并保存。

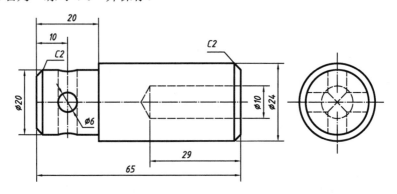

图 4-14　轴二的两面视图

具体操作步骤如下：

（1）建立新的图形文件，并根据轴二的尺寸、视图线型需要和绘图比例来设置图形界限、创建图层。

（2）根据给定条件按照图 4-14 所示绘制出轴二的主视图和左视图。

（3）将绘制出的如图 4-14 所示的图形命名为"轴二的两面视图"并保存。

（4）根据已有轴二的两面视图，在分析清楚轴二结构形状的基础上，确定需要表达轴二断

面的位置和数量。

（5）输入"直线"命令，绘制出轴二的两处断面图的作图基准线，将左视图删除，如图 4-15（a）所示。

（6）按尺寸绘制出各断面图的底图，如图 4-15（b）所示。

（7）利用图层管理的方法将各断面图中的各段线段的线型、线宽等特性按要求进行调整，如图 4-15（c）所示。

（8）填充剖面线。输入"图案填充"命令，通过各种设置和选择后，在各断面图上绘制出剖面符号，如图 4-15（d）所示。

（9）将图 4-15（d）命名为"练习 4-6"并保存。

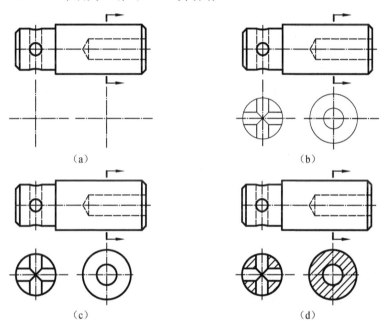

（a）　　　　　　　　　　　　　（b）

（c）　　　　　　　　　　　　　（d）

图 4-15　练习 4-6

试试看

（1）打开第 3 章的"练习 3-3"图形文件，把该组合体上的主视图改画成全剖视图。完成修改后，将该剖视图命名为"练习 4-7"并保存。

（2）打开第 3 章的"练习 3-12"图形文件，对该组合体进行适当的剖切。完成修改后，将该剖视图命名为"练习 4-8"并保存。

（3）按照图 4-16 所示绘制该轴的主视图，然后在适当位置剖切画出断面图（不标注尺寸）。完成修改后，将该剖视图命名为"练习 4-9"并保存。

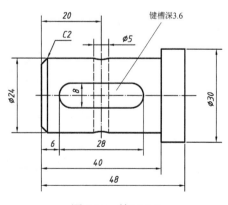

图 4-16　练习 4-9

机械 CAD 基础 (第 2 版)

本 章 小 结

本章主要介绍绘制剖视图及断面图的基本方法和步骤，其中，利用图案填充命令绘制剖视图和断面图中的剖面符号是本章的重点，要求读者通过一定量的实际训练达到熟练掌握的目的。

本 章 习 题

1. 填空题

（1）在 AutoCAD 中，使用"图案填充"对话框中的＿＿＿＿＿＿＿选项卡，可以对封闭区域进行渐变色填充。

（2）填充图案的"类型"有＿＿＿＿、＿＿＿＿和＿＿＿＿＿＿三种。

（3）在绘制金属零件剖视图中的剖面线时，当角度为＿＿＿时，实际使用的剖面线与"图案填充"对话框中的显示的剖面线方向正好相反。

（4）当选择了多个闭合边界时，在"图案填充"对话框中，选中＿＿＿＿＿＿复选框，每个闭合边界的图案填充是独立的。

2. 简答题

（1）为了表达机件的内部结构，一般应采用什么表达方式？根据已有的机件外形的三视图来绘制剖视图一般的作图过程有哪些步骤？

（2）选择填充图案边界的方法有几种？

（3）如果在填充剖面线后发现剖面线之间的距离太大或太小，应该怎么办？

（4）如何选择需要的填充图案？

3. 操作题

（1）按尺寸绘制如图 4-17（a）所示的图形，然后将该图编辑和修改成如图 4-17（b）所示的图形。完成修改后，将该图命名为"练习四第一题"并保存。

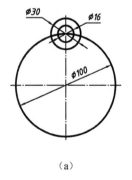
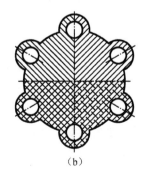

（a）   （b）

图 4-17　练习四第一题

128

（2）打开第 3 章的"练习三第五题"图形文件，在分析该组合体的三面视图的基础上，将主视图改为适当的剖视图。完成后，将该图命名为"练习四第二题"并保存。

（3）打开第 3 章的"练习三第六题"图形文件，在分析该组合体的三面视图的基础上，将主视图和俯视图改为局部剖视图。完成后，将该图命名为"练习四第三题"并保存。

（4）打开第 3 章的"练习三第七题"图形文件，根据主视图分析该轴的结构形状，并在有键槽的两处位置作移出断面图（$\phi 40$ 圆柱面上的键槽深为 5，$\phi 30$ 圆柱面上的键槽深为 4）。完成后，将该图命名为"练习四第四题"并保存。

（5）新建一个图形文件，图形界限为 210×297，按照图 4-18 所示的主视图和俯视图绘制该机件，并将主视图改画成全剖视图。完成后，将该图命名为"练习四第五题"并保存。

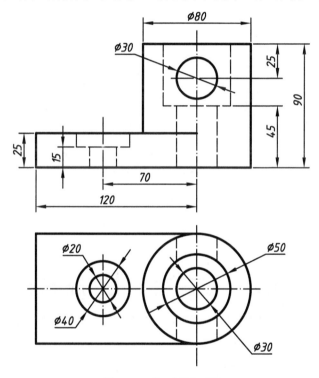

图 4-18 练习四第五题

（6）新建一个图形文件，图形界限为 210×297，按照图 4-19 所示的主视图和俯视图绘制该机件，并将主视图改画成全剖视图。完成后，将该图命名为"练习四第六题"并保存。

（7）新建一个图形文件，图形界限为 210×297，按照图 4-20 所示的主视图和俯视图绘制该机件，并将主视图改画成半剖视图。完成后，将该图命名为"练习四第七题"并保存。

（8）新建一个图形文件，图形界限为 420×297，按照图 4-21 所示的主视图和俯视图绘制该机件，将主视图改画成全剖视图，并补画出半剖视的左视图。完成后，将该图命名为"练习四第八题"并保存。

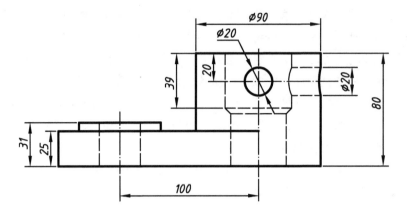

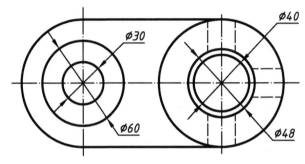

图 4-19　练习四第六题

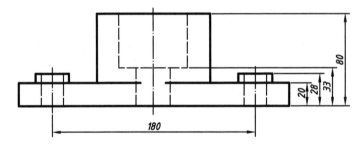

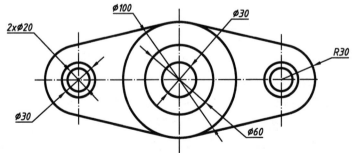

图 4-20　练习四第七题

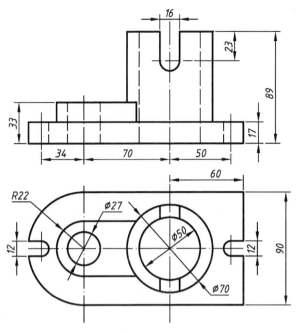

图 4-21　练习四第八题

（9）新建一个图形文件，图形界限为 297×210，按照图 4-22 所示的主视图和俯视图绘制该机件，并将主视图改画成阶梯剖视图。完成后，将该图命名为"练习四第九题"并保存。

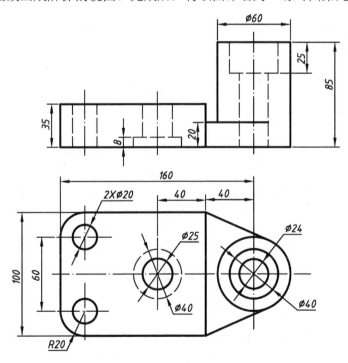

图 4-22　练习四第九题

（10）新建一个图形文件，图形界限为 420×297，按照图 4-23 所示的主视图和俯视图绘制该机件的三视图，并将主视图改画成半剖视图。完成后，将该图命名为"练习四第十题"并保存。

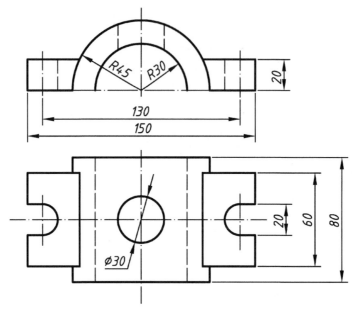

图 4-23　练习四第十题

（11）新建一个图形文件，图形界限为 297×210，按照图 4-24 所示绘制出该轴的主视图，并在适当位置绘制出轴的断面图。完成后，将该图命名为"练习四第十一题"并保存。

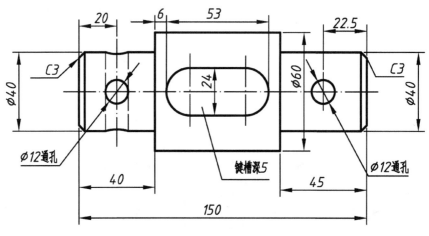

图 4-24　练习四第十一题

（12）新建一个图形文件，图形界限为 297×210，按照图 4-25 所示绘制出该轴的主视图，并在适当位置绘制出轴的断面图。完成后，将该图命名为"练习四第十二题"并保存。

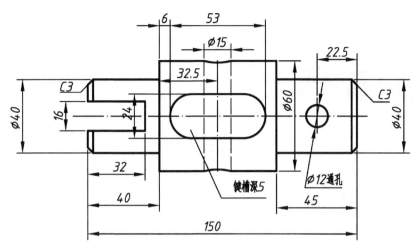

图 4-25 练习四第十二题

第5章

机械工程图中的文字
输入和尺寸标注

通过本章的学习和实际训练，要求读者能够熟练掌握机械工程图中文字的注写和尺寸标注的方法，并且对机械工程图中已有的文字和尺寸标注能熟练地进行修改。

本章的主要内容包括文字样式的设置、选用和机械工程图中注写的方法；尺寸样式的设置、选用和机械工程图中标注尺寸的方法；对机械工程图中已有的文字和尺寸标注编辑和修改方法。

图 5-1 所示为机械工程图中内容完整的输出轴零件图，从该图可以清楚地看到一张内容完

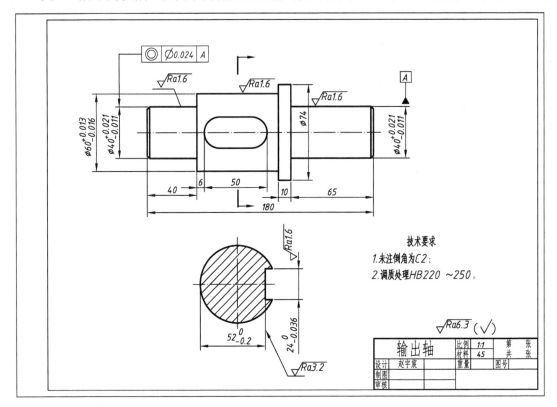

图 5-1　输出轴零件图

整的零件图，除了视图，还应该包括尺寸标注、文字及其他一些标注的内容。文字和尺寸是机械工程图中的重要内容，文字在机械工程图中起着说明的作用，可以将不便用几何图线表达的信息用简明的注释表述出来，尺寸则是机械工程图中表达机件大小的依据。

5.1 文字的样式设置及文字的输入

5.1.1 关于 AutoCAD 的文字

AutoCAD 图形中文字的字体形状、方向、角度等都受其文字样式的控制，用户在向图形中添加文字时，系统使用当前的文字样式。如果用户要使用其他的文字样式，就必须将其文字样式置于当前。AutoCAD 的默认文字样式名称为"Standard"，默认字体为"txt shx"。

在 AutoCAD 中，用户可以采用的字体大体可以分为两类：第一类是 Windows 操作系统自带的"True Type"字体，该字体比较光滑，文字有线宽；第一类是 AutoCAD 本身特有的形"shx"字体，该字体是 AutoCAD 本身编译的形文件字体（一种矢量字体），文字没有线宽。图 5-2（a）和图 5-2（b）分别为上述两种文字的示例。

1234567890
abcdefghijk
计算机辅助设计
(a)

1234567890
abcdefghijk
计算机辅助设计
(b)

图 5-2 字体的类型

在机械工程图中进行各种文字的书写时，应该按照相关国家标准中的推荐选择字体。根据相关的最新国家标准，各种工程制图中的中文汉字可以采用矢量字体"gbenor.shx"和"gbeitc.shx"，如图 5-3（a）所示；也可采用"True Type"中的"仿宋体"字体，如图 5-3（b）所示，工程制图中直体的英文、数字应采用"gbenor.shx"字体，如图 5-3（c）所示；工程制图中斜体的英文、数字应采用"gbeitc.shx"字体，按照国标规定，机械制图应采用该字体，如图 5-3（d）所示。

工程制图国家标准规定的字体
(a)

工程制图国家标准规定的字体
(b)

1234567890∅45 30°ABCDRabcdr
(c)

1234567890∅45 30°ABCDERabcdr
(d)

图 5-3 相关国家标准中推荐的字体示例

5.1.2　设置文字样式

选择下拉菜单中的"格式"｜"文字样式…"命令，系统弹出如图 5-4 所示的"文字样式"对话框。在该对话框中，用户可以创建新的文字样式、修改已有的文字样式或选择当前的文字样式。下面详细介绍该对话框各选项的含义和功能。

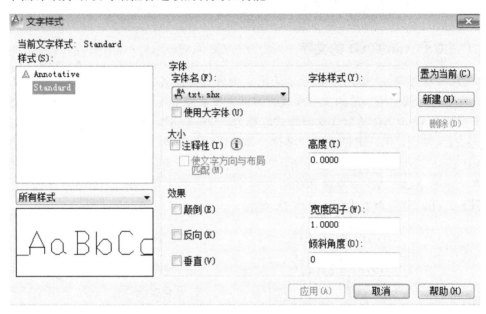

图 5-4　"文字样式"对话框

1. "样式"列表区

"样式"列表区主要用于显示用户设置的文字样式，用户在"样式"列表框内选择好一种样式时，下边的预览框内将显示出用户所选择文字样式的字体预览。

2. "新建（N）…"按钮

单击该按钮，系统将弹出如图 5-5 所示的"新建文字样式"对话框。在该对话框的"样式名"文本框中输入新的文字样式名，然后单击"确定"按钮，该对话框消失，用户新输入的文字样式名出现在如图 5-4 所示对话框的"样式"列表框中。此时，用户就可以进行创建新文字样式的下一步操作。

图 5-5　新建文字样式对话框

3. "字体"选项区

该选项区用于设置当前文字样式的字体。

（1）"字体名"下拉列表框列出了供用户选用的所有"True Type"字体和形"shx"字体，如图 5-6 所示，用户根据需要选用字体。

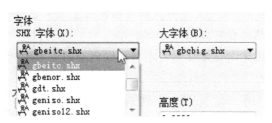

图 5-6　"字体"下拉列表框

（2）当用户选择形"shx"字体时，"使用大字体"复选框被激活，选中该复选框，可以选用大字体文件。此时"大字体"下拉列表框也被激活，用户可以从大字体的下拉列表框中选择需要的字体。

4. "大小"选项区

"大小"选项区用于设置文字的高度。

（1）选中"注释"复选框用于设置图形在图纸空间中文字的高度。

（2）"高度"文本框用于模型空间中设置文字的高度，系统默认的高度值为 0。若用户选用系统的默认高度值（0），则在每次输入文字的操作过程中，系统将提示用户指定文字高度。如果用户在"高度"文本框中设置了文字高度，系统将按此高度输入文字，而不再提示用户指定文字高度。

提示：关于模型空间和图纸空间的概念将在第 8 章中介绍。

5. "效果"选项区

该选项区用于设置文字的显示效果，文字的各种显示效果如图 5-7 所示。

图 5-7　文字显示的各种效果

6. 其他按钮

（1）单击"置为当前"按钮用于将用户选择的文字样式置于当前输入的文字样式。

（2）单击"删除"按钮，将删除用户选择的文字样式。

提示：系统默认的"Standard"文字样式和已经使用了的文字样式不能被删除，"Standard"文字样式也不能被重新命名，但可以修改字体。

按照国家标准推荐，汉字用仿宋体时，字体的宽度大约是高度的三分之二，所以宽度因子大约是 0.7 左右。

（3）"应用"按钮。当用户设置完文字样式后，单击该按钮，用户即可使用设置的文字样式。

5.1.3　选用设置好的文字样式

文字样式设置好后，在具体输入文字之前，应该根据输入的文字对象选择适当的文字样式，以使绘制出的工程图符合国家标准要求。将设置好的文字样式置于当前的具体操作可以采用下面介绍的方法。

1. 利用"文字样式"对话框

在"文字样式"对话框中，单击"样式名"下拉列表文本框的下拉箭头，打开下拉列表，选中要使用的文字样式后单击"置为当前"按钮。该文字样式就为当前文字样式，然后关闭对话框即可。

2. 利用"样式"工具栏

"样式"工具栏及工具栏各项内容如图 5-8 所示。用户可以单击"文字样式"下拉列表框中的下拉箭头，在列表中选中要使用的文字样式（用鼠标单击），即可将该文字样式置于当前。

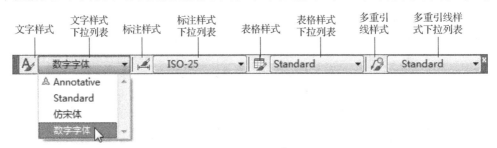

图 5-8　"样式"工具栏

关于当前文字样式的切换，在执行文字输入命令的过程中也可以进行，此操作方法将在后面介绍。

5.1.4　输入单行文字

选择下拉菜单中的"绘图"｜"文字"｜"单行文字"命令，系统提示如下：

（1）当前文字样式："数字字体"文字高度：2.5000，注释性：否。

（2）"指定文字的起点或 [对正（J）/样式（S）]:"。

在以上提示中，第一行说明了当前的文字样式和文字高度，现在对第二行的各选项进行介绍。

1．"指定文字的起点"选项

该选项是系统的默认选项，表示要由基线的起点（文字行的左下角点为起点）确定文字的位置。选择该选项，用户可以在绘图窗口直接输入一点，系统继续提示"指定高度 <2.5000>:"，该提示要求确定文字高度，用户在该提示下，可以输入文字高度值后按 Enter 键，也可以直接按 Enter 键接受系统的默认值，系统继续提示"指定文字的旋转角度 <0>:"，该提示要求用户输入文字的旋转角度。文字的旋转角度是指文字行排列方向与水平线的夹角，系统默认的旋转角度是 0°。用户在该提示下输入文字的旋转角度后按 Enter 键或直接按 Enter 键，系统将在绘图窗口出现一个带方框的"I"形标记，该标记用于显示图中文字的开始位置，此时，用户便可以用当前的文字样式输入文字。输入文字的过程中，绘图窗口将在显示用户输入的文字内容的同时动态地显示将要输入文字的位置。

用户如果在输入文字的过程中按一次 Enter 键，系统将在绘图窗口进行文字的换行；若用户连续按两次 Enter 键，则结束单行文字输入命令。

提示：用输入单行文字命令输入的同一行文字是一个整体对象，不能对单个文字进行编辑，也不能用分解命令进行分解，但用户每次按 Enter 键后又输入的文字则是一个独立的实体对象。

技巧：如果用户需要在图形的多处输入相同文字样式的文字，可以用输入单行文字命令先在第一处输入文字，然后只要移动光标至需要输入文字的第二处单击，进行重新定位文字起点，即可在该处继续输入文字。依此类推，就可以完成多处的文字输入，而且每次用移动光标重新定位文字起点后输入的文字为一个独立的整体，可以进行编辑。

2．"对正（J）"选项

该选项用于确定文字的排列定位形式。选择该选项，输入"J"后按 Enter 键，系统继续提示" [对齐（A）/布满（F）/居中（C）/中间（M）/右对齐（R）/左上（TL）/中上（TC）/右上（TR）/左中（ML）/正中（MC）/右中（MR）/左下（BL）/中下（BC）/右下（BR）]: "。

上述提示中的各选项都是用来确定文字的排列定位形式的。在 AutoCAD 输入的文字中，确定文字行的位置需要借助 4 条线，分别是文字行的顶线、中线、基线和底线，这 4 条线的具体位置如图 5-9 所示。下面分别介绍上述提示中各选项的含义。

图 5-9　文字行的位置

（1）选择"对齐（A）"选项表示要确定文字行基线的起点和终点位置，系统将根据文字行字符的多少自动计算文字的高度和宽度，使文字恰好布满用户指定的起点和终点之间。选择该选项，输入"A"后按 Enter 键，系统继续提示"指定文字基线的第一个端点:"。

现以图 5-10 为例说明该选项的操作过程。在上述提示下，指定如图 5-10（a）所示的 P_1 点，系统继续提示"指定文字基线的第二个端点:"。在该提示下，指定如图 5-10（a）所示的 P_2 点后输入文字"计算机辅助设计"，最后连续按两次 Enter 键。

通过以上的操作，系统就将输入的文字充满在 P_1 点和 P_2 点之间，如图 5-10（a）所示。如果用户增加输入的字符数，系统则自动重新计算文字的高度和宽度，然后将用户输入的文字布满在 P_1 点和 P_2 点之间，如图 5-10（b）所示。

P_1 ×计算机辅助设计× P_2

（a）

P_1 ×计算机辅助设计AutoCAD2018× P_2

（b）

图 5-10　使用对齐书写的单行文字

（2）选择"布满（F）"选项表示要确定文字行基线的起点和终点位置以及文字的高度，系统将根据文字行字符的多少自动计算和调整文字的宽度，使文字恰好充满用户指定的起点和终点之间。选择该选项，输入"F"后按 Enter 键，系统继续提示"指定文字基线的第一个端点:"。

现以图 5-11 为例说明该选项的操作过程。在上述提示下，指定如图 5-11（a）所示的 P_1 点，系统继续提示"指定文字基线的第二个端点:"。在该提示下，指定如图 5-11（a）所示的 P_2 点，系统继续提示"指定高度 <8.0000>:"，在该提示下，可以输入一个文字高度值后按 Enter 键，也可以直接按 Enter 键接受系统的默认值，然后输入文字"计算机辅助设计"，输入完毕连续按两次 Enter 键。

通过以上的操作，系统就将输入的文字以用户确定的高度布满在 P_1 点和 P_2 点之间，如图 5-11（a）所示。

如果用户增加输入的字符数，系统就自动重新计算和调整文字的宽度（文字的高度不变），然后将用户输入的文字布满在 P_1 点和 P_2 点之间，如图 5-11（b）所示。

P_1 ×计算机辅助设计× P_2

（a）

P_1 ×计算机辅助设计AutoCAD2018× P_2

（b）

图 5-11　使用"布满"选项书写的单行文字

（3）选择"中间（M）"选项系统要求用户确定一点，系统将把该点作为文字行的中心点。选择该选项，输入"M"后按 Enter 键，系统继续提示"指定文字的中间点:"。

现以图 5-12 为例说明该选项的操作过程。在上述提示下，指定如图 5-12 所示的 P_1 点，系统继续提示"指定高度<8.0000>:"，在该提示下，可以输入一个文字高度值后按 Enter 键，也可以直接按 Enter 键接受系统的默认值。系统继续提示"指定文字的旋转角度 <0>:"，用户在该提示下输入文字的旋转角度后按 Enter 键或直接按 Enter 键，然后输入文字"计算机辅助设计与制造"，输入完毕连续按两次 Enter 键。

通过以上的操作，系统就将输入的文字字符行中线上的中点定位在 P_1 点，如图 5-12 所示。

计算机辅助设计与制造

图 5-12　使用中间书写的单行文字

（4）在下面即将介绍的几种对正选项中，命令行提示中除要求指定文字行定位点的提示不同外，后继的提示与"中间（M）"选项的提示和操作过程完全相同。因此，不再一一举例。文字行各个定位点相对于文字的位置如图 5-13 所示。

"左（L）"选项：默认选项。

"居中（C）"选项：该选项要求用户确定文字行基线的中点。

"右对齐（R）"选项：该选项要求用户确定文字行基线的终点。

"左上（TL）"选项：该选项要求用户确定文字行顶线的起点。

"中上（TC）"选项：该选项要求用户确定文字行顶线的中点。

"右上（TR）"选项：该选项要求用户确定文字行顶线的终点。

"左中（TL）"选项：该选项要求用户确定文字行中线的起点。

"正中（MC）"选项：该选项要求用户确定文字行中线的中点。

"右中（MR）"选项：该选项要求用户确定文字行中线的终点。

"左下（BL）"选项：该选项要求用户确定文字行底线的起点。

"中下（BC）"选项：该选项要求用户确定文字行底线的中点。

"右下（BR）"选项：该选项要求用户确定文字行底线的终点。

图 5-13　文字行各个定位点相对于文字的位置

3. "样式（S）"选项

该选项用于选择用户已设置的文字样式。选择该选项，输入"S"后按 Enter 键，系统继续提示"输入样式名或 [?] <Standard>:"。

选择"输入样式名"选项为系统的默认选项，在上述提示下直接输入已设置的文字样式名称后按 Enter 键，该文字样式即被置于当前文字样式。

"？"选项用于查看某个文字样式或所有文字样式的设置情况，选择该选项，输入"？"后按 Enter 键，系统继续提示"输入要列出的文字样式 <*>:"。在该提示下，输入某个文字样式名称，系统将在打开的文本窗口中显示该文字样式的设置情况。如果在该提示下直接按 Enter 键，系统将在打开的文本窗口中显示当前图形文件中所有文字样式的设置情况。

5.1.5 输入多行文字

多行文字又称为段落文字，是一种易于管理的文字对象。多行文字由两行以上文字组成，各行文字都可以作为一个独立整体对象进行编辑。

选择下拉菜单中的"绘图"选择"文字"｜"多行文字…"命令，系统提示"text 当前文字样式："数字字体"，文字高度：7.5，注释性：否"，"指定第一角点:"。

该提示说明了当前的文字样式及文字高度，并要求用户在绘图窗口需要输入文字的地方指定一个用来输入多行文字的矩形区域的第一角点，当用户在该提示下确定矩形区域的第一角点后系统继续提示"指定对角点或 [高度（H）/对正（J）/行距（L）/旋转（R）/样式（S）/宽度（W）/栏（C）]:"，下面介绍以上提示中各选项的含义及操作过程。

（1）"指定对角点"选项。该选项是系统的默认选项。选择该选项，用户可以直接在绘图窗口确定用来输入多行文字的矩形区域的对角点，矩形区域的宽度就是所输入的文字行宽度，系统将自动把用户输入的第一个角点作为多行文字第一文字行顶线的起点。用户确定对角点后，系统将打开如图 5-14 所示的输入多行文字的"文字格式"工具栏和文字输入窗口，此时用户即可在文字输入窗口中输入文字。在文字输入的过程中系统将根据用户输入的字符数、文字宽度及矩形区域的宽度自动进行换行，用户也可以按 Enter 键随时换行。输入多行文字后，单击"文字格式"工具栏的"确定"按钮，输入的多行文字即可显示在用户在绘图窗口中确定的矩形区域内，且文字行的宽度为矩形区域的宽度。

（2）"高度（H）"选项。该选项用于设置文字的高度。选择该选项，输入"H"后按 Enter 键，系统继续提示"指定高度 <3>:"，在该提示下，用户可以输入文字的高度值后按 Enter 键或直接按 Enter 键接受系统的默认值，系统将返回提示："指定对角点或 [高度（H）/对正（J）/行距（L）/旋转（R）/样式（S）/宽度（W）]:"。

（3）"对正（J）"选项。该选项用于确定文字行的定位排列形式，这几种形式在前面已作过介绍，此处不再重述。

（4）"行距（L）"选项。该选项用于设置多行文字间的行距。

（5）"旋转（R）"选项。该选项用于设置文字行的倾斜角度。

（6）"样式（S）"选项。该选项用于设置文字样式。

（7）"栏（C）"选项。该选项用于设置多行文字的分栏。

（8）"宽度（W）"选项。该选项用于设置文字行的宽度。选择该选项，输入"W"后按 Enter 键，系统继续提示"指定宽度:"。在该提示下，用户可以输入文字行的宽度数值，也可以用光标直接在绘图窗口中拾取点，系统将把矩形区域的第一角点和该点连线的距离值作为文字行的宽度。设置完文字行的宽度后，系统将打开如图 5-14 所示的输入多行文字的"文字格式"工具栏和文字输入窗口。

多行文字的"文字格式"工具栏和文字输入窗口是输入多行文字的重要工具，下面将对其各部分内容及操作方法进行详细介绍。

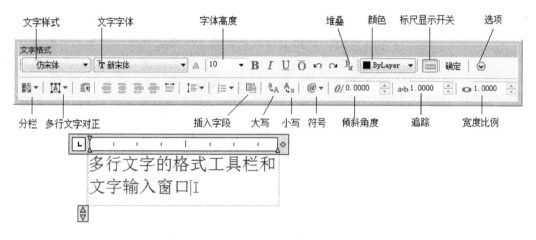

图 5-14　多行文字格式工具栏和文字输入窗口

（9）多行文字的"文字格式"工具栏。该工具栏用于控制多行文字的样式及文字的显示效果。

① "文字格式"下拉列表框用于选择多行文字的文字样式。

② "文字字体"下拉列表框用于选择多行文字的字体。

③ "文字高度"下拉列表框用于设置多行文字的字高。

④ 单击"堆叠"按钮，可以创建堆叠文字（堆叠文字是一种垂直对齐的文字或分数）。在创建堆叠文字时，需要分别输入分子和分母，其间使用"^"、"#"或"/"分隔，然后用光标选中这一部分文字，单击"堆叠"按钮即可。图 5-15 所示为堆叠的 3 种效果。

$$\varnothing 50^{+0.023}_{-0.007} \qquad \varnothing 50\ ^{H7}/_{h6} \qquad 1\frac{3}{4}\,''$$

图 5-15　文字堆叠的效果

⑤ "颜色"下拉列表框用于设置多行文字的颜色。

⑥ "标尺"按钮用于控制"窗口标尺"的打开和关闭。

⑦ 单击"确定"按钮，系统将用户输入的多行文字显示在绘图窗口中，同时结束多行文字输入命令。

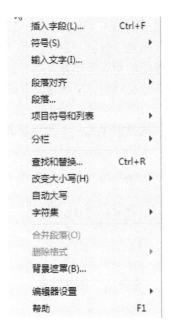

图 5-16 "选项"下拉菜单

⑧ "选项"按钮用于打开多行文字输入时的下拉菜单，单击该按钮，系统将打开图 5-16 所示的下拉菜单，用户可以从中选择需要的操作项目。

⑨ "宽度比例"后面的文本数字框用于加宽或变窄选定的字符。用户可以使用宽度比例 2 使字符的宽度加倍，也可以使用宽度比例 0.5 使宽度减半。

⑩ "追踪"后面的文本数字框用于减小或增大选定字符之间的间隔。用户可以将其设置为大于 1.0 来增大间隔或设置为小于 1.0 来减小间隔。

⑪ "倾斜角度"后面的文本数字框用于决定文字是向右还是向左倾斜。用户可以输入正倾斜角度使文字向右倾斜，也可以输入负倾斜角度使文字向左倾斜。

⑫ 单击"插入字段"按钮，系统将打开"字段"对话框，用户可以从该对话框中选取要插入到多行文字中的字段。

（10）文字输入窗口。文字输入窗口由窗口标尺和多行文字输入显示窗口组成。窗口标尺可以设置文字的缩进和多行文字的宽度，拖动首行缩进标记，可以调整多行文字的首行缩进量；拖动段落缩进标记，可以调整多行文字的段落缩进量；拖动窗口标尺右侧的"标尺控制按钮"，可以方便地改变多行文字的宽度。

用右键单击窗口标尺，系统将弹出如图 5-17 所示的快捷菜单，该菜单中有"段落…""设置多行文字宽度…""设置多行文字高度…"等选项，可以进行有关设置。

另外，用户可以用光标来拖动标尺右端的框边左右移动来调整多行文字的列宽，如图 5-18 所示；也可以用光标拖动文字窗口下端上下移动来调整多行文字的列高，如图 5-19 所示。

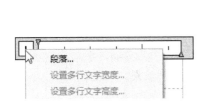

图 5-17 快捷菜单

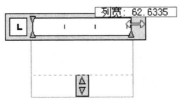

图 5-18 调整多行文字列宽

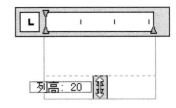

图 5-19 调整多行文字列高

多行文字输入显示窗口中同步显示用户输入的多行文字内容和效果。如果在该显示区单击右键，系统将弹出与如图 5-16 所示相似的输入多行文字选项快捷菜单。利用该快捷菜单中的各选项，用户可以对多行文字进行更多的操作。

5.1.6 常用特殊字符的输入

在工程制图中，经常需要标注一些特殊的符号，如表示直径的代号"ϕ"、表示角度单位的

"（°）"等，而这些常用的特殊符号不能用键盘直接输入。为解决常用特殊符号的输入问题，AutoCAD 提供了一些简洁的控制码，通过从键盘直接输入这些控制码，就可以达到输入特殊符号的目的。

AutoCAD 提供的控制码均由两个百分号（%%）和一个字母组成，具体控制码与其所对应输入的符号情况见表 5-1。

提示：%%U 和%%O 是两个切换开关，在文字中第一次输入该控制码时，表示打开下画线或上画线，第二次输入该控制码时，则表示关闭下画线或上画线。AutoCAD 提供的控制码只能在形"shx"字体中使用，若在"True Type"字体中使用，则输入结果无法显示相应的特殊符号，而只能显示一些乱码或问号。

表 5-1　控制码与其所对应输入的符号情况

输入的控制码	实际输入的符号或功能
%%C	ϕ
%%D	（°）
%%P	±
%%U	打开或关闭文字的下画线
%%O	打开或关闭文字的上画线

想一想

读者在输入文本后，如果发现所输入的文本字体不符合国家标准要求，该怎么解决？

试试看

（1）绘制如图 5-20 所示的图形（不标注尺寸），并用输入单行文字的方法输入图中的文字（上面汉字的字体为矢量字体 gbenor.shx，文字高度为 7；下面汉字的字体为"仿宋体"，文字高度为 7）。完成后，将该图命名为"练习 5-1"并保存。

（2）输入如图 5-21 所示的多行文字（字体为"仿宋体"，文字高度为 10），完成后将该图命名为"练习 5-2"并保存。

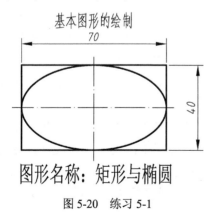

图 5-20　练习 5-1

技术要求
1.两个齿轮轮齿的啮合长度应占齿长的3/4以上；
2.盖与齿轮的侧面间隙应调整到0.05～0.11mm；
3.当机温达(90±3)℃，油压为6kg/cm²时，油泵转速应为1857r/min，流量不得小于3290L/h。

图 5-21　练习 5-2

5.2　图形中文字的编辑

AutoCAD 向用户提供了文字编辑功能，利用这些功能，用户可以对已书写在图形中的文字内容及属性进行编辑和修改。

5.2.1　快速编辑文字内容

选择下拉菜单中的"修改"｜"对象"｜"文字"｜"编辑…"命令，系统提示"选择注释对象或 [放弃（U）]:"。在该提示下，用户用光标（此时光标形状为拾取框）选择要进行编辑的单行文字，整行文字就出现一个带颜色的方框，表示整行文字全部被选中。此时，便可以编辑和修改文字，如图 5-22（a）所示。如果用户要编辑和修改其中的单个文字，可以用光标在该方框中再进行选取，如图 5-22（b）所示。此时用户可以进行编辑，编辑结果如图 5-22（c）所示。利用这个编辑方法，用户可以对选中的单个文字进行删除、添加、修改等操作。

机械于建筑　　　　机械于建筑　　　　机械与建筑

（a）选取整行文字　　　　　　（b）选取需要编辑的文字　　　　　　（c）编辑和修改结果

图 5-22　编辑单行文字时的显示

如果在"选择注释对象或 [放弃（U）]:"提示下，用户选择的是多行文字，系统将弹出"文字格式"工具栏和文字输入窗口，用户可以对多行文字进行编辑。

5.2.2　文字的缩放

选择下拉菜单中的"修改"｜"对象"｜"文字"｜"比例"命令，系统提示"选择对象:"。在该提示下，用户可以选择单行文字或多行文字，选择完成后按 Enter 键，系统继续提示"现有（E）/左对齐（L）/居中（C）/中间（M）/右对齐（R）/左上（TL）/中上（TC）/右上（TR）/左中（ML）/正中（MC）/右中（MR）/左下（BL）/中下（BC）/右下（BR）] <现有>:"。

在上述提示下，用户选择进行缩放的基准点，选择完毕，系统继续提示"指定新模型高度或[图纸高度（P）/匹配对象（M）/比例因子（S）] <20>:"。该提示中的选项含义如下。

（1）"指定新模型高度"选项。该选项是系统的默认选项，选择该选项，用户直接输入新的高度值，系统将按用户输入的新高度值重新生成单行或多行文字。

（2）"图纸高度（P）"选项。该选项用于指定选择的单行或多行文字在图纸空间的高度。

（3）"匹配对象（M）"选项。该选项用于指定图形中已存在的单行或多行文字，使用户选择的单行或多行文字的高度与指定的单行或多行文字的高度相同。

（4）"比例因子（S）"选项。该选项用于根据所选单行或多行文字当前的高度进行比例缩放。

5.2.3　利用图形对象特性命令编辑文字

前面章节已介绍过图形对象特性（Properties）命令，该命令可以编辑 AutoCAD 的任何图形对象。因此，也可对文字进行编辑。

使用图形对象特性命令编辑文字可以利用前面介绍的方法，即先输入所编辑图形的对象特性命令，系统将打开"特性"窗口，然后再选择要编辑的多行文字或单行文字，最后在"特性"窗口中对文字进行编辑和修改。图 5-23 所示为选择了单行文字的"特性"窗口，此时的"特性"窗口与前面所介绍的编辑图形时的"特性"窗口有许多相同的内容（如"基本"选项区），但也有一些针对文字实体的特殊选项。如果要把图中选择的单行文字内容、字高进行改变，应该怎样操作？请读者自己动手试试。

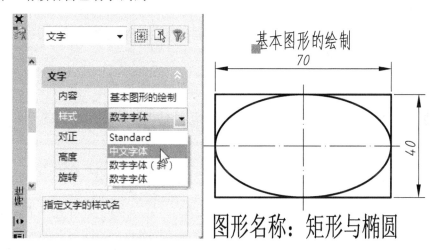

图 5-23　编辑单行文字的特性窗口

5.2.4　利用查找命令修改文字内容

用户利用 AutoCAD 提供的查找与替换功能，可以从当前图形中已存在的文字里查找出用户指定的字符串，并可以将其用另外一个由用户指定的字符串来替换。

选择下拉菜单中的"编辑"｜"查找…"命令，系统弹出如图 5-24 所示的"查找和替换"对话框。利用该对话框，用户可以在文字中查找或同时替换指定的字符串。现将该对话框中各选项的含义和功能介绍如下。

1．"查找内容（W）"下拉列表框

用于选择和输入要查找的文字内容。用户在该下拉列表框中可以输入或选取要查找的文字内容，该下拉列表框中将保留最近查找过的文字内容，供用户再次选用。

2．"替换为（I）"下拉列表框

用于选择和输入作为替换的文字内容。用户在该下拉列表框中可以输入或选取作为替换的文字内容。

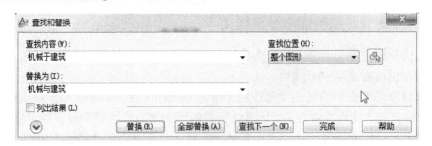

图 5-24　"查找和替换"对话框

3. "查找位置（H）"下拉列表框

用于确定查找范围。通过该下拉列表框，用户可以选择是在当前整个视图中还是在某一指定的区域内查找选定的文字内容。用户可以通过单击该文本框右边的""按钮，在绘图窗口内用默认窗口方式选择查找区域。

4. ""按钮

单击该按钮（更多选项），"查找和替换选项"对话框将显示出如图 5-25 所示的用于确定查找类型和选项的更多设置条件的列表框。

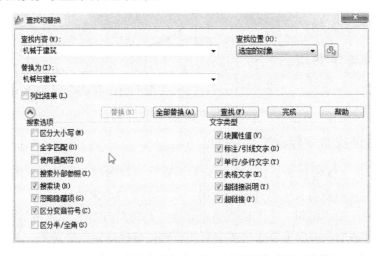

图 5-25　确定查找类型和选项的更多设置条件的列表框

5. "替换（R）"按钮

单击该按钮，系统将当前查找到的文字内容替换为"替换为"文本框中设置的文字内容，同时，系统自动查找文字中满足查找条件的下一个文字内容。

6. "全部替换（A）"按钮

单击该按钮，系统将自动在当前整个视图中或用户确定的查找区域内查找所有满足条件的文字内容，并将查找到的文字内容全部替换为"替换为（I）"文本框中设置的文字内容。

7. "查找（F）"按钮

单击该按钮，系统即开始查找用户确定的文字内容。当查找到文字中满足条件的文字内容，系统将该文字内容及该文字内容显示在"查找内容（W）"和"替换为（I）"的列表框中。此时，"查找"按钮自动变为"查找下一个（N）"按钮。单击该按钮，系统开始查找文字中满足查找条件的下一个文字内容。

试试看

（1）打开前面保存的"练习 5-2"文件，利用图形对象特性编辑命令将文件中的字体修改为矢量字体"gbeitc.shx"，文字的高度修改为 7。完成后，将该图命名为"练习 5-3"并保存。

（2）用单行文字输入图 5-26 所示的文字，文字字体为仿宋体和矢量字体"gbeitc.shx"，字高为 10，输入完成后将文字中所有的"2012"修改为"2018"。全部步骤完成后，将该图命名为"练习 5-4"并保存。

欢迎用户使用AutoCAD 2012中文版软件

AutoCAD 2012是Autodesk公司最新开发的软件

AutoCAD 2012 的绘图功能更加强大

AutoCAD 2012中文版软件是用户进行设计的得力助手

AutoCAD 2012中文版软件使用户操作更方便

图 5-26　练习 5-4

5.3　尺寸标注的基本知识

尺寸是进行工程施工、机械装配和制造的重要依据，它表达了实体的大小，因而尺寸标注是机械工程图中的重要内容。AutoCAD 向用户提供了方便、快捷的尺寸标注功能，利用这些功能，用户可以快速、准确地标注出机械工程图中的各类尺寸。

5.3.1　尺寸标注的基本要素

尺寸标注的类型和外观多种多样，但每一个尺寸标注都是由尺寸界线、尺寸线、箭头和尺寸文本组成的。尺寸标注的基本要素如图 5-27 所示。

（1）尺寸界线。尺寸界线用来表示所注尺寸的范围。尺寸界线一般要与标注的对象轮廓线（度量方向）垂直，必要时也可以倾斜。在 AutoCAD 中，尺寸界线在标注尺寸时由系统自动绘制或系统自动用轮廓线代替。

（2）尺寸线。尺寸线用来表示尺寸度量的方向。在 AutoCAD 中，尺寸线在标注尺寸时由系统自动绘制。

（3）箭头。箭头用来表示尺寸的起止位置。在 AutoCAD 中，箭头在标注尺寸时由系统按用户设置好的形式和大小自动绘制。

（4）尺寸文本。尺寸文本用来表示图形对象的实际形状和大小。在 AutoCAD 中，尺寸文本在标注尺寸时由系统自动计算出测量值并进行加注，也可以由用户自己加以标注。

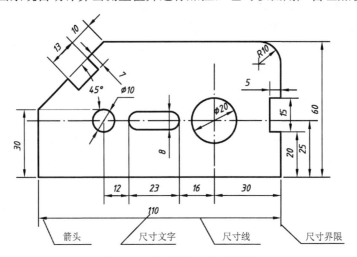

图 5-27　尺寸标注的基本要素

5.3.2　尺寸标注的各种类型

实际工程图中要标注的尺寸多种多样。在 AutoCAD 中，根据尺寸标注的需要，对各种尺寸标注进行了分类。尺寸标注可分为线性标准、对齐标准、坐标标准、直径标准、折弯标准、半径标准、角度标准、基线标准、连续标准、等距标准、多重引线标准、尺寸公差标准、几何公差标准、圆心标记等类型，还可以对线性标注进行折弯、打断及等距表和各类尺寸标注如图 5-28 和图 5-29 所示。

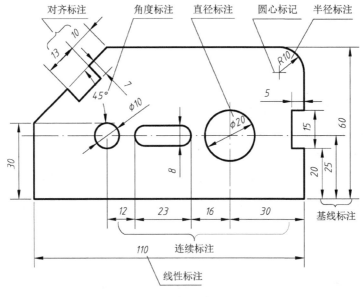

图 5-28　尺寸标注类型（一）

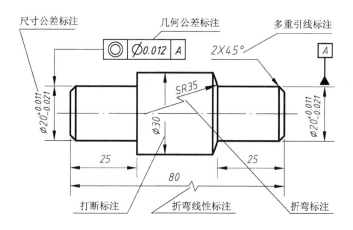

图 5-29 尺寸标注类型（二）

5.3.3 尺寸标注工具栏

在对图形进行尺寸标注时，用户可以将尺寸标注工具栏调出，并将其放置到绘图窗口的边缘。应用尺寸标注工具栏可以方便地输入标注尺寸的各种命令。如图 5-30 所示为尺寸标注工具栏及工具栏中的各项内容。

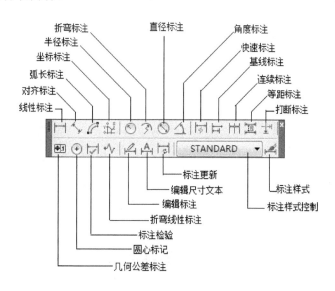

图 5-30 尺寸标注工具栏的各项内容

想一想

机械制图国家标准中对于机械工程图中的各类尺寸标注是怎么要求的？只建立一种标注样式是否可以满足标注尺寸的需要？

试试看

（1）打开第 3 章中保存的文件"练习 3-4"，分析该图应该标注哪些尺寸。然后，打开"标注"下拉菜单，为该图标注必要的尺寸。最后，将标注后的图形命名为"练习 5-5"并保存。

（2）打开第 3 章中保存的文件"练习 3-5"，然后打开"标注"下拉菜单，为该图标注必要的尺寸。注意标注过程中的问题，最后将标注后的图形命名为"练习 5-6"保存。

（3）打开第 3 章中保存的文件"练习 3-6"，分析该图应该标注哪些尺寸。然后，打开"标注"下拉菜单，为该图标注必要的尺寸。注意观察标注过程中的问题，最后将标注后的图形命名为"练习 5-7"并保存。

5.4　设置尺寸标注的样式

尺寸标注的格式和外观称为尺寸样式，AutoCAD 根据用户新建图形时所选用的单位，为用户设置了默认的尺寸标注样式。若用户在新建图形时选用了公制单位，系统的默认标注样式为"ISO-25"；如果用户在新建图形时选用了英制单位，系统的默认标注样式为"Standard"。由于系统提供的标注样式与我国的工程制图标准有不一样的地方，所以用户在进行尺寸标注之前，要对系统默认的标注样式进行修改或创建自己需要的、符合机械制图国家标准的标注样式。

5.4.1　新建标注样式或修改已有的标注样式

选择下拉菜单中的"格式"｜"标注样式…"命令，系统弹出如图 5-31 所示的"标注样式管理器"对话框。以下对该对话框中的各个选项进行介绍。

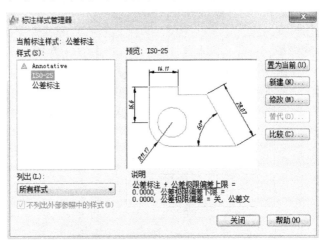

图 5-31　"标注样式管理器"对话框

（1）"当前标注样式"文本区：用于显示当前使用的尺寸标注样式。

（2）"样式"文本列表框：显示图形文件中已有的标注样式，其中，选中的标注样式以高亮度显示。

（3）"预览"窗口：用于显示在"样式"列表框中选中的标注样式的尺寸标注效果。

（4）"列出"下拉列表框：该下拉列表框用于控制显示标注样式的过滤条件。

（5）"不列出外部参照中的样式"复选框：选中该复选框，将不显示外部参照图形中的标注样式。

（6）"置为当前（U）"按钮：单击该按钮，系统会将在"样式"列表框中选中的标注样式设置为当前尺寸标注样式。

（7）"新建…（N）"按钮。

用于创建一种新的尺寸标注样式。单击该按钮，系统弹出如图 5-32 所示的"创建新标注样式"对话框。该对话框中的各选项含义和功能如下。

① "新样式名（N）"文本框用于输入新创建的标注样式名。

② "基础样式（S）"下拉列表文本框用于显示和选择新样式所基于的样式名，单击该下拉列表框的下拉箭头，打开下拉列表，从中选择一种标注样式作为创建样式的基础样式。

图 5-32　"创建新标注样式"对话框

③ "用于（U）"下拉列表文本框用于确定新样式的使用范围，单击该下拉列表框的下拉箭头，打开下拉列表，从中可以选择新样式的使用范围。

④ 单击"继续"按钮，系统弹出如图 5-33 所示的"新建标注样式：我的标注样式"对话框，该对话框有 7 个选项卡，分别设置新创建的尺寸标注样式的 7 个方面，具体设置方法将在后面详细介绍。

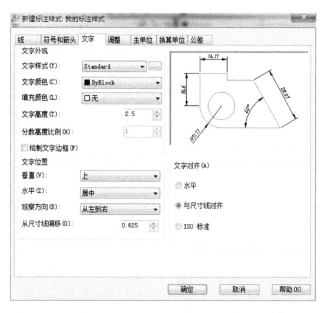

图 5-33　"新建标注样式：我的标注样式"对话框

（8）"比较（C）…"按钮。用于比较两种尺寸标注样式之间的差别。单击该按钮，系统将弹出如图 5-34 所示的"比较标注样式"对话框。在该对话框中，系统将详细列出当前标注样式与用户选择的标注样式之间的不同处。

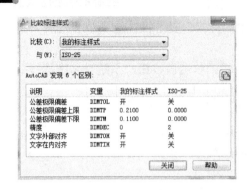

图 5-34 "比较标注样式"对话框

（9）"替代（O）…"按钮。用于替代当前的标注样式。单击该按钮，系统弹出一个"替代当前样式"对话框，该对话框与如图 5-33 所示 "新建标注样式：我的标注样式"对话框的具体内容完全相同。该对话框的各选项将在新创建尺寸标注样式中介绍。

（10）"修改（M）…"按钮。用于修改当前的尺寸标注样式。单击该按钮，系统弹出如图 5-35 所示的"修改标注样式：我的标注样式"对话框，该对话框与图 5-33 所示的"新建标注样式：我的标注样式"对话框的具体内容完全相同。该对话框的各选项将在新创建尺寸标注样式中介绍。

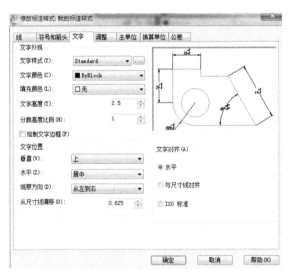

图 5-35 "修改标注样式：我的标注样式"对话框

用户无论是新创建标注样式，还是对已有的标注样式进行修改或替代，其实质都是对尺寸标注样式的 7 个方面进行设置。设置所用的对话框虽然名称不同，但对话框的内容却完全相同。下面以修改尺寸标注样式的操作为例，详细介绍对尺寸标注样式的 7 个方面进行设置的具体过程。

5.4.2 设置尺寸线和尺寸界线

前面已介绍过"标注样式管理器"对话框，单击该对话框的"修改（M）…"按钮，系统将弹出"修改标注样式：我的标注样式"对话框。选择该对话框中的"线"选项卡，如图 5-36 所示，用户可以在此对尺寸界线和尺寸线进行设置。

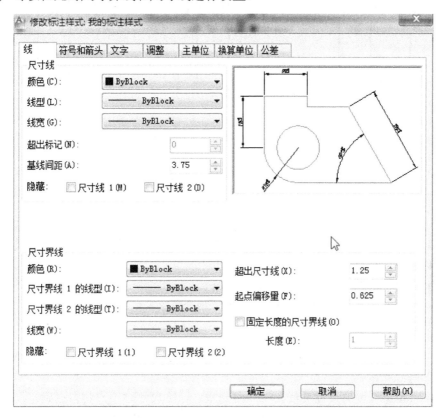

图 5-36　"修改标注样式：我的标注样式"对话框中的"线"选项卡

1．"尺寸线"选项区

该选项区用于设置尺寸线样式及基线间距。

（1）"颜色（C）"下拉列表框用于显示和确定尺寸线的颜色。

（2）"线宽（G）"下拉列表框用于显示和确定尺寸线的线宽。

（3）"超出标记（N）"文本框用于设置尺寸线超出尺寸界线的距离，如图 5-37（a）所示。

（4）"基线间距（A）"文本框用于设置基线标注时尺寸线之间的距离，如图 5-37（b）所示。

（5）"隐藏"选区用于设置是否显示尺寸线。

（6）选中"尺寸线 1（M）"复选框，进行尺寸标注时，将不显示第一条尺寸线（靠近尺寸标注的起点一段），如图 5-37（c）所示。

（7）选中"尺寸线 2（D）"复选框，进行尺寸标注时，将不显示第二条尺寸线（靠近尺寸标注的终点一段）。

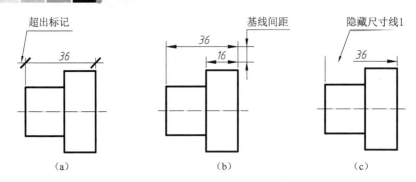

图 5-37　设置尺寸线及基线间距

2. "尺寸界线" 选项区

该选项区用于设置尺寸界线样式及起点偏移量。

（1）"超出尺寸线（X）"文本框用于设置尺寸界线超出尺寸线的距离，如图 5-38（a）所示。

（2）"起点偏移量（F）"文本框用于设置尺寸界线的实际起始点与用户指定尺寸界线起始点之间的偏移距离，如图 5-38（b）所示。

（3）"隐藏" 选区用于设置是否显示尺寸界线。

（4）选中 "尺寸界线 1（1）" 复选框，进行尺寸标注时，系统将不显示第一条尺寸界线（靠近尺寸标注的起点一段），如图 5-38（c）所示。

（5）选中 "尺寸界线 2（2）" 复选框，进行尺寸标注时，系统将不显示第二条尺寸界线（靠近尺寸标注的终点一段）。

（6）选中 "固定长度的尺寸界线（O）" 复选框，标注尺寸时用户将自己确定尺寸界线的长度，此时用户需要在 "长度（E）" 文本框中选择或输入尺寸界线的长度。

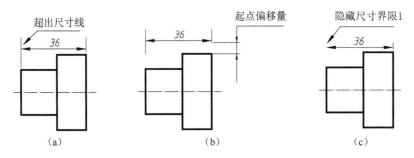

图 5-38　设置尺寸界线及起点偏移量

5.4.3　设置箭头和符号

单击图 5-36 所示对话框中的 "符号和箭头" 按钮，系统将弹出如图 5-39 所示的 "修改标注样式：我的标注样式" 对话框的 "符号和箭头" 选项卡。利用该选项卡，可以对箭头、圆心标记、弧长符号和折弯标注样式进行设置。

图 5-39　"修改标注样式：我的标注样式对话框"中的符号和箭头选项卡

（1）"箭头"选项区。该选项区用于设置尺寸标注箭头的样式和大小。

（2）"圆心标记"选项区。该选项区用于设置圆或圆弧的圆心标记类型和大小。选择"无
（N）"选项表示圆心不标注标记，如图 5-40（a）所示；选择"标记（M）"选项表示圆心用十
字标记，如图 5-40（b）所示；选择"直线（E）"选项表示圆心用中心线标记，如图 5-40（c）
所示。

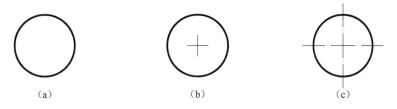

（a）　　　　　　　　　（b）　　　　　　　　　（c）

图 5-40　圆心标记的类型

（3）"折断标注"选项区。该选项区用于选择当使用折断标注时折断尺寸的大小。

（4）"弧长符号"选项区。该选项区用于选择当标注圆弧长度时的圆弧符号。

（5）"半径折弯标注"选项区。该选项区用于设置当标注大尺寸圆弧或圆的半径时折线之
间的角度。

（6）"线性折弯标注"选项区。该选项区用于设置当进行线性折弯标注时折弯的高度。

5.4.4　设置尺寸文本

单击如图 5-39 所示对话框中的"文字"按钮，系统将弹出如图 5-41 所示的"修改标注样

机械 CAD 基础 （第 2 版）

式：我的标注样式"对话框中的"文字"选项卡。利用该选项卡，可以对尺寸文本样式进行设置。

1. "文字外观"选项区

该选项区用于设置尺寸文本的外观样式。

（1）"文字样式（Y）"下拉列表框用于设置尺寸文本的文字样式。单击该下拉列表框的下拉箭头，打开下拉列表，列表中列出已设置的文字样式供用户选择使用。用户也可以单击其右边的 "·····"按钮，系统将弹出如图 5-41 所示的"文字样式"对话框，用户在该对话框中可以设置尺寸文本的文字样式。

（2）"文字颜色（C）"下拉列表框用于设置尺寸文本的颜色。

（3）"文字高度（T）"文本框用于设置尺寸文本的字高。

（4）"分数高度比例（H）"文本框：用于设置标注分数和尺寸公差的文本高度，系统用文字高度乘以该比例，然后将得到的值作为分数和尺寸公差的文本高度。

（5）选中"绘制文字边框（F）"复选框，在进行尺寸标注时尺寸文本将带有一个矩形外框。

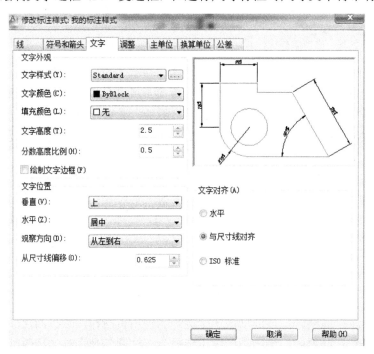

图 5-41 "修改标注样式：我的标注样式"对话框中的"文字"选项卡

2. "文字位置"选项区

该选项区用于设置尺寸文本相对于尺寸线和尺寸界线的放置位置。

（1）"垂直（V）"下拉列表框用于设置尺寸文本相对于尺寸线垂直方向的位置，该下拉列表框有以下 5 个选项。

158

选择"居中"选项，表示将尺寸文本放置在尺寸线的中间；选择"上方"选项，表示将尺寸文本放置在尺寸线的上方；选择"下方"选项，表示将尺寸文本放置在尺寸线的下方；选择"外部"选项，表示将尺寸文本放置在远离图形对象的一边；选择"JIS"选项，表示将尺寸文本按 JIS 标准（日本工业标准）放置。5 种设置的标注结果如图 5-42 所示。

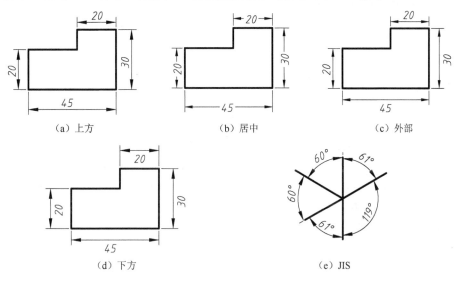

图 5-42　文字垂直位置的 5 种设置的标注结果

（2）"水平"下拉列表框用于设置尺寸文本在尺寸线方向上相对于尺寸界线的位置。该下拉列表框有以下 5 个选项。

选择"居中"选项，表示将尺寸文本放置在尺寸界线的中间；选择"第一条尺寸界线"选项，表示将尺寸文本放置在靠近第一条尺寸界线的位置；选择"第二条尺寸界线"选项，表示将尺寸文本放置在靠近第二条尺寸界线的位置；选择"第一条尺寸界线上方"选项，表示将尺寸文本放置在第一条尺寸界线上方（尺寸文本与尺寸界线平行）的位置；选择"第二条尺寸界线上方"选项，表示将尺寸文本放置在第二条尺寸界线上方（尺寸文本与尺寸界线平行）的位置。5 种设置结果如图 5-43 所示。

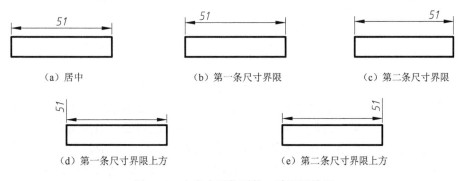

图 5-43　文字水平位置的 5 种设置结果

（3）"从尺寸线偏移（O）"文本框用于设置尺寸文本与尺寸线之间的距离，如图 5-44 所示。

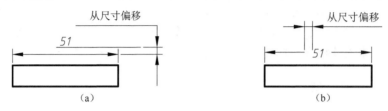

图 5-44 尺寸文本与尺寸线之间的距离

3. "文字对齐"选项区

该选项区用于设置尺寸文本的放置方向。

（1）选中"水平"单选框表示尺寸文本将水平放置。

（2）选中"与尺寸线对齐"单选框表示尺寸文本沿尺寸线方向放置。

（3）选中"ISO 标准"单选框表示尺寸文本按 ISO 标准放置，当尺寸文本在尺寸界线之内时，尺寸文本与尺寸线对齐；当尺寸文本在尺寸界线之外时，尺寸文本则水平放置。

上述 3 种设置结果如图 5-45 所示。

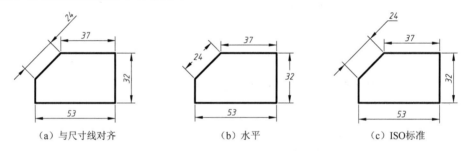

图 5-45 文字对齐的 3 种设置结果

5.4.5 调整尺寸文本、尺寸线和箭头

单击如图 5-41 所示对话框中的"调整"按钮，系统将弹出如图 5-46 所示"修改标注样式：我的标注样式"对话框的"调整"选项卡。利用该选项卡，可以进一步调整尺寸文本、尺寸线、尺寸箭头和引线等。

1. "调整选项（F）"区

该选项区用于确定当尺寸界线之间的距离太小，且没有足够的空间同时放置尺寸文本和尺寸箭头时，首先从尺寸界线移出的对象，该选项几种不同选择的标注效果如图 5-47 所示。

（1）选中"文字或箭头（最佳效果）"单选框表示由系统按最佳效果选择移出的文字或箭头，该选项是系统的默认选项，该选项的标注结果如图 5-47（a）所示。

（2）选中"箭头"单选框表示首先将箭头移出，该选项的标注结果如图 5-47（b）所示。

（3）选中"文字"单选框表示首先将文字移出，该选项的标注结果如图 5-47（c）所示。

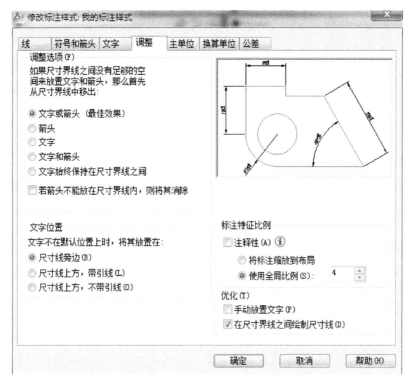

图 5-46　"修改标注样式：我的标注样式对话框"中的"调整"选项卡

（4）选中"文字和箭头"单选框表示将文字和箭头同时移出，该选项的标注结果如图 5-47（d）所示。

（5）选中"文字始终保持在尺寸界线之间"单选框，表示无论是否能放置下，都要将尺寸文本放置在尺寸界线之间，该选项的标注结果如图 5-47（e）所示。

（6）选中"若箭头不能放在尺寸界线内，则将其消除"复选框，表示如果尺寸界线之间的距离太小，则可以隐藏箭头，该选项的标注结果如图 5-47（f）所示。

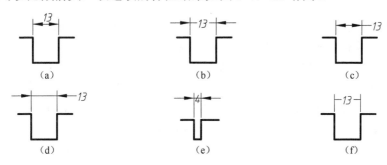

图 5-47　"调整选项"的 6 种设置结果

2. "文字位置"选项区

该选项区用于设置当尺寸文本不在默认位置时的放置位置，该选项几种不同选择的标注效果如图 5-48 所示。

（1）选中"尺寸线旁边（B）"单选框表示将尺寸文本放置在尺寸线旁边，该选项的标注结果如图 5-48（a）所示。

（2）选中"尺寸线上方，带引线（L）"单选框表示将尺寸文本放置在尺寸线上方且加注引线，该选项的标注结果如图 5-48（b）所示。

（3）选中"尺寸线上方，不带引线（O）"单选框表示将尺寸文本放置在尺寸线上方，但不加注引线，该选项的标注结果如图 5-48（c）所示。

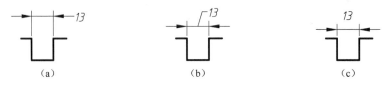

图 5-48　文字位置的 3 种设置结果

3. "标注特征比例"选项区

该选项区用于设置标注尺寸的特征比例，即通过设置全局比例因子来增大或缩小尺寸标注的外观大小。

选中"使用全局比例（S）"单选框，并在其右边的文本框中输入比例因子数值，可以对全部尺寸标注进行缩放，选择不同的比例因子的标注结果如图 5-49 所示。

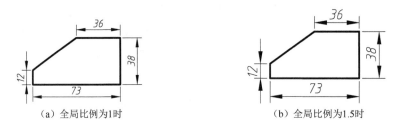

图 5-49　使用全局比例控制尺寸标注的外形大小

提示：（1）使用全局比例对尺寸标注进行缩放，只是对尺寸标注的外观大小进行了缩放，而不改变尺寸的测量值（尺寸文本的数值大小不变）。

（2）为了保证输出的图形与尺寸标注的外观大小相匹配，用户可以将全局比例系数设置为图形输出比例的倒数。例如，在一个准备按 2∶1 放大输出的图形中，如果箭头的尺寸和文本高度被定义为 2.5，且要求输出图形中的箭头和文本高度也为 2.5，那么用户必须将全局比例系数设置为 0.5。这样一来，在标注尺寸时系统自动地把尺寸文本和箭头等缩小到 1.25，而当用户用绘图仪（或打印机）输出该图时，高度为 1.25 的尺寸文本和长为 1.25 的箭头又分别放大到了 2.5。

选中"将标注缩放到布局"单选框，系统将会自动根据当前模型空间和图纸空间的比例设置比例因子。

4."优化（T）"选项区

该选项区用于对尺寸文本和尺寸线进行细微调整。

（1）选中"手动放置文字（P）"复选框，系统将忽略尺寸文本的水平位置，在标注时用户可以根据需要将尺寸文本放置在指定位置。

（2）选中"在尺寸界线之间绘制尺寸线（D）"复选框，即使尺寸箭头放置在尺寸界线之外，在尺寸界线之间也将绘制尺寸线。

5.4.6　设置尺寸文本主单位的格式

单击如图 5-46 所示对话框中的"主单位"按钮，系统将弹出如图 5-50 所示"修改标注样式：我的标注样式"对话框中的"主单位"选项卡。用户利用该选项卡，可以设置尺寸文本的单位类型、精度、前缀和后缀等。

图 5-50　"修改标注样式：我的标注样式对话框"中的"主单位"选项卡

1."线性标注"选项区

该选项区用于设置线性标注的格式和精度。

（1）"单位格式（U）"下拉列表框用于设置除角度标注外，其余各标注类型的尺寸单位格式。

（2）"精度（P）"下拉列表框用于设置除角度标注外，其余各标注类型尺寸单位的精度。

（3）"分数格式（M）"下拉列表框用于设置采用分数单位标注尺寸时的分数形式。用户可以在该下拉列表中显示的"水平""对角"和"非堆叠"3 种形式中选择一种。

（4）"小数分隔符（C）"下拉列表框用于设置小数的分隔符。用户可以在该下拉列表中显示的"逗号""句号"和"空格"3 种形式中选择一种。

（5）"舍入（R）"文本框用于设置尺寸文本的舍入精度，即将尺寸测量值舍入到指定值。

（6）"前缀（X）"文本框用于设置尺寸文本的前缀。

（7）"后缀（S）"文本框用于设置尺寸文本的后缀。

2．"测量单位比例"选项区

该选项区用于设置比例因子以及该比例因子是否仅用于布局标注。

（1）"比例因子（E）"文本框用于设置除角度标注外所有标注测量值的比例因子。系统实际标注的尺寸数值为测量值与比例因子的积。选择不同比例因子的标注结果如图 5-51 所示。

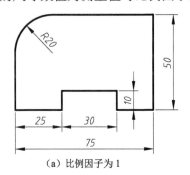 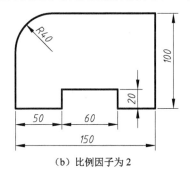

（a）比例因子为 1　　　　　　　　　　　（b）比例因子为 2

图 5-51　选择不同比例因子的标注结果

提示：为保证图中尺寸标注的尺寸数值与实物相符，用户应该将比例因子设置为绘图比例的倒数。例如，在一个准备按 1∶2 绘制的图形中，比例因子应该设置为 2，如果实物的长为 100，绘制在图中的长则只有 50，系统的测量值为 50。在标注尺寸时，系统用测量值（50）乘以比例因子（2）作为尺寸文本数值（100）进行标注。

（2）选中"仅应用到布局标注"复选框，表示在"比例因子"文本框中设置的比例只用在布局尺寸中。

3．"消零"选项区

该选项区用于设置是否显示尺寸文本中的"前导（L）"和"后续（T）"零。

4．"角度标注"选项区

该选项区用于设置角度标注尺寸的格式和单位。

5.4.7　添加换算单位标注

单击如图 5-50 所示对话框中的"换算单位"按钮，系统将弹出如图 5-52 所示"修改标注样式：我的标注样式"对话框中的"换算单位"选项卡。利用该选项卡，可以为标注的尺寸文本添加换算单位。

（1）"显示换算单位（D）"复选框。选中该复选框，系统将同时显示主单位和换算单位两个尺寸文本（换算单位的尺寸文本位于方括号内）。

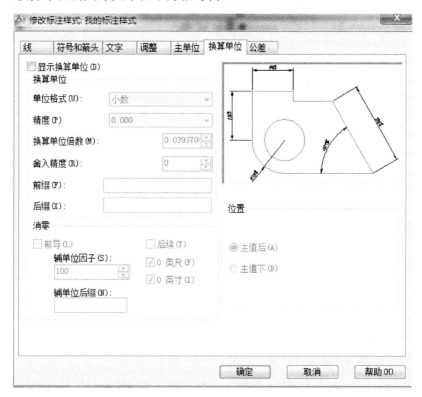

图 5-52　"修改标注样式：我的标注样式对话框"中的"换算单位"选项卡

（2）"换算单位"选项区。该选项区用于设置线性标注时换算单位的格式和精度。该选项区中的各选项与主单位选项卡中"线性标注"选项区中的各选项含义相同，只是多了一个"换算单位倍数（M）"选项。

"换算单位倍数（M）"文本框用于设置主单位与换算单位之间的比例，换算单位尺寸值为主单位与所设置的比例之乘积。

（3）"消零"选项区。该选项区用于设置是否显示换算单位尺寸文本中的"前导（L）"和"后续（T）"零。

（4）"位置"选项区。该选项区用于设置换算单位尺寸文本相对于主单位尺寸文本的放置位置。

5.4.8　添加和设置尺寸公差

单击图 5-52 所示对话框中的"公差"按钮，系统将弹出如图 5-53 所示"修改标注样式：我的标注样式"对话框中的"公差"选项卡。利用该选项卡，可以为尺寸标注添加和设置尺寸公差。

图 5-53 "修改标注样式：我的标注样式对话框"中的"公差"选项卡

1. "公差格式"选项区

该选项区用于设置尺寸公差的标注内容和标注格式。

（1）"方式（M）"下拉列表框用于设置尺寸公差的标注形式。在打开的下拉列表中有五种标注形式供用户选择。

选择"无"选项，表示不标注尺寸公差；选择"对称"选项，表示要标注对称的尺寸公差；选择"极限偏差"选项，表示要标注尺寸公差的上下偏差；选择"极限尺寸"选项，表示要用标注最大和最小极限尺寸的方式来标注尺寸公差；选择"基本尺寸"选项，表示只标注带方框的基本尺寸。5 种设置结果如图 5-54 所示。

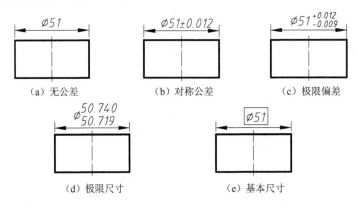

图 5-54 尺寸公差标注方式的 5 种设置结果

（2）"精度（P）"下拉列表框用于设置尺寸公差的标注精度。

（3）"上偏差（V）"文本框用于设置尺寸公差的上偏差。

（4）"下偏差（W）"文本框用于设置尺寸公差的下偏差。

（5）"高度比例（H）"文本框用于设置尺寸公差的文本高度与基本尺寸文本高度的比例。

（6）"垂直位置（S）"下拉列表框用于设置尺寸公差的文本与基本尺寸文本的相对位置，在打开的下拉列表中有 3 种形式供用户选择。

选择"下"选项，表示尺寸公差的文本与基本尺寸文本以底线对齐；选择"中"选项，表示尺寸公差的文本与基本尺寸文本以中线对齐；选择"上"选项，表示尺寸公差的文本与基本尺寸文本以顶线对齐。3 种设置结果如图 5-55 所示。

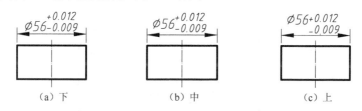

（a）下　　　　　　　　（b）中　　　　　　　　（c）上

图 5-55　尺寸公差垂直位置的 3 种设置结果

2. "公差对齐"选项区

该选项区用于设置尺寸公差的上下偏差数字的对齐方式。

3. "消零"选项区

该选项区用于设置尺寸公差的零抑制，其内容和操作方法与主单位选项卡中的"消零"选项相同。

4. "换算单位公差"选项区

该选项区用于添加换算单位的公差标注，其内容和操作方法与换算单位选项卡中的有关选项相同。

5.4.9　尺寸标注样式的切换

前面已介绍过各种类型的尺寸和标注样式的设置方法，用户在进行尺寸标注时，应根据尺寸类型和标注形式来创建和选择适当的标注样式，以使标注的尺寸符合工程制图规定的国家标准。

尺寸标注样式的切换可以用下面 3 种方法进行操作：

（1）选择下拉菜单的"格式"｜"标注样式…"或选择下拉菜单"标注"｜"样式…"命令，打开图 5-31 所示的"标注样式管理器"对话框，选取需要的标注样式，单击"置为当前"按钮即可。

（2）在图 5-8 所示的"样式"工具栏中，单击"标注样式"下拉箭头，在下拉列表中选中需要的标注样式并单击。

機械 CAD 基础 （第 2 版）

（3）在如图 5-30 所示的"尺寸标注"工具栏中，单击"标注样式控制"下拉箭头，在下拉列表中选中需要的标注样式并单击。

想一想

在用尺规手工绘制工程图时是怎么标注尺寸的？如果画图比例不是 1∶1，在标注尺寸时应该注意什么？这个问题在计算机绘图中是怎么解决的？

试试看

（1）按比例 1∶1 绘制如图 5-56 所示的图形，然后按图所示标注尺寸（注意尺寸标注的格式与图示的格式应该一致）。完成后，将该文件命名为"练习 5-8"并保存。

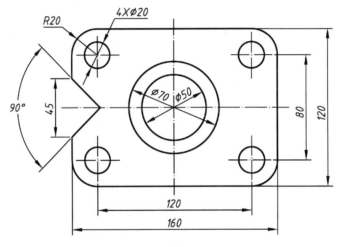

图 5-56　练习 5-8

（2）打开前面第 4 章保存的图形文件"练习 4-2"，然后按照图 5-57 所示，标注该图形的尺寸。完成后，将该图形文件命名为"练习 5-9"并保存。

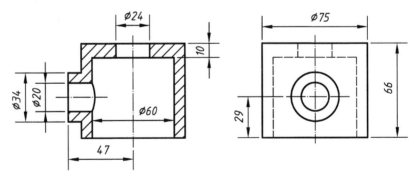

图 5-57　练习 5-9

（3）按比例 2∶1 绘制如图 5-58 所示的图形，然后按图所示标注尺寸（注意：测量比例因子的设置和公差的设置）。完成后，将该图形文件命名为"练习 5-10"并保存。

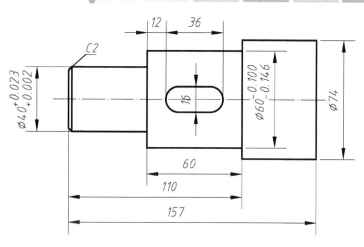

图 5-58　练习 5-10

5.5　机械工程图中尺寸标注方式及各类尺寸的标注

由于机械零件的结构不同，所用的加工方法也各不相同，所以在进行尺寸标注时需要采用不同的标注方式和标注类型。在 AutoCAD 中有多种标注的样式和标注的种类，读者在进行尺寸标注时应根据具体零件的结构和加工方法来选择标注样式和标注类型，从而使标注的尺寸符合设计要求、方便加工和测量。

5.5.1　线性标注

线性标注用于标注水平或垂直方向的尺寸，操作方法如下。

选择下拉菜单中的"标注"｜"线性"命令，系统提示"指定第一条尺寸界线原点或 <选择对象>"。

1. "指定第一条尺寸界线原点"选项

该选项为系统的默认选项。选择该选项，用户直接指定第一条尺寸界线的原点，系统继续提示"指定第二条尺寸界线原点:"。在该提示下，用户确定第二条尺寸界线原点，系统继续提示"指定尺寸线位置或 [多行文字（M）/文字（T）/角度（A）/水平（H）/垂直（V）/旋转（R）]:"。

（1）选择"指定尺寸线位置"选项，用户可以直接在绘图窗口用鼠标动态地控制尺寸线的位置，当用户单击鼠标确定尺寸线的合适位置后，系统将自动测量并标注出两个原点间水平或垂直方向上的尺寸数值。

（2）选择"多行文字（M）"选项，系统将进入多行文字编辑模式，用户可以使用"文字格式"工具栏和文字输入窗口设置并输入尺寸文本，其中，文字输入窗口中尖括号里的数值是系统的测量值。

（3）选择"文字（T）"选项表示用户将通过命令行自行输入尺寸文本。

（4）选择"角度（A）"选项表示将尺寸文本旋转一定的角度，此时，系统将提示用户输入尺寸文本的旋转角度。

（5）选择"水平（H）"选项表示要标注水平方向的尺寸。

（6）选择"垂直（V）"选项表示要标注垂直方向的尺寸。

（7）选择"旋转（R）"选项表示要将尺寸线进行旋转，此时，系统将提示用户输入尺寸线的旋转角度。

提示：在线性标注中，如果用户选取的两个尺寸界线原点的连线既不水平也不垂直（如图 5-59 所示的 P_1 点和 P_2 点），就需要用户确定标注的是水平尺寸还是垂直尺寸。若用户输入"H"，则表示要标注水平尺寸，如图 5-59（a）所示；若用户输入"V"，则表示要标注垂直尺寸，如图 5-59（b）所示。

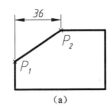 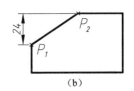

图 5-59　水平（H）和垂直（V）选项的标注效果

2. "选择对象"选项

如果用户在"指定第一条尺寸界线原点或 <选择对象>"的提示下直接按 Enter 键，系统将提示："选择标注对象:"，在该提示下，用户可以直接选择要标注线性尺寸的某一条线段，系统自动把该线段的两个端点作为尺寸界线的两个原点，并继续提示"指定尺寸线位置或[多行文字（M）/文字（T）/角度（A）/水平（H）/垂直（V）/旋转（R）]:"。

上述提示中的各选项在前面已介绍过，在此不再赘述。

5.5.2　对齐标注

对齐标注用于标注倾斜方向的尺寸，操作方法如下。

选择下拉菜单中的"标注"｜"对齐"命令，系统提示"指定第一条尺寸界线原点或 <选择对象>:"。

1. "指定第一条尺寸界线原点"选项

该选项为系统的默认选项。选择该选项，用户直接指定第一条尺寸界线的原点，系统继续提示"指定第二条尺寸界线原点:"，在该提示下，用户确定第二条尺寸界线原点，系统继续提示"指定尺寸线位置或[多行文字（M）/文字（T）/角度（A）]:"。

图 5-60（a）所示为选定两个尺寸界线原点 P_1 点和 P_2 点之后的对齐标注结果。"指定尺寸线位置""多行文字（M）""文字（T）"和"角度（A）"等选项与线性标注中同名选项的含义和操作方法基本相同，在此不再赘述。

2. "选择对象"选项

该选项与线性标注中"选择对象"选项的含义和操作方法基本相同，不同之处在于选择标注对象时，该选项要求用户选择某一条倾斜的线段，选择后系统重复提示"指定尺寸线位置或[多行文字（M）/文字（T）/角度（A）]:"。

5.5.3　半径标注

半径标注用于标注圆或圆弧的半径尺寸，操作方法如下。

选择下拉菜单中的"标注"｜"半径"命令，系统提示"选择圆弧或圆:"。在该提示下，选取要进行标注的圆或圆弧，系统继续提示"指定尺寸线位置或 [多行文字（M）/文字（T）/角度（A）]:"。

"指定尺寸线的位置"选项为系统的默认选项。选择该选项，用户可直接选取一点来确定尺寸线的位置，系统将自动测量并注出圆或圆弧的半径尺寸，并在半径尺寸前自动加注半径代号 "R"。

"多行文字（M）""文字（T）"及"角度（A）"选项的含义和操作过程与前面介绍的同名选项相同。半径标注如图 5-60（b）中所示的 R20。

提示：当用户通过多行文字或命令行输入半径尺寸时，必须在输入的半径值前面加前缀 "R"，否则，半径尺寸值前面没有显示半径代号"R"。

5.5.4　直径标注

直径标注用于标注圆或圆弧的直径尺寸，操作方法如下。

选择下拉菜单中的"标注"｜"直径"命令，系统提示"选择圆弧或圆:"。在该提示下，选取要进行标注的圆或圆弧，系统继续提示：

"指定尺寸线位置或 [多行文字（M）/文字（T）/角度（A）]:"。

"指定尺寸线位置"选项为系统的默认选项。选择该选项，用户可直接选取一点来确定尺寸线的位置，系统将自动测量并注出圆或圆弧的直径尺寸，并在直径尺寸前自动加注直径代号 "ϕ"。

"多行文字（M）""文字（T）"及"角度（A）"选项的含义和操作过程与前面介绍的同名选项相同。直径标注如图 5-60（b）中所示的 ϕ30。

提示：当用户通过多行文字或命令行输入直径尺寸时，必须在输入的直径值前面加前缀 "ϕ"，否则，直径尺寸值前面没有显示直径的代号"ϕ"。

5.5.5　折弯标注

折弯标注用于标注大尺寸的圆弧和圆的半径尺寸，操作方法如下。

选择下拉菜单中的"标注"｜"折弯"命令，系统提示"选择圆弧或圆:"。在该提示下，选取需要进行标注的圆或圆弧，系统继续提示"指定中心位置替代:"。在该提示下，选取需要进行标注的圆或圆弧的替代中心，系统继续提示"指定尺寸线位置或[多行文字（M）/文字（T）

/角度（A）]:"。

"指定尺寸线的位置"选项为系统的默认选项。选择该选项，用户直接选取一点来确定尺寸线的位置，系统将继续提示"指定折弯位置:"。在该提示下，用户移动光标选取折线的位置，系统自动测量并注出圆或圆弧的半径尺寸，折弯标注如图 5-60（c）所示。

"多行文字（M）""文字（T）"及"角度（A）"选项的含义和操作过程与前面介绍的同名选项相同。

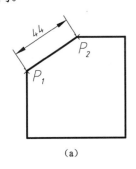 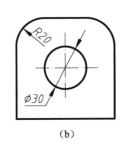 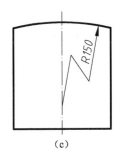

（a）　　　　　　　　（b）　　　　　　　　（c）

图 5-60　对齐、半径、直径和折弯标注

5.5.6　角度标注

角度标注用于标注角度型尺寸，操作方法如下。

选择下拉菜单中的"标注"｜"角度"命令，系统提示"选择圆弧、圆、直线或 <指定顶点>:"。

1. 选择圆弧

该选项用于标注圆弧的圆心角，如图 5-61（a）所示。选择该选项，用户直接选择圆弧，系统继续提示"指定标注弧线位置或 [多行文字（M）/文字（T）/角度（A）/象限点（Q）]:"。

"指定标注弧线位置"选项是系统的默认选项。选择该选项用户直接选取一点来确定尺寸弧线的位置，系统将按实际测量值标注出角度，并在角度值后自动加注角度代号"°"。

"象限点（Q）"选项用于确定标注哪个角度。角度的其他选项"多行文字（M）""文字（T）"及"角度（A）"选项的含义和操作过程与前面介绍的同名选项相同。

提示：当用户通过多行文字或命令行自己输入角度时，必须给输入的角度值后加后缀"%%d"；否则，角度尺寸值后面没有出现角度单位的代号"（°）"。

2. 选择圆

该选项用于标注以圆心为顶角、以选择的另外两点为端点的圆弧角度如图 5-61（b）所示。选择该选项，用户就可选择圆上的一个点，系统将该点作为要标注角度的圆弧（在圆上）起始点，并提示"指定角的第二个端点:"。在该提示下，用户确定另一个点作为角的第二个端点（该点可以不在圆上），系统继续提示"指定标注弧线位置或 [多行文字（M）/文字（T）/角度（A）/象限点（Q）]:"。

3. 选择直线

该选项用于标注两条不平行直线间的夹角，如图 5-61（c）所示。选择该选项，用户直接选择一条直线，系统继续提示"选择第二条直线:"。在该提示下，用户选择第二条直线，系统继续提示"指定标注弧线位置或 [多行文字（M）/文字（T）/角度（A）/象限点（Q）]:"。

4. 指定顶点

该选项用于根据 3 个点的标注角度，如图 5-61（d）所示。选择该选项以后直接按 Enter 键，系统将提示："指定角的顶点:"，在该提示下，用户指定一点作为角的顶点，系统继续提示"指定角的第一个端点:"。在该提示下，用户确定一点作为角的第一个端点，系统继续提示"指定角的第二个端点:"。在该提示下，用户再确定一点作为角的第二个端点，系统继续提示"指定标注弧线位置或 [多行文字（M）/文字（T）/角度（A）/象限点（Q）]:"。

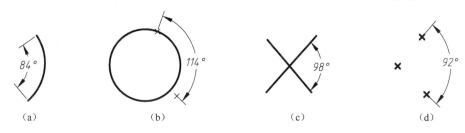

图 5-61　选择不同对象的角度标注示例

5.5.7　基线标注

基线标注即用于在标注同方向线性尺寸时、第一次尺寸标注的第一条尺寸界线与后面多次尺寸标注的第一条尺寸界线重合的标注。

选择下拉菜单中的"标注"｜"基线"命令，系统提示"指定第二条尺寸界线原点或 [放弃（U）/选择（S）] <选择>:"。

（1）"指定第二条尺寸界线原点"选项。该选项是系统的默认选项。用户第一次进行标注后，选择基线标注命令，在上述提示下直接确定第二次尺寸标注的第二条尺寸界线原点（第一条尺寸界线与第一次尺寸标注的第一条尺寸界线重合），系统将自动标注出尺寸。此后，系统将反复出现上述提示，直到按 Esc 键结束该命令为止。

（2）"放弃（U）"选项。该选项用于取消上一次的基线标注操作。

（3）"选择（S）"选项。该选项用于选择基线标注的基准。选择该选项，输入"S"后按 Enter 键，系统继续提示"选择基准标注:"，用户在该提示下选择基线标注的基准（尺寸界线），系统又开始提示："指定第二条尺寸界线原点或 [放弃（U）/选择（S）] <选择>:"。

现以图 5-62（a）为例说明基线标注的具体操作过程。选择下拉菜单中的"标注"｜"线性"命令，在"指定第一条尺寸界线原点或 <选择对象>:"提示下，选择图中的 *A* 点。在"指定第二条尺寸界线原点:"提示下，选择图中的 *B* 点。在"指定尺寸线位置或[多行文字（M）/

文字（T）/角度（A）/水平（H）/垂直（V）/旋转（R）]"提示下，移动光标至适当位置单击，系统将标注出尺寸40。

选择下拉菜单中的"标注"｜"基线"命令，在"指定第二条尺寸界线原点或 [放弃（U）/选择（S）] <选择>:"提示下，选择图中的 C 点，系统将标注出尺寸81。

在"指定第二条尺寸界线原点或 [放弃（U）/选择（S）] <选择>:"重复提示下，选择图中的 D 点，系统将标注出尺寸103。

在系统重复提示"指定第二条尺寸界线原点或 [放弃（U）/选择（S）] <选择>:"，按 Esc 键结束基线标注命令。

以上的操作结果如图 5-62（b）所示。

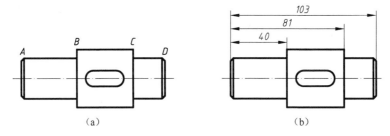

图 5-62　基线标注示例

提示： 用基线标注命令标注尺寸时，要求用户必须先创建（或选择）一个线性或角度标注作为基准。基线标注是以某一条尺寸界线（基线）作为基准进行标注的，AutoCAD 把最后标注的尺寸的第一条尺寸界线默认为基准。

5.5.8　连续标注

连续标注用于在标注同方向线性多个尺寸时，后一个尺寸标注的第一条尺寸界线与前一个尺寸标注的第二条尺寸界线重合的标注。操作方法如下。

选择下拉菜单中"标注"｜"连续"命令，系统提示"指定第二条尺寸界线原点或 [放弃（U）/选择（S）] <选择>:"。

（1）"指定第二条尺寸界线原点"选项。该选项是系统的默认选项。用户第一次进行标注后，选择连续标注命令，在上述提示下直接确定第二次尺寸标注的第一条尺寸界线的原点（第一条尺寸界线与第一次尺寸标注的第二条尺寸界线重合），系统将自动标注出尺寸。此后，系统将反复出现上述提示，直到按 Esc 键结束该命令为止。

（2）"放弃（U）"选项。该选项用于取消上一次的连续标注操作。

（3）"选择（S）"选项。该选项用于选择连续标注的基准。选择该选项，输入"S"后按 Enter 键，系统继续提示"选择连续标注:"，用户在该提示下选择连续标注的基准（尺寸界线），系统又开始提示"指定第二条尺寸界线原点或 [放弃（U）/选择（S）] <选择>:"。

现以图 5-63（a）为例说明连续标注的具体操作过程。选择选择下拉菜单中的"标注"｜

"线性"命令，在"指定第一条尺寸界线原点或 <选择对象>:"的提示下，选择图中的 *A* 点。在"指定第二条尺寸界线原点:"提示下，选择图中的 *B* 点。

在"指定尺寸线位置或[多行文字（M）/文字（T）/角度（A）/水平（H）/垂直（V）/旋转（R）]:"提示下，移动光标至适当位置单击，系统将标注出尺寸 40。

选择下拉菜单中的"标注"│"连续"命令，在"指定第二条尺寸界线原点或 [放弃（U）/选择（S）] <选择>:"提示下，选择图中的 *C* 点，系统将标注出尺寸 41。

在重复"指定第二条尺寸界线原点或 [放弃（U）/选择（S）] <选择>:"的提示下，选择图中的 *D* 点，系统将标注出尺寸 22。

在重复"指定第二条尺寸界线原点或 [放弃（U）/选择（S）] <选择>:"的提示下，按 Esc 键结束连续标注命令。

以上的操作结果如图 5-63（b）所示。

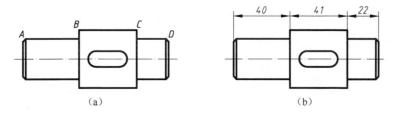

（a）　　　　　　　　　　　（b）

图 5-63　连续标注示例

提示：用连续标注命令标注尺寸同样要求用户必须先创建（或选择）一个线性或角度标注作为基准；连续标注是以某一条尺寸界线（即基线）作为基准进行标注的，AutoCAD 把最后标注的尺寸的第二条尺寸界线默认为基准。

5.5.9　几何公差的创建

几何公差的创建用于在几何公差的框格内设置几何公差项目和内容。操作方法如下。

选择下拉菜单中的"标注"│"公差…"命令，系统弹出如图 5-64 所示的"几何公差"对话框。下面对该对话框的内容进行介绍。

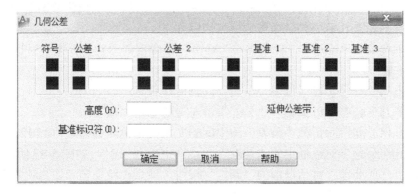

图 5-64　"几何公差"对话框

1. "符号"选项

该选项用于选取几何公差的项目。单击"符号"下的方框，系统将弹出如图 5-65 所示的"特征符号"对话框，在该对话框选取几何公差项目（可以同时选两项几何公差）后，系统将返回"几何公差"对话框。

2. "公差"选项

该选项用于设置几何公差的公差带符号、公差值及包容条件。"公差"项最前面的方框用来设置公差带的符号"ϕ"（单击方框）；"公差"项的中间文本框用来输入几何公差值；"公差"项的后面方框用来设置几何公差的附加符号。单击该方框，系统将弹出如图 5-66 所示的"附加符号"对话框，在该对话框中选择某个选项，系统将在"几何公差"对话框中显示该选项。

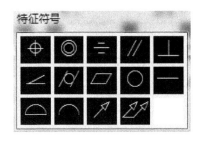

图 5-65　"特征符号"对话框

图 5-66　"附加符号"对话框

3. "基准"选项

该选项用于设置几何公差的基准代号。用户可以同时设置 3 个基准，"基准"项的左端文本框用来输入基准代号，"基准"项的右端方框用来设置基准的附加符号。单击该方框，系统也将弹出如图 5-66 所示的"附加符号"对话框，在该对话框中选择某个选项，系统将在"几何公差"对话框中显示该选项。

为使读者能够顺利地创建几何公差，下面举例说明几何公差创建的过程。

【例 5-1】　某几何公差的项目为同轴度，公差带形状为圆，公差值为 0.012，基准代号为 B，根据给定的条件创建该几何公差。操作方法和步骤如下：

（1）选择下拉菜单"标注"｜"公差…"命令，在弹出的"几何公差"对话框中单击"符号"下的方框"■"。

（2）在弹出的"符号"对话框中，单击"同轴度"代号"◎"。

（3）单击"几何公差"对话框中"公差"项左边的方框"■"。

（4）在"几何公差"对话框"公差"项中间的文本框中输入公差值"0.012"。

（5）在"几何公差"对话框中的"基准"文本框中输入"B"，如图 5-67 所示。

（6）单击"几何公差"对话框中的"确定"按钮，然后在绘图窗口适当位置单击。

通过以上的操作即完成了符合题目条件的几何公差的创建，创建的结果如图 5-67 所示。

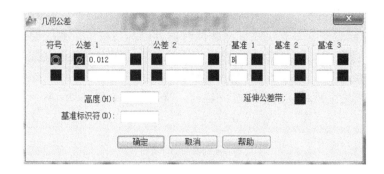

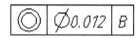

图 5-67　几何公差的创建　　　　　　　　　　图 5-68　几何公差的创建结果

5.5.10　多重引线标注

引线是连接图形对象和图形注释内容的线，文字是最常见的图形注释内容，在 AutoCAD 中，图形注释内容也可以是图块（关于图块知识将在第 6 章介绍）等对象。这种用引线连接图形对象和图形注释的标注方法称为多重引线标注，如图 5-69 所示。

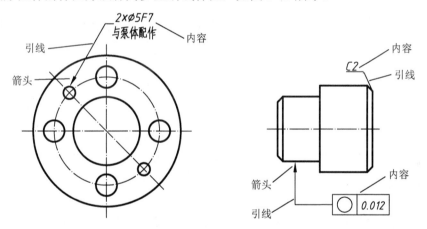

图 5-69　引线标注示例

选择下拉菜单中的"标注"｜"引线"命令，系统提示"指定引线箭头的位置或 [引线基线优先（L）/内容优先（C）/选项（O）] <选项>:"。

1. "指定引线箭头的位置"选项

该选项是系统的默认选项，用于从优先选取引线箭头的位置开始进行引线标注。选择该选项，用户直接在要进行引线标注的图形对象上（或附近）拾取一点，系统继续提示"指定引线基线的位置:"。在该提示下，用户拾取一点作为多重引线标注的注释内容的基线位置，系统打开多行文字输入窗口，此时可以输入注释内容。

2. "引线基线优先（L）"选项

该选项用于从优先选取引线基线的位置开始进行引线标注。选择该选项，输入"L"，系统继续提示"指定引线基线的位置或 [引线箭头优先（H）/内容优先（C）/选项（O）] <引线箭头优先>:"。在该提示下，用户拾取一点作为多重引线标注的注释内容的基线位置，系统继续提示"指定引线箭头的位置:"。在该提示下，用户直接在要进行引线标注的图形对象上（或附近）拾取一点，系统打开多行文字输入窗口，此时可以输入注释内容。

提示：引线箭头优先和引线基线优先的标注顺序是不一样的，请读者参看图 5-70 所示的不同标注结果。

图 5-70　引线箭头优先和引线基线优先的标注区别

3. "内容优先（C）"选项

该选项用于在多重引线标注从优先选取多行文字的位置开始进行引线标注。选择该选项在"指定引线箭头的位置或 [引线基线优先（L）/内容优先（C）/选项（O）] <选项>:"提示下输入"C"后按 Enter 键，系统继续提示"指定文字的第一个角点或 [引线箭头优先（H）/引线基线优先（L）/选项（O）] <选项>:"。在该提示下，用户确定多行文字的一个角点后，系统继续提示"指定对角点:"。在该提示下，用户确定多行文字的另一个角点后，系统将打开多行文字输入窗口，用户输入多行文字确定后，系统继续提示"指定引线箭头的位置:"。在该提示下，用户直接在要进行引线标注的图形对象上（或附近）拾取一点，即可完成多重引线标注。

4. "选项（O）"选项

该选项用于进行多重引线标注前的引线标注形式的设置。选择该选项在"指定引线箭头的位置或 [引线基线优先（L）/内容优先（C）/选项（O）] <选项>:"提示下，输入"O"后按 Enter 键，系统继续提示"输入选项 [引线类型（L）/引线基线（A）/内容类型（C）/最大节点数（M）/第一个角度（F）/第二个角度（S）/退出选项（X）] <退出选项>:"。下面介绍该提示中各选项的含义。

（1）"引线类型（L）"选项用于设置引线的类型。选择该选项输入"L"，系统继续提示

"选择引线类型[直线（S）/样条曲线（P）/无（N）] <无>:"，在该提示下，输入"S"表示选择直线作为引线；输入"P"表示选择样条曲线作为引线；输入"N"表示只有图形注释内容而没有引线。3 种不同设置引线类型的标注结果如图 5-71 所示。

（2）"引线基线（A）"选项用于引线基线的类型。选择该选项输入"A"，系统继续提示"使用基线[是（Y）/否（N）] <是>:"。在该提示下，若输入"Y"，则表示使用基线；若输入"N"，则表示不使用基线。使用和不使用基线的标注结果如图 5-72 所示。

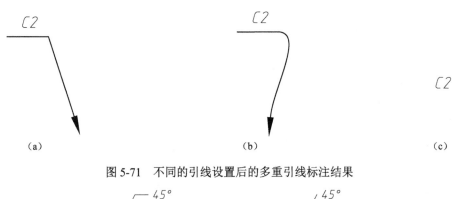

　　(a)　　　　　　　　　　　　　(b)　　　　　　　　　　　　　(c)

图 5-71　不同的引线设置后的多重引线标注结果

　　(a)　使用基线时的标注结果　　　　　(b)　不使用基线时的标注结果

图 5-72　使用和不使用基线的标注结果

　　(3)"内容类型(C)"选项用于设置图形注释内容。选择该选项,输入"C",系统继续提示"选择内容类型[块(B)/多行文字(M)/无(N)]<多行文字>:"。在该提示下,若输入"B",则表示选择图块作为图形注释内容;若输入"M",则表示选择样多行文字作为图形注释内容;若输入"N",则表示只创建引线而没有图形注释内容。

　　(4)"最大节点数(M)"选项用于设置引线的段数。选择该选项,输入"M",系统继续提示"输入引线的最大节点数 <2>:"。在该提示下,用户可以输入最大节点数来设置引线的段数。图 5-73 所示分别为最大节点数为 2 和 3 时的标注结果。

　　提示:引线的段数(不包括基线)= 等于最大节点数-1。

　　(a)　最大节点数为2时的标注结果　　　(b)　最大节点数为3时的标注结果

图 5-73　不同最大节点数的多重引线标注结果

　　(5)"退出(X)"选项用于结束多重引线标注前的引线标注形式的设置。选择该选项输入"X",系统返回提示"指定引线箭头的位置或 [引线基线优先(L)/内容优先(C)/选项(O)]<选项>:"。

　　【例 5-2】　按尺寸绘制如图 5-74 所示轴的视图,然后按图示标注出尺寸和公差。完成后,将该图形文件命名为"练习 5-11"并保存。

　　下面以图 5-75 和图 5-76 所示为例,说明轴的各类尺寸的标注方法和操作过程。

　　(1)建立新的图形文件,并根据图中的尺寸、视图线型需要和绘图比例来设置图形界限、创建图层。

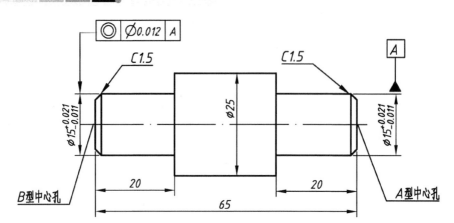

图 5-74　练习 5-10

（2）按尺寸绘制如图 5-74 所示的图形，结果如图 5-75（a）所示。

（3）设置文字样式和标注样式。根据图中文字的需要创建文字样式；根据图中的尺寸类型和样式创建各种标注样式（特别注意尺寸公差样式的创建）。

（4）标注图中的线性尺寸。选择下拉菜单中的"标注"｜"线性"命令，标注出尺寸 20、65、20 和 $\phi25$，如图 5-75（b）所示。

（5）标注带有公差的尺寸。用设置的尺寸公差标注样式标注出两个尺寸 $\phi15^{+0.021}_{-0.011}$，如图 5-75（c）所示。

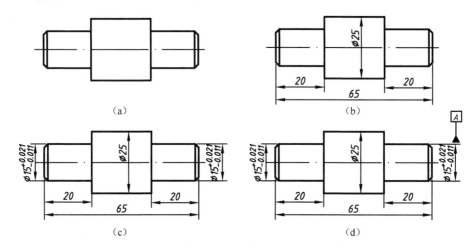

（a）　　　　　　　　　　　　（b）

（c）　　　　　　　　　　　　（d）

图 5-75　轴的视图绘制和尺寸标注过程一

（6）绘制几何公差的基准符号，如图 5-75（d）所示。

（7）标注几何公差。选择下拉菜单"标注"｜"公差"命令，系统将弹出"几何公差"对话框。在该对话框中，根据如图 5-74 所示的标注进行几何公差设置，设置结束后单击"确定"按钮，然后在适当地方单击确定几何公差框格的位置，如图 5-76（a）所示。

（8）绘制几何公差指引线。选择下拉菜单"标注"｜"多重引线"命令，系统提示"指定引线箭头的位置或 [引线基线优先（L）/内容优先（C）/选项（O）]<选项>:"。在该提示下直接按 Enter 键进行多重引线标注设置，将"引线基线（A）"设置为"无"；将"内容类型（C）"设置为"无"，将"最大节点数（M）"设置为"3"，输入"X"后按 Enter 键，系统返回提示"指定引线箭头的位置或 [引线基线优先（L）/内容优先（C）/选项（O）] <选项>:"。在该提示下打开正交模式，用捕捉确定引线箭头的位置（左端尺寸 $\phi15^{+0.021}_{-0.011}$ 的箭头与尺寸界线的交点），系统继续提示"指定下一点:"。在该提示下，移动光标在适当位置单击确定第一条引线的结束点，系统继续提示"指定引线基线的位置:，在该提示下移动光标确定第二条引线的结束点（几何公差框格左边上），结果如图 5-76（b）所示。

（9）标注图中的倒角。选择下拉菜单中的"标注"｜"多重引线"命令，在相关提示下直接按 Enter 键进行多重引线标注设置，标注出两个倒角，结果如图 5-76（c）所示。

（10）标注图中的中心孔。选择下拉菜单中的"标注"｜"多重引线"命令，在相关提示下直接按 Enter 键进行多重引线标注设置，标注出两个中心孔，结果如图 5-76（d）所示。

（11）将图 5-76（d）命名为"练习 5-11"并保存。

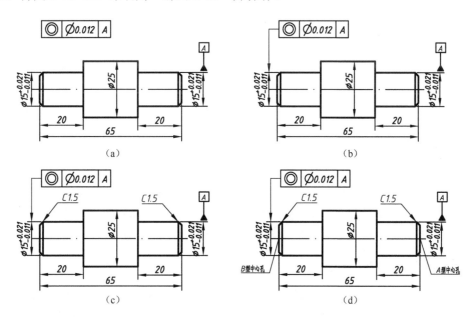

图 5-76　轴的视图绘制和尺寸标注过程二

试试看

（1）打开第 4 章保存的"练习 4-5"图形文件，按图 5-77 标注各类尺寸。完成后，将该剖视图命名为"练习 5-12"并保存。

（2）打开本章保存的"练习 5-10"图形文件，该轴 $\phi40$ 圆柱轴线与 $\phi60$ 圆柱轴线的同轴度公差为 0.008，进行几何公差的标注。完成后，将该图命名为"练习 5-13"并保存。

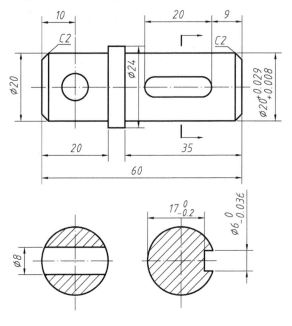

图 5-77　练习 5-12

5.6　尺寸标注的编辑方法

在 AutoCAD 中，用户可以对已标注出的尺寸进行编辑修改，修改的对象包括尺寸文本、位置、样式等内容。

5.6.1　编辑尺寸标注

该命令可以修改尺寸文本的位置、方向、内容及尺寸界线的倾斜角度等。操作方法如下。

在命令行输入"DIMEDIT"后，按 Enter 键或单击"标注"工具栏的"✎"，系统提示"输入标注编辑类型[默认（H）/新建（N）/旋转（R）/倾斜（O）] <默认>:"。

1．"默认（H）"选项

该选项用于将尺寸文本按尺寸标注样式中所设置的位置、方向重新放置。选择该选项，输入"H"后按 Enter 键，系统继续提示"选择对象:"。在该提示下，选取要修改的尺寸标注，系统将对该尺寸标注的尺寸文本进行重新放置。

2．"新建（N）"选项

该选项用于修改尺寸文本。选择该选项，输入"N"后按 Enter 键，系统将打开多行文字输入窗口，在该窗口输入新的尺寸文本，输入完毕后按 Enter 键，系统将提示"选择对象:"。在该提示下，选择一个或多个尺寸标注后按 Enter 键，则这些尺寸标注的尺寸文本全部变为输入的新文本。

3. "旋转（R）"选项

该选项用于修改尺寸文本的方向。选择该选项，输入"R"后按 Enter 键，系统将提示"指定标注文字的角度:"。在该提示下，输入尺寸文本的旋转角度后按 Enter 键，系统继续提示"选择对象:"。在该提示下，选取要修改的尺寸标注，系统将对该尺寸标注的尺寸文本按输入的角度进行旋转。

4. "倾斜（O）"选项

该选项用于将尺寸标注的尺寸界线倾斜一个角度。选择该选项，输入"O"后按 Enter 键，系统将提示"选择对象:"。在该提示下，选取要修改的尺寸标注后按 Enter 键，系统继续提示"输入倾斜角度（按 Enter 键，表示无）:"。在该提示下，输入尺寸界线的倾斜角度后按 Enter键，系统将对用户所选尺寸标注的尺寸界线按输入的角度进行倾斜。

如图 5-78（a）所示为原始尺寸标注，图 5-78（b）、图 5-78（c）和图 5-78（d）为编辑和修改尺寸标注后的 3 种结果。

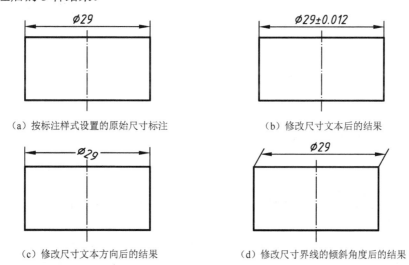

（a）按标注样式设置的原始尺寸标注　　　（b）修改尺寸文本后的结果

（c）修改尺寸文本方向后的结果　　　（d）修改尺寸界线的倾斜角度后的结果

图 5-78　编辑尺寸标注示例

5.6.2　编辑尺寸文本的位置

该命令用于修改尺寸文本的位置和方向。操作方法如下。

在命令行输入"DIMTEDIT"后，按 Enter 键或单击"标注"工具栏的"⊞"，系统提示"选择标注:"。在该提示下，选择要编辑修改的尺寸标注，系统接着提示"为标注文字指定新位置或[左对齐（L）/右对齐（R）/居中（C）/默认（H）/角度（A）]:"

（1）"指定标注文字的新位置"选项。该选项是系统的默认选项。选择该选项，用户可以在绘图窗口直接通过移动光标至适当的位置确定点的方法来确定尺寸文本的新位置。

（2）"左对齐（L）"选项。选择该选项表示将尺寸文本沿尺寸线左对齐。

（3）"右对齐（R）"选项。选择该选项表示将尺寸文本沿尺寸线右对齐。

（4）"居中（C）"选项。选择该选项表示将尺寸文本放置在尺寸线的中间。

（5）默认（H）"选项。选择该选项表示将尺寸文本按用户在标注样式中设置的位置放置。

（6）"角度（A）"选项。该选项表示将尺寸文本按用户的指定角度放置。选择该选项，输入 "A" 后按 Enter 键，系统继续提示 "指定标注文字的角度:"。在该提示下，输入尺寸文本的放置角度后按 Enter 键，系统将尺寸文本按用户的设置重新放置。

图 5-79（a）所示为原始标注，图 5-79（b）～图 5-79（f）编辑和修改尺寸文本后的 5 种结果。

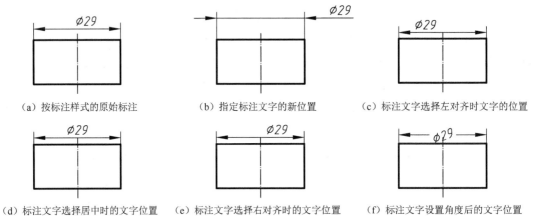

（a）按标注样式的原始标注　　（b）指定标注文字的新位置　　（c）标注文字选择左对齐时文字的位置

（d）标注文字选择居中时的文字位置　（e）标注文字选择右对齐时的文字位置　（f）标注文字设置角度后的文字位置

图 5-79　编辑尺寸文本示例

5.6.3　其他编辑尺寸标注方法简介

除以上介绍的专门编辑尺寸标注的命令外，用户还可以通过编辑 "特性" 窗口或尺寸标注的定义点来编辑尺寸标注。

【例 5-3】　利用 "特性" 窗口将图 5-80（a）中角度标注的尺寸文本修改为水平位置，具体的操作步骤和方法如下。

（1）选择下拉菜单中的 "修改" ｜ "特性" 命令，打开 "特性" 窗口。

（2）选择图中的尺寸标注，在 "特性" 窗口的 "标注样式" 下拉文本框中将标注样式设置为 "水平" 样式，如图 5-80（b）所示。

（3）单击 "特性" 窗口的关闭按钮，按 Esc 键结束操作。

通过以上的操作，尺寸文本就被修改为水平位置，如图 5-80（c）所示。

提示：每个尺寸标注都有一组定义点，定义点在尺寸标注时自动生成，用来确定尺寸界线原点、尺寸线和尺寸文本的位置。进行尺寸标注时，系统将自动产生名称为 DFFPOINTS 的新层，尺寸标注的定义点将绘制在该层中。

除了上面介绍的编辑尺寸标注的方法，还可以通过编辑尺寸标注的定义点对尺寸标注进行编辑和修改。如图 5-81 所示为通过编辑尺寸标注的定义点对尺寸标注进行修改的实例，图 5-81（a）为原始标注，图 5-81（b）选择了右边尺寸原点进行编辑，图 5-81（c）为编辑修改后的结果。尺寸标注的定义点相当于夹点，其编辑方法与夹点的编辑方法相同，读者可以自行有关操作训练。

试试看

（1）打开本章保存的"练习 5-8"图形文件，然后按照图 5-82 所示修改尺寸标注。完成后，将该图命名为"练习 5-14"并保存。

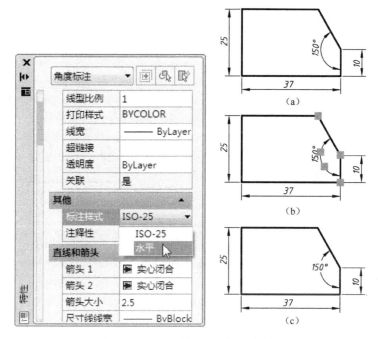

图 5-80 利用特性窗口编辑尺寸标注

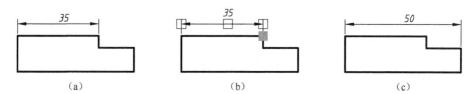

图 5-81 通过编辑定义点编辑尺寸标注

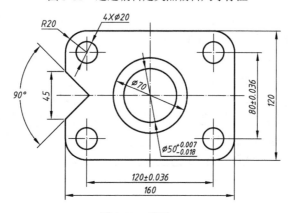

图 5-82 练习 5-14

（2）按尺寸绘制如图 5-83（a）所示图形，并标注尺寸，然后利用尺寸编辑修改方法将图 5-83（a）中的尺寸样式修改为图 5-83（b）所示样式。完成后，将该图命名为"练习 5-15"并保存。

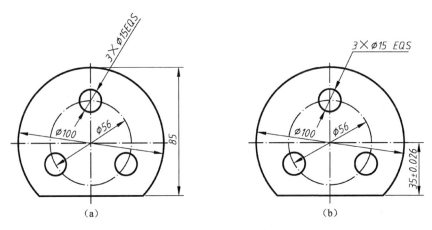

（a）　　　　　　　　　　　　　（b）

图 5-83　练习 5-15

本 章 小 结

本章主要介绍了 AutoCAD 绘图过程中标注文字、尺寸标注及其编辑和修改的方法。其中，文字样式和尺寸标注样式的设置方法是标注文字和尺寸标注的必备的基础知识，必须熟练掌握设置方法。各类尺寸标注方法的内容比较多，标注样式也多种多样，因此，读者需要通过大量的实际操作训练才能熟练掌握本章知识。

本 章 习 题

1. 填空题

（1）在 AutoCAD 中，用户可以使用_____对话框设置文字样式，用户可以使用_____对话框设置尺寸标注样式。

（2）在 AutoCAD 中，用户可以通过_____工具栏和_____对话框来切换尺寸标注样式。

（3）当用户需要输入直径代号时，可以从键盘输入_____控制码；需要输入角度单位符号时，可以从键盘输入_____控制码；需要输入正负号时，可以从键盘输入_____控制码。

（4）当用户进行尺寸标注样式设置时，如果需要改变尺寸标注的整体外观大小，应该调整尺寸标注的_____选项卡中的_____值；如果需要改变尺寸文本的数值，应该调整尺寸标注的_____选项卡中的_____值。

2. 简答题

（1）按照相关国家标准规定，计算机绘制工程图时，数值和字母应采用什么字体？汉字应采用什么字体？

（2）文字的对齐方式有几种？怎样改变文字的对齐方式？

（3）简述标注几何公差和尺寸公差的步骤。

（4）如果在已经标注好的一个线性尺寸的基本尺寸后再加入对称的正负偏差值，应采用什么方法使操作最简单？

（5）简述创建新的标注样式的操作步骤。

3. 操作题

（1）打开第 2 章保存的"练习二第六题"图形文件，按图 5-84（a）和图 5-84（b）所示为该标题栏分别注写文字。完成后，将该图命名为"练习五第一题"并保存。

			比例		第　　张
			材料		共　　张
设计			重量		图号	
制图						
审核						

			比例		第　　张
			材料		共　　张
设计			重量		图号	
制图						
审核						

图 5-84　练习五第一题

（2）用多行文字输入如图 5-85 所示的文字（字体为仿宋体，字高自选），输入完毕后将文字中的"尺寸界限"修改为"尺寸界线"。完成后，将该文件命名为"练习五第二题"并保存。

关于尺寸界限

尺寸界限用于表示尺寸的范围；尺寸界限用细实线绘制；尺寸界限应该由图形的轮廓线、轴线、或对称中心线引出；尺寸界限一般与尺寸线垂直，并超出尺寸线3㎜左右。

图 5-85　练习五第二题

（3）打开第 3 章中保存的"练习三第六题"图形文件，按图 5-86 所示绘制图形并标注尺寸和公差。完成后，将该图命名为"练习五第三题"并保存。

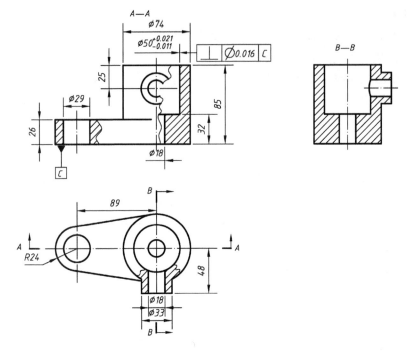

图 5-86　练习五第三题

（4）打开第 3 章中保存的"练习三第五题"图形文件，将该图编辑和修改为图 5-87 所示的剖视图并按图示标注尺寸。完成后，将该图命名为"练习五第四题"并保存。

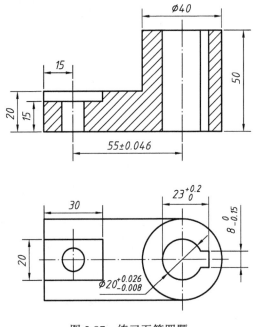

图 5-87　练习五第四题

（5）建立新的图形文件，根据图 5-88 所示的零件图创建绘图需要的图层和标注需要的文字、尺寸样式，然后按比例 1：1 绘制该零件图并标注尺寸和公差，填写技术要求。完成后，将该图命名为"练习五第五题"并保存。

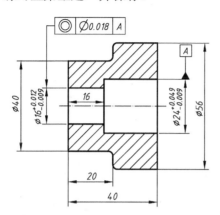

图 5-88　练习五第五题

（6）建立新的图形文件，图形界限为 420×297，根据图 5-89 所示泵盖的零件图创建绘图需要的图层和标注需要的文字、尺寸样式，然后按自选比例绘制泵盖的零件图并标注尺寸，填写技术要求。完成后，将该图命名为"练习五第六题"并保存。

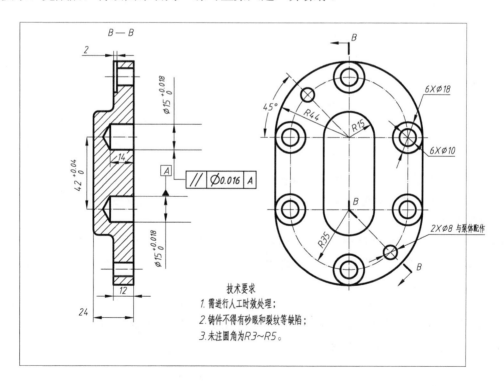

图 5-89　练习五第六题

（7）打开第 3 章中保存的"练习三第七题"图形文件，按标准 3 号图纸添加绘图纸边框线，然后按图 5-90 所示对该图进行编辑、修改、标注尺寸和公差。完成后，将该图命名为"练习五第七题"并保存。

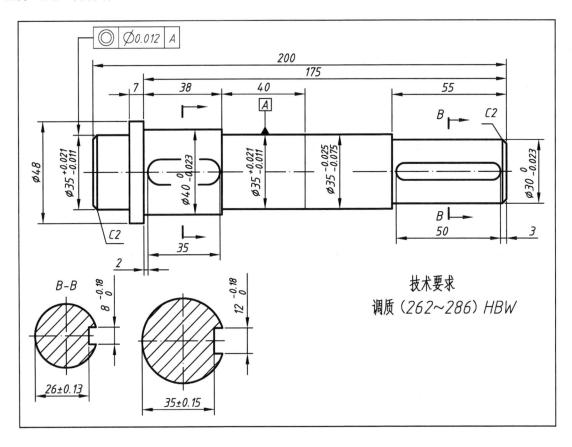

图 5-90　练习五第七题

（8）打开第 4 章中保存的"练习四第五题"图形文件，按标准 3 号图纸添加绘图纸边框线，然后按图 5-91 所示对该图进行编辑、修改、标注尺寸和公差。完成后，将该图命名为"练习五第八题"并保存。

（9）打开第 4 章中保存的"练习四第七题"图形文件，按标准 4 号图纸添加绘图纸边框线，然后采用比例 1：2 按图 5-92 所示对该图进行编辑、修改、标注尺寸和公差。完成后，将该图命名为"练习五第九题"并保存。

（10）打开第 4 章中保存的"练习四第九题"图形文件，按标准 4 号图纸添加绘图纸边框线，然后采用比例 1：2 按图 5-93 所示对该图进行编辑、修改、标注尺寸和公差。完成后，将该图命名为"练习五第十题"并保存。

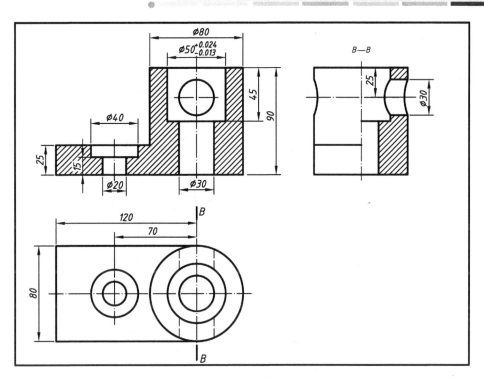

图 5-91　练习五第八题

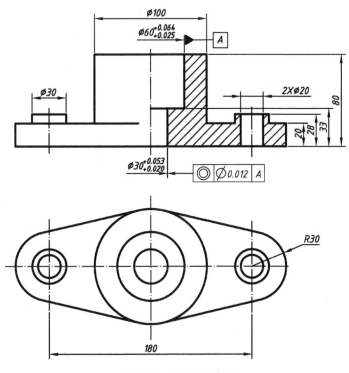

图 5-92　练习五第九题

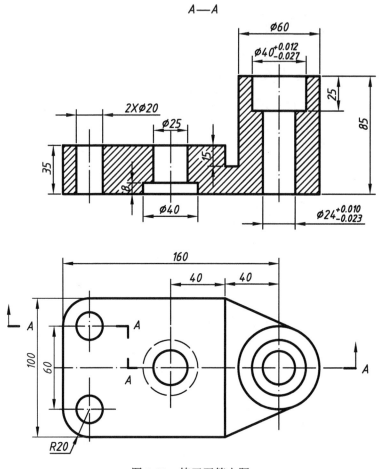

图 5-93   练习五第十题

（11）打开第 4 章中保存的"练习四第十一题"图形文件，按标准 3 号图纸添加绘图纸边框线，然后采用比例 1∶1 按图 5-94 所示对该图进行编辑、修改、标注尺寸和公差，填写技术要求。完成后，将该图命名为"练习五第十一题"并保存。

（12）打开第 4 章中保存的"练习四第十二题"图形文件，按标准 3 号图纸添加绘图纸边框线和标题栏，然后采用比例 1∶1 按图 5-95 所示对该图进行编辑、修改、标注尺寸、公差、表面结构，填写技术要求。完成后，将该图命名为"练习五第十二题"并保存。

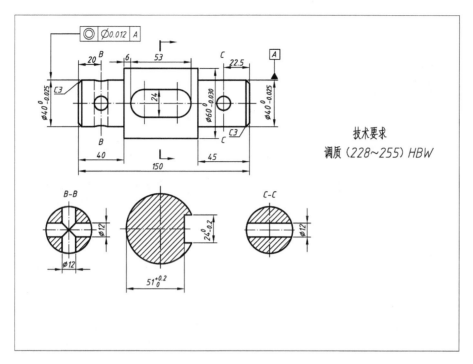

技术要求
调质（228~255）HBW

图 5-94 练习五第十一题

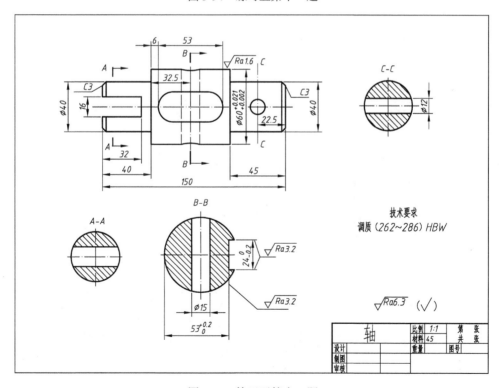

技术要求
调质（262~286）HBW

图 5-95 练习五第十二题

第6章

AutoCAD 的图块、表格和设计中心在机械工程图中的应用

通过本章的学习和实际训练，要求读者能够灵活应用 AutoCAD 的图块和表格来完善机械工程图中的内容；学会并熟悉利用 AutoCAD 设计中心来组织和管理自己所绘制工程图的方法，使机械设计和绘图工作达到事半功倍的效果。

本章的主要内容有 AutoCAD 的图块创建和插入方法、表格的创建和填写方法及 AutoCAD 设计中心的应用。

通过前面几章的学习，读者应掌握应用 AutoCAD 绘制机械工程图的基本方法和基本技能。图 6-1 所示为齿轮零件图，读者从图中可以看到一张零件图除了包含视图、文字、尺寸标注和公差，还会包含一些其他标注（如表面结构要求）和表格等内容。

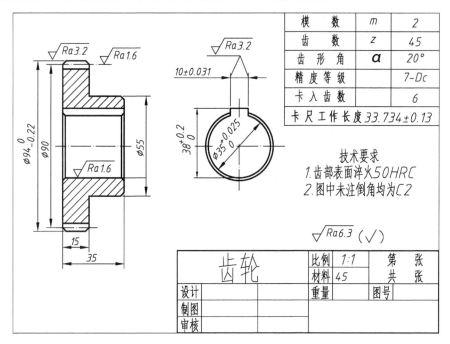

图 6-1　齿轮零件图

6.1 图块的创建、插入和存储

在实际绘制机械工程图的过程中，常常需要重复绘制相同的图形结构（如标题栏、表面结构要求标注符号等）。如果这些相同的图形和符号每次用到时都重新绘制，就会耗费许多时间和精力，同时还会浪费计算机的存储空间。在 AutoCAD 中，可以将这些机械工程图中经常要重复使用的图形和符号定义为一个整体即图块，在绘制机械工程图时将其调入（插入）需要绘制的位置。这样既可使多张图纸的图形符号统一，又可使绘图简单快速，并节省了计算机的存储空间。

6.1.1 图块的特性

图块具有以下特性：

（1）图块是一组图形对象的集合，它可以包括图形和尺寸标注，也可以包括文本，图块中的文本称为块属性。

（2）图块包括一组图形对象和一个插入点，图块可以以不同的比例系数和旋转角度插入图形中的任意位置。插入时，以插入点为基准点。

（3）组成图块的各个对象可以有自己的图层、线型和颜色。

（4）一个图块中可以包含别的图块，称为图块的嵌套，嵌套的级数没有限制。

（5）插入图形中的图块在系统默认情况下是一个整体，用户不能对组成图块的各个对象单独进行编辑和修改。如果用户想对图块中的对象进行编辑和修改，需要修改图块的属性或对图块进行分解。

6.1.2 图块的作用

图块的作用主要表现在以下 4 个方面：

（1）建立图形库，避免重复工作。把绘制机械工程图中需要经常使用的某些图形结构定义成图块并保存在磁盘中，这样就建立起了图形库。在绘制机械工程图时，可以将需要的图块从图形库中调出，插入图形中，从而提高工作效率。

（2）节省磁盘的存储空间。每个图块在图形文件中只存储一次，在多次插入时，计算机只保留有关插入信息（图块名称、插入点、缩放比例、旋转角度等），而不需要把整个图块重复存储，这样就节省了磁盘的存储空间。

（3）便于图形修改。当某个图块修改后，所有原插入图形中的图块全部随之自动更新，这样就使图形的修改更加方便。

（4）可以为图块增添属性。有时图块中需要增添一些文字信息，这些图块中的文字信息称为图块的属性。AutoCAD 允许用户为图块增添属性并可以设置可变的属性值，用户每次插入图块时，不仅可以对属性值进行修改，还可以从图中提取这些属性并将它们传递到数据库中。

6.1.3 图块的创建

选择下拉菜单中的"绘图"｜"块"｜"创建…"命令，系统弹出如图 6-2 所示的"块定义"对话框，可以利用该对话框进行图块的创建。下面介绍该对话框的各选项含义及操作方法。

图 6-2 块定义对话框

1. "名称（N）"下拉列表文本框

该文本框用于显示和输入图块的名称。

2. "基点"选项区

该选项区用于确定图块的插入点。

（1）单击"拾取点"按钮，系统切换到绘图窗口，用户可以在此窗口中用拾取点的方法确定图块的插入点。

（2）"X:""Y:"和"Z:"文本框用于输入插入点的 X、Y 和 Z 坐标。

3. "对象"选项区

该选项区用于设置和选取组成图块的对象。

（1）单击"选择对象（T）"按钮，系统切换到绘图窗口，用户可以在此窗口中直接选取要定义图块的图形对象。

（2）单击快速选择按钮" "，系统将弹出"快速选择"对话框，在该对话框中，用户可以设置所选择对象的过滤条件。

（3）选中"保留（R）"单选框表示创建图块后仍保留组成图块的原图形对象。

（4）选中"转换为块（C）"单选框表示创建图块后仍保留组成图块的原图形对象，并将其转换为图块。

（5）选中"删除（D）"单选框表示创建图块后将删除组成图块的原图形对象。

4. "设置"选项区

该选项区用于图块在创建后插入时单位等设置。

（1）"块单位（U）"下拉列表框用于设置块插入时的单位。

（2）单击"超链接（L）…"按钮，系统将弹出"插入超链接"对话框，利用该对话框用户可以将图块和另外的文件建立链接关系。

5. "方式"选项区

该选项区用于图块在创建后插入时比例等设置。

（1）选中"注释性（A）"复选框将用于在图纸空间插入块时的设置。

（2）选中"按统一比例缩放（S）"复选框表示在图块插入时 X、Y 和 Z 轴方向将采用同样的缩放比例。

（3）选中"允许分解（P）"复选框表示在图块插入后将可以进行分解，反之将不能分解。

（4）"说明"文本框用于输入图块的说明文字。

6. "在块编辑器中打开（O）"复选框

选中该复选框，在定义完块后将直接打开块编辑器，用户可以对块进行编辑。为使读者能够掌握块的创建过程，下面举一个创建块的实例。

【例 6-1】 打开第 5 章保存的"练习五第五题"图形文件，在该图形文件中，将机械工程图中用去除材料和不去除材料加工方法获得的表面结构要求标注符号分别创建为图块，最后将该图形文件命名为"练习 6-1"并保存。

下面结合图 6-3 来说明具体的操作方法和步骤。

（1）在该图的适当位置分别绘制用去除材料和不去除材料加工方法获得的表面结构要求标注符号，如图 6-3（a）和图 6-3（b）所示。

（2）选择下拉菜单"绘图"｜"块"｜"创建"，系统将弹出"块定义"对话框。

（3）在该对话框的"名称"下拉列表文本框中输入图块名"去除材料表面结构符号"，单击"对象"选项区的"选择对象"按钮，系统将切换至绘图窗口。

（4）在绘图窗口选择图 6-3（a），按 Enter 键，系统将返回对话框。

（5）单击对话框"基点"选项区的"拾取点"按钮，系统将再次切换至绘图窗口。

（6）在绘图窗口捕捉图 6-3（a）中下端的交点，系统将返回对话框。

（7）单击对话框中的"确定"按钮。

通过以上操作，用户可将图 6-3（a）创建成名称为"去除材料表面结构符号"的图块。重复以上步骤（2）～步骤（7）的操作过程，用户可以将图 6-3（b）创建成名称为"不去除材料表面结构符号"的图块。

（8）将图 6-3 命名为"练习 6-1"并保存。

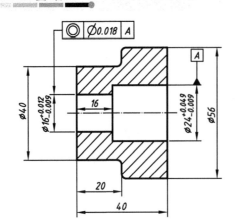

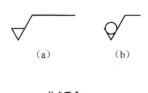

技术要求

1.铸件不得有砂眼和裂纹等缺陷

2.未注圆角为R3~R5

图 6-3　练习 6-1

6.1.4　当前图形中图块的插入

利用图块插入命令可以在当前图形中插入图块或其他图形文件。操作方法如下。

选择下拉菜单中的"插入"｜"块…"命令输入后，系统弹出如图 6-4 所示的"插入"对话框。用户利用该对话框，可以在当前图形中插入图块或其他图形文件。下面介绍该对话框的各选项含义及操作方法。

1."名称（N）"下拉列表文本框

该文本框用于选择要插入的图块名称。点击下三角按钮，打开下拉列表（此表列有当前图形已定义的图块）。用户可以在此选择要插入的图块，也可以单击其右边的"浏览（B）"按钮，在系统弹出的"选择图形文件"对话框中选择用户已保存的其他图块或图形文件。

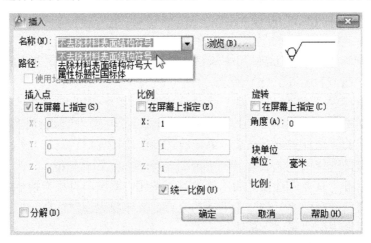

图 6-4　"插入"对话框

2."插入点"选项区

该选项区用于确定图块插入点的位置。用户可以选中"在屏幕上指定点"复选框，然后在绘图窗口中用拾取点的方法确定图块插入点的位置；也可以用在 "X："" Y："和 "Z："文本框中分别输入 X、Y 和 Z 坐标的方法来确定插入点的位置。

3. "比例"选项区

该选项区用于确定图块或图形文件插入时的缩放比例。用户可以直接在 "X："" Y："和 "Z："文本框中分别输入图块或图形文件插入时 X、Y 和 Z 3 个方向的缩放比例，也可以选中"统一比例"复选框，使 3 个方向的插入比例相同，还可以选中"在屏幕上指定点"复选框，然后在命令行输入缩放比例。

4. "旋转"选项区

该选项区用于设置图块或图形文件插入时旋转角度。用户可以直接在"角度"文本框中输入旋转角度，也可以选中"在屏幕上指定点"复选框，然后在命令行输入旋转角度值。

5. "块单位"选项区

该选项区显示了选择的插入图块的单位和比例。

6. "分解（D）"复选框

选中该复选框，可以将插入的图块分解成各个独立的图形对象。为使读者能够掌握图块的插入过程，下面举一个插入图块的实例。

【例 6-2】 打开在【例 6-1】中保存的图形文件"练习 6-1"，按如图 6-5 所示的样图，标注图中零件各表面结构的数值。最后，将该图形命名为"练习 6-2"并保存。

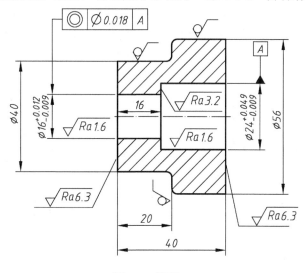

图 6-5　练习 6-2

下面结合图 6-6、图 6-7 和图 6-8 来说明具体的操作方法和步骤。

（1）输入插入图块命令，系统弹出如图 6-4 所示的"插入"对话框。在对话框的"名称"

下拉列表文本框中选择"不去除材料表面结构符号"图块；在对话框的"插入点"选项区中选中"在屏幕上指定"复选框；在对话框的"比例"选项区选中"统一比例"复选框并在"X："文本框中输入"1"；在对话框"旋转"选项区的角度文本框中输入"0"；单击对话框的"确定"按钮，系统返回绘图窗口。

（2）在绘图窗口中移动光标至如图 6-6 所示的 P_1 处后单击，确定图块的插入点。

通过以上的操作，系统即在 P_1 处标注出了表面结构符号，如图 6-7 所示。重复以上步骤（1）~步骤（2）操作过程，系统便可标注出 P_2 和 P_3 处的表面结构符号。

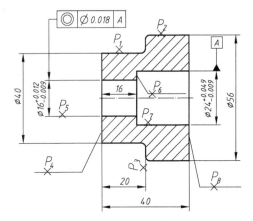

图 6-6　表面结构符号标注位置

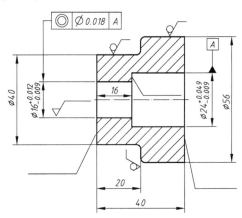

图 6-7　表面结构符号的标注过程

提示： 标注 P_3 处的表面结构符号时，应在"插入"对话框的"旋转"选项区的角度文本框中输入"90"。

（3）输入插入图块命令，系统再次弹出如图 6-4 所示的"插入"对话框。在对话框的"名称（N）"下拉列表文本框中选择"去除材料表面结构符号"图块，在对话框的"插入点"选项区中选中"在屏幕上指定（C）"复选框；在对话框的"比例"选项区选中"统一比例（U）"复选框并在"X："文本框中输入"1"；在对话框"旋转"选项区的"角度（A）"文本框中输入"0"。单击对话框的"确定"按钮，系统返回绘图窗口。

（4）在绘图窗口中移动光标至如图 6-6 所示的 P_5 处后单击，确定图块的插入点。

通过以上的操作，系统即在 P_5 处标注出了表面结构符号，如图 6-7 所示。重复上述步骤（3）~步骤（4）的操作过程，系统即可标注出 P_4、P_6、P_7 和 P_8 处的表面结构符号。

通过以上的操作，用户就在上述的 8 处标注出表面结构的符号，如图 6-8 所示。

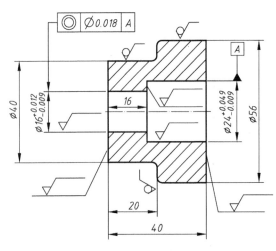

图 6-8　表面结构符号的标注结果

（5）选择下拉菜单中的"绘图"｜"文字"｜"单行文字"命令，通过输入单行文字标注出各处的表面结构数值。通过上面的操作，即可完成如图 6-5 所示的表面结构标注完整的图形。

（6）将该图命名为"练习 6-2"并保存。

6.1.5　图块的存储与外部图块的插入

创建图块后，只能在当前图形中插入，而其他图形文件无法引用创建的图块。为了能在实际工程绘图时能够把用户创建的图块实现共享，AutoCAD 为用户提供了图块的存储命令。通过该命令，用户可以将已创建的图块或图形中的任何一部分（或整个图形）作为外部图块进行保存。用图块存储命令保存的图块与其他的图形文件并无区别，同样可以打开和编辑，也可以在其他的图形文件中进行插入。

在命令行输入"WBLOCK"，按 Enter 键，系统弹出如图 6-9 所示的"写块"对话框。利用该对话框，可以将图块或图形对象存储为独立的外部图块。下面对该对话框的各选项含义及操作方法进行介绍。

图 6-9　"写块"对话框

1. "源"选项区

该选项区用于选取要存储为独立外部图块的对象。

（1）选中"块（B）"单选框表示要存储外部图块的对象为当前图形中的图块。单击单选框右边的下拉箭头，打开下拉列表，用户可以从表中选取要存储外部图块的当前图形中的图块。

（2）选中"整个图形（E）"单选框表示要把当前整个图形存储为外部图块。

（3）选中"对象（O）"单选框表示要把用户选择的图形对象存储为外部图块。只有选择该选项，其下边"基点"和"对象"选项区的各选项才可用。

2. "基点" 选项区

该选项区用于确定外部图块的插入点，其操作方法与创建图块时相同。

3. "对象" 选项区

该选项区用于选择要存储为外部图块的对象，其操作方法与创建图块时相同。

4. "目标" 选项区

该选项区用于设置存储外部图块的文件名、路径和单位。

（1）"文件和路径（F）"下拉列表框用于确定外部图块的文件名称和保存位置。单击该下拉列表框右边的 " ... " 按钮，系统将弹出如图 6-10 所示的"浏览图形文件"对话框，用户可以在该对话框中设置外部图块的保存位置。

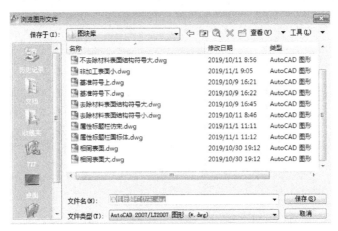

图 6-10   "浏览图形文件"对话框

（2）"插入单位（U）"下拉列表框用于确定外部图块插入时的缩放单位。

技巧：用 WBLOCK 命令存储的外部图块实质上相当于一个外部图形文件，它具有自动过滤原图形文件中未使用的层、图块、线型、文字样式、标注样式等信息的功能。因此，用户利用该命令存储图形文件可以大大减少文件的字节数。

【例6-3】 打开第 5 章中保存的图形文件"练习五第一题"中的（b）图，然后将该图形文件用图块存储命令命名为"标题栏一"并保存（其中插入点选择标题栏的右下点）。

下面结合图 6-11 来说明具体的操作方法和步骤。

		比例		第 张	
		材料		共 张	
设计		重量		图号	
制图					
审核					

图 6-11   图块存储命令应用实例

（1）输入图块存储命令，在弹出的"写块"对话框的"源"选项区中选中"对象"单选框；单击"写块"对话框中"对象"选项区的"选择对象"按钮，系统切换到绘图窗口。

（2）在绘图窗口中选择整个标题栏后按 Enter 键，系统返回"写块"对话框。

（3）单击"写块"对话框中"基点"选项区的"拾取点（K）"按钮，系统又切换到绘图窗口。

（4）在绘图窗口用捕捉方式捕捉标题栏最外轮廓线的右下角点，系统再次返回"写块"对话框。

（5）单击"写块"对话框中"文件名和路径（F）"下拉列表框右边的"▦"按钮，在弹出的"浏览图形文件"对话框中设置外部图块的保存位置和文件名称（标题栏一），单击"写块"对话框中的"确定"按钮。

通过以上的操作，系统就把如图 6-11 所示的图形保存为名称为"标题栏一"的外部图块。

【例 6-4】 打开前面保存的"练习 6-2"图形文件，对其进行编辑修改，使其成为如图 6-12 所示的图形（图形界限为 210×148），命名为"练习 6-3"并保存。

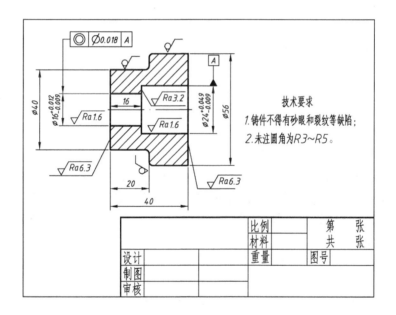

图 6-12　练习 6-3

若将"练习 6-2"的图形与如图 6-12 所示的图形相比较，不难发现"练习 6-2"的图形少了边框线和标题栏两项内容。因此，本题的操作实质是为"练习 6-2"的图形绘制边框线和插入标题栏，具体操作过程如下。

（1）绘制边框线（绘制过程中应该遵守机械制图国家标准，注意线型和边框尺寸）。

（2）输入插入图块命令，系统再次弹出如图 6-4 所示的"插入"对话框。插入标题栏的操作过程与"练习 6-2"的操作过程大致相同，只是在"插入"对话框中选取图块名称时，应该单击"浏览"按钮，系统将弹出如图 6-13 所示的"选择图形文件"对话框。用户在该对话框中选择要插入的图形文件（标题栏一），单击该对话框的"打开"按钮，即可选定插入的图块。其他的操作过程与"练习 6-2"的操作过程完全相同，此处不再重述。

图 6-13　"选择图形文件"对话框

（3）将该图形命名为"练习 6-3"并保存。

提示：实际上，每个 AutoCAD 图形文件都可以用插入图块的方法插入当前图形文件中，只是系统将插入的图形文件原点默认为插入点；当用户选择一个外部图块（或图形文件）插入到当前图形文件中后，系统自动在当前图形文件中生成具有相同名称的内部图块。

6.1.6　关于外部图块插入的说明

图块可以由绘制在若干图层上的对象组成，系统将图层的信息保留在图块中。当用户将外部图块插入到当前图形文件中时，外部图块中的图层和当前图形文件中的图层有以下关系：

（1）若外部图块的图层与当前图形文件的图层同名，则图块中的图形对象将被绘制在当前图形文件的同名图层上。

（2）若当前图形文件中没有图块中的图层，则图块在该图层的图形对象还在原图层中绘制，并且系统自动为当前图形文件增加相应的同名图层。

（3）图块中绘制在"0"层的图形对象在插入时其图层是浮动的，即图块中"0"层的图形对象在插入后，将被绘制在当前图形文件的当前图层上。

（4）若图块由若干层图形对象组成，则在当前图形中冻结某一对象所在图层时，图块中该层的对象为不可见；若冻结图块插入时的当前层，则不管图块中的各个对象处于图块的哪一个图层，整个图块对象均不可见。

想一想

关于机械工程图上的标题栏，我们已经知道可以用插入图块的方法来创建，但是关于标题栏中有许多需要变更的项目，如设计者、零件的材料、绘图的比例等，插入标题栏时该怎么解决这个问题呢？

试试看

（1）在计算机的任意一个硬盘中建立自己的图块库文件夹，然后绘制出机械工程图中经常用的图形和标注符号。最后，将绘制出的图形和标注符号创建成图块，并用图块存储命令将创建的图块存入自己的图块库文件夹。

（2）打开第 5 章中保存的"练习五第七题"图形文件，按照图 6-14 所示完善图中内容。完成后，将该图命名为"练习 6-4"并保存。

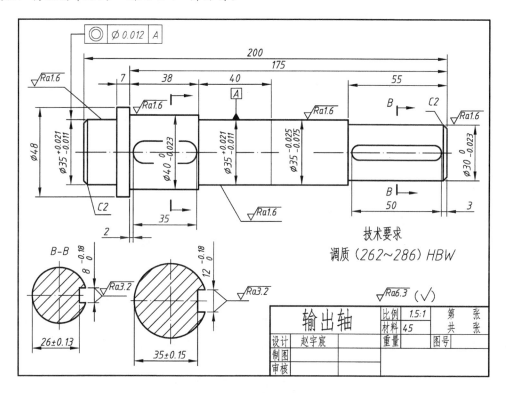

图 6-14　练习 6-4

6.2　图块的属性

图块的属性是指在一般的图块中加入的一些文本信息，在插入图块时根据需要可以随时改变这些文字的内容。属性同样是图块的组成部分，具有属性的图块称为属性块。

图块的属性需要预先定义，创建图块时必须将定义过的属性一同选中才能创建出属性块。通常，属性块被用于图块插入过程中进行文字注释的编辑。

6.2.1　图块属性的定义

选择下拉菜单中的"绘图"｜"块"｜"定义属性…"命令，系统弹出如图 6-15 所示的"属性定义"对话框，该对话框各选项的含义及操作方法如下。

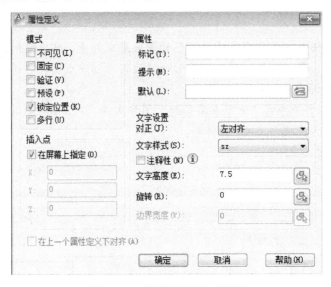

图 6-15 "属性定义"对话框

1. "模式"选项区

该选项区用于设置图块属性的模式。

（1）"不可见（I）"复选框用于设置插入属性块后是否显示其属性值，选中该复选框表示不显示属性值。

（2）"固定（C）"复选框用于设置属性值是否为固定值，选中该复选框表示属性值为固定值，在插入属性块时，系统不再提示用户输入该属性值；反之，系统将提示用户输入该属性值。

（3）"验证（V）"复选框用于设置是否对属性值进行验证，选中该复选框表示在插入属性块时，系统将显示一次提示，让用户验证所输入的属性值是否正确；反之，则系统不要求用户验证。

（4）"预设（P）"复选框用于设置是否将属性值直接预设成它的默认值。选中该复选框表示在插入属性块时，系统直接将默认值自动设置为实际属性值，系统将不再提示用户输入新的属性值；反之，系统将提示用户输入新值。

（5）"锁定位置（K）"复选框用于设置是否锁定块参照中属性的位置。

（6）"多行（U）"复选框用于设置指定属性值是否可以包括多行文字。

提示："固定（C）"和"预设（P）"的区别是，选中"固定（C）"复选框，属性值为固定值，并且不能被修改，除非重新定义属性块；选中"预设（P）"复选框，属性值也为固定值，但属性值插入后可以被编辑和修改。

2. "属性"选项区

该选项区用于定义属性的标记、提示及默认值。

（1）"标记（T）"文本框用于输入属性标记。

（2）"提示（M）"文本框用于输入在插入属性块时系统显示的属性提示。

（3）"默认（L）"文本框用于设置属性的默认值。

单击""可以打开"字段"对话框插入字段作为默认值。

3．"插入点"选项区

该选项区用于设置属性的插入点。

（1）选中"在屏幕上指定（O）"复选框，用户将在绘图窗口选取属性的插入点（与图块相对应的位置点）。

（2）"X："'Y："'Z："文本框用于直接输入属性插入点的 X、Y、Z 轴坐标值。

4．"文字设置"区

该选项区用于设置属性文本的对齐方式、文字样式、高度和旋转角度。

（1）"对正[J]"下拉列表文本框用于设置属性文本的对齐方式。

（2）"文字样式（S）"下拉列表文本框用于设置属性文本的文字样式。

（3）选中"注释性（N）"复选框表示在图纸空间定义属性。

（4）"高度"文本框用于设置属性文本的高度。

（5）"旋转（R）"文本框用于设置属性文本的旋转角度。

5．"在上一个属性定义下对齐（A）"复选框

选中该复选框表示将当前定义的属性文本放置在前一个属性定义的正下方。该复选框只有定义了一个属性后才可选。

提示：用户可以在一个图块中多次使用"属性定义"对话框为图块定义多个属性。

【例 6-5】　打开第 6 章中保存的图形文件"标题栏一"图形文件，为该标题栏的"图名""设计""比例"和"材料"4 项内容添加属性，并将定义了属性的标题栏一起用存储图块命令命名为"属性标题栏"后保存。

下面结合图 6-16 和图 6-17 来说明具体的操作方法和步骤。

（1）选择下拉菜单中的"绘图"｜"块"｜"定义属性…"命令，打开"属性定义"对话框。在"属性定义"对话框"属性"选项区的"标记（T）"文本框中输入"图名"；在"提示（M）"文本框中输入"输入图名"；在"默认（L）"文本框中输入"输出轴"。

（2）在"属性定义"对话框"文字选项"区的"对正（J）"下拉列表文本框中选择"正中"；在"文字样式（S）"下拉列表文本框中选择"HZ"；在"高度"文本框中输入"10"。

（3）在"属性定义"对话框的其他选项中选用系统的默认值。

（4）单击"确定"按钮，系统将暂时关闭对话框，并切换到绘图窗口。

（5）在绘图窗口中把光标移动至如图 6-16 所示的标题栏图名框的中心 P_1 处单击，系统将返回"属性定义"对话框。

（6）单击对话框中的"确定"按钮。

P_{1*}			比例	P_{3*}	第	张
			材料	P_{4*}	共	张
设计	P_{2*}		重量		图号	
制图						
审核						

图 6-16　图块增添属性的位置

通过以上的操作，即可完成图块第一个属性的定义，同时在图中的定义位置将显示出该属性的标记。重复以上的操作过程，用户可以分别在 P_2、P_3 和 P_4 处（见图 6-16）为"设计""比例"和"材料"等项定义属性（默认值分别为"赵宇宸""1：1""HT150"）。通过上述操作过程，用户就完成了 4 处的属性定义，结果如图 6-17 所示。

输出轴			比例	1:1	第	张
			材料	HT150	共	张
设计	赵宇宸		重量		图号	
制图						
审核						

图 6-17　增添属性后的标题栏

（7）将标题块连同定义的属性（见图 6-17）一起创建为块"属性标题栏一"，标题栏中被定义了属性的几处文字就显示默认值，如图 6-18 所示。

输出轴			比例	1:1	第	张
			材料	HT150	共	张
设计	赵宇宸		重量		图号	
制图						
审核						

图 6-18　显示默认值的属性标题栏一

（8）用"WBLOCK"命令将块"属性标题栏一"存入读者自己的图块库文件夹。

6.2.2　属性块的插入

定义了属性的图块被存储后，即成为属性块。用户可以根据需要，在任何一个图形文件中插入属性块，以下举例说明属性块的插入过程及操作方法。

【例 6-6】　打开在前面【例 6-4】中保存的"练习 6-3"图形文件，为该图重新插入标题栏（属性标题栏），然后将该图命名为"练习 6-5"并保存。

下面结合图 6-19 来说明具体的操作方法和步骤。

（1）打开"练习 6-3"图形文件，删除图中的标题栏。

（2）选择下拉菜单"插入"　｜"块…"，在弹出的"插入"对话框中单击"浏览"按钮，选择"属性标题栏一"并打开。

（3）在"插入"对话框"插入点"选项区选中"在屏幕上指定"复选框，其他选项选择系统默认值，然后单击"确定"按钮，系统退出对话框，并切换至绘图窗口。此时，系统提示"指定插入点或[基点（B）/比例（S）/旋转（R）]:"。

（4）在上述提示下，用捕捉方法在绘图窗口确定属性块的插入点位置（边框线的右下角点）。插入点确定后，系统接着提示"请输入材料名称 <HT150>"。

（5）在上述提示下，输入新的材料名称或按 Enter 键接受系统的默认值（本例题在此输入"HT200"），系统继续提示"请输入比例 <1：1>"。

（6）在上述提示下，输入新的比例系数或按 Enter 键接受系统的默认值（本例题在此直接按 Enter 键选用默认值），系统继续提示"请输入姓名 <赵宇宸>"。

（7）在上述提示下，输入设计者姓名（本例题在此直接按 Enter 键选用默认值），系统继续提示"请输入图名 <输出轴>"。

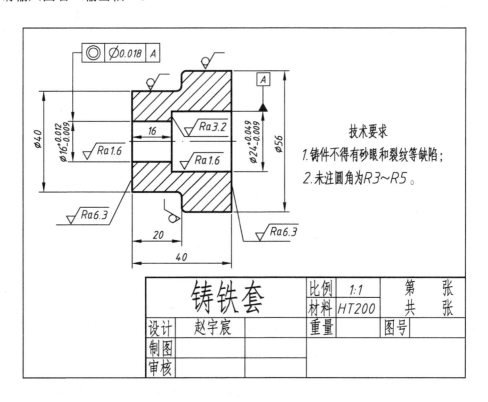

图 6-19　练习 6-5

（8）在上述提示下，输入图名（本例题在此输入"铸铁套"）后按 Enter 键。

通过以上操作，用户就将属性块"属性标题栏一"插入到了图形文件"练习 6-3"中，而且在插入的过程中，用户可以在系统的提示下根据图形表示的不同内容，对属性值进行修改，该例题插入后的结果如图 6-19 所示。

提示：上述各提示中尖括号里的值即用户在定义图块属性时所输入的属性默认值，也是属性块插入时的默认值。

（9）将插入属性块后的图形命名为"练习 6-5"并保存。

6.2.3 编辑属性

该命令用于修改属性块插入后的属性。操作方法如下。

在命令行输入"EATTEDIT"后按 Enter 键，系统提示"选择块:"。在该提示下，选中要修改的属性块，系统弹出如图 6-20 所示的"增强属性编辑器"对话框。该对话框包括"属性""文字选项"和"特性" 3 个选项卡。下面对该对话框各选项的含义及操作方法进行介绍。

（1）"块"标题：用于显示被选中的属性块名称。

（2）"标记"标题：用于显示被选中的属性块中的属性标记。

（3）"选择块（B）"按钮：用于选取编辑的属性块。单击该按钮，用户可以在绘图窗口选择要编辑的属性块。

（4）"属性"选项卡：该选项卡（见图 6-20）用于修改属性值。在其下拉列表框中显示出被选中的属性块中所有属性的标记、提示和属性值。用户在此可以选中要修改的某个属性，该属性值将显示在下面的"值（V）:"文本框中，用户可以在该文本框中重新输入属性值。

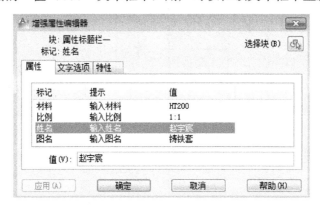

图 6-20　"增强属性编辑器"对话框中的"属性"选项卡

（5）"文字选项"选项卡：该选项卡（见图 6-21）用于设置属性值的文字格式。用户在该选项卡中可以对属性值文字的各个方面进行编辑和修改。其中，包括"文字样式（S）""对正（J）""反向（K）""倒置（D）""高度（E）""宽度因子（W）""旋转（R）"和"倾斜角度（O）"等内容。

（6）"特性"选项卡：该选项卡（见图 6-22）用于修改属性值文字的特性，修改的内容包括属性值文字的"图层（L）""线型（T）""颜色（C）""线宽（W）"及"打印样式（S）"等。

（7）"应用（A）"按钮：单击该按钮，可以对修改的属性值各项内容进行确定。

图 6-21　"增强属性编辑器对话框"中的
"文字选项"选项卡

图 6-22　"增强属性编辑器"对话框中的
"特性"选项卡

6.2.4　修改属性值

该命令用于修改属性块插入后的属性值。操作方法如下。

在命令行输入"ATTEDIT",按 Enter 键,系统提示"选择块参照:"。在该提示下,选择图中已插入的属性块,系统弹出如图 6-23 所示的"编辑属性"对话框。在该对话框中,用户可以修改(重新输入)属性值。

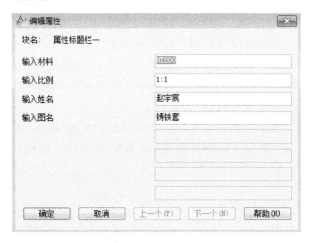

图 6-23　"编辑属性"对话框

6.2.5　管理图块属性

该命令用于编辑由于插入外部属性块而在当前图形中自动生成的内部同名属性块的属性。

在命令行输入"BATTMAN",按 Enter 键,系统弹出如图 6-24 所示的"块属性管理器"对话框,该对话框各选项的含义及操作方法介绍如下。

(1)"选择块(L)"按钮:单击该按钮,用户在绘图窗口可以直接选择要编辑的属性块。

(2)"块(B)"下拉列表框:该下拉列表框列出了当前图形中所有属性块的名称,用户可以通过该下拉列表框选择要编辑的属性块。

图 6-24　"块属性管理器"对话框

（3）"属性"列表框：该列表框显示了当前选择的属性块的所有属性，包括属性的标记、提示、默认值和模式等。

（4）"同步（Y）"按钮：单击该按钮，可以更新已修改的属性特性。

（5）"上移（U）"按钮和"下移（D）"按钮：单击这两个按钮，可以分别将"属性"列表框中选中的属性上移或下移一行。

（6）"编辑（E）…"按钮：单击该按钮，系统弹出如图 6-25 所示的"编辑属性"对话框，该对话框包括"属性""文字选项"和"特性"3 个选项卡。其中，"文字选项"和"特性"两个选项卡与前面介绍的"增强属性编辑器"对话框中的同名选项卡完全相同。在"属性"选项卡中，用户可以修改选中属性的模式和属性的标记、提示及默认值。

（7）"删除（R）"按钮：单击该按钮，用户可以从属性块中删除属性列表框中选中的属性定义，并且属性块中对应的属性值也被删除。

（8）"设置（S）…"按钮：单击该按钮，系统将弹出如图 6-26 所示的"设置"对话框。在该对话框中，用户可以设置在"块属性管理器"的对话框中"属性"列表框中显示的内容。

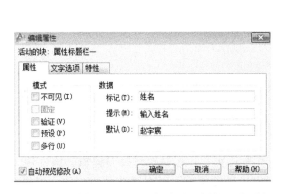

图 6-25　"编辑属性"对话框中的"属性"选项卡

图 6-26　"块属性设置"对话框

（9）"应用（A）"按钮：单击该按钮，可以在不退出对话框的情况下对修改的内容进行确定。

试试看

（1）打开第 5 章中保存的"练习五第六题"图形文件，按照图 6-27 所示完善该图所缺少的内容，该图的图形界限为297×210。完成后，将该图命名为"练习 6-6"并保存。

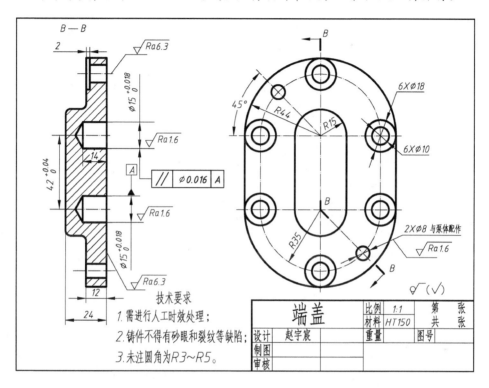

图 6-27　练习 6-6

（2）打开前面保存的"练习 6-6"，将标题栏的材料修改为"HT200"，设计者姓名修改为"王利国"，然后将该图命名为"练习 6-7"并保存。

6.3　在机械工程图中绘制表格

从 AutoCAD 2005 起，AutoCAD 增加了直接绘制表格的功能。用户可以根据自己的需要在图形中方便地绘制各种形式的表格，并且可以像使用 Word 一样处理表格中的文字。

6.3.1　定义表格样式

机械工程图中的表格样式是多样的，因此，在使用表格之前必须先创建适合用户需要的表格样式。

选择下拉菜单中的"格式"｜"表格样式…"命令，系统弹出如图 6-28 所示的"表格样式"对话框。用户利用该对话框，就可以创建自己需要的表格样式。

"当前表格样式"用于显示当前的表格样式。

"样式（S）"文本框用于显示符合列出条件的所有样式。

"列出（L）"下拉列表框用于设置在"样式（S）"文本框中能够显示出的"表格样式"的条件。

"预览"框中用于显示在"样式（S）"列表框中被选中的表格样式的预览。

单击"置为当前（U）"按钮，可以将在"样式（S）"列表框中被选中的表格样式置为当前表格样式。

"新建（N）…"按钮用于创建新的表格样式，单击该按钮，系统将弹出图 6-29 所示的"创建新的表格样式"对话框。单击对话框中的"继续"按钮，系统将弹出"新建表格样式"对话框。

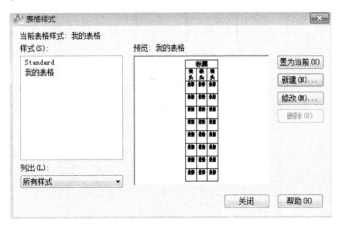

图 6-28　"表格样式"对话框　　　　图 6-29　"创建新的表格样式"对话框

提示： 当用户新建一个图形文件后，这个文件中只有一个系统默认的表格样式，样式名称为"Standard"。如果用户需要换别的表格样式，可以对其进行修改或创建新的表格样式。

"修改（M）…"按钮用于修改已有的表格样式，单击该按钮，系统将弹出与图 6-29 所示内容基本同样的（只有对话框的标题不一样）"修改表格样式"对话框。

单击"删除（D）"按钮可以将在"样式"列表框中被选中的表格样式删除。

无论是创建新的表格样式还是修改已有的表格样式，实质上都是对表格中的标题、表头和数据 3 个内容进行设置，设置分常规、文字和边框 3 个方面。下面以设置数据的常规特性、文字特性和边框形式 3 个方面为例说明设置表格样式的步骤和方法。

1. 设置数据的常规特性

单击图 6-29 所示对话框中的"继续"按钮，系统将弹出图 6-30 所示的"新建表格样式：我的表格 2"对话框中的"常规"选项卡。用户可以在该对话框中设置数据常规特性。

（1）"起始表格"选项区用于选择新建表格样式的基础表格样式。

（2）"常规"选项区用于选择表格中的标题和表头位于表格中的位置。如果在下拉列表中选择"向下"，那么标题和表头在表格的顶部；如果在下拉列表中选择"向上"，那么标题和表头在表格的底部。

（3）"单元样式"选项区用于选择要进行设置的内容是标题、表头和数据中的哪一项。用户可以通过下拉列表选择需要进行设置的内容（该对话框选择的是数据）。

图 6-30　"新建表格样式：我的表格 2"对话框中的"常规"选项卡

单击下拉列表右面的""，将打开"创建新单元样式"对话框，用户可以创建新的单元样式；单击下拉列表右面的"▣"，将打开"管理单元样式"对话框，用户可以对单元样式进行管理。

（4）"常规"选项卡用于将用户选择的内容（数据）和内容所在的单元格进行基本设置。

"特性"选项区用于选择单元格的填充颜色、单元格中文字的对齐方式、单元格中文字的格式和单元格中文字的类型。

（5）"页边距"选项区用于设置单元格中的文字到单元格边框的水平和垂直方向的距离。选中"创建行/列时合并单元（M）"复选框将合并单元格。

2．设置数据的文字特性

单击图 6-30 所示对话框中的"文字"选项卡，系统将打开如图 6-31 所示的"新建表格样式：我的表格 2"对话框中的"文字"选项卡，用户可以在该对话框中设置数据的文字特性。

（1）"文字样式（S）"选项用于设置数据的文字样式。用户可以在下拉列表中选用文字样式，也可以单击"…"打开"文字样式"对话框创建新的文字样式。

（2）"文字高度（I）"选项用于设置单元格中数据文字的高度。

（3）"文字颜色（C）"选项用于设置单元格中数据文字的颜色。

（4）"文字角度（G）"选项用于设置单元格中数据文字的旋转角度。

3. 设置数据单元格的边框形式

单击图 6-30 所示对话框中的"边框"选项卡，系统将打开如图 6-32 所示的"新建表格样式：我的表格 2"对话框中的"边框"选项卡。用户可以在该对话框中，设置数据单元格的边框形式。

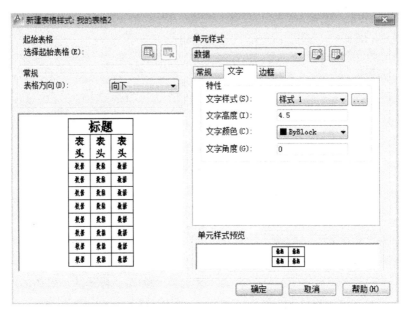

图 6-31 "新建表格样式：我的表格 2"对话框的"文字"选项卡

图 6-32 "新建表格样式：我的表格 2"对话框中的"边框"选项卡

（1）"线宽（L）"选项用于设置数据单元格的边框线宽度。

（2）"线型（N）"选项用于设置数据单元格的边框线的线型。

（3）"颜色（C）"选项用于设置数据单元格的边框线的颜色。

（4）选中"双线（U）"复选框表示数据单元格的边框线将用双线绘制，此时用户可以在"间距（P）"文本框中输入双线间的距离。

（5）单击"通过单击上面的按钮将选定的特性应用到边框。"这一行字上面所列的图标按钮，就可以确定表格中边框线的多种形式。

6.3.2　插入表格的方法

创建了所需要的表格样式后，就可以按需要在机械工程图中将表格插入。操作方法如下。

选择下拉菜单中的"绘图"｜"表格…"命令，系统弹出如图 6-33 所示的"插入表格"对话框。用户利用该对框，可以插入自己需要的表格。

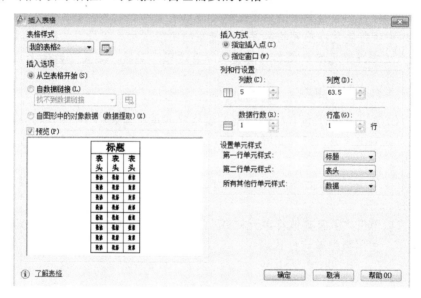

图 6-33　"插入表格"对话框

1. "表格样式"选项区

该选项区用于选择插入表格的样式。

（1）用户可以单击"表格样式"下拉列表框来选择已创建的表格样式。

（2）单击"🖾"可以打开"表格样式"对话框。

2. "插入选项"选项区

该选项区用于指定插入表格的方式。

（1）选中"从空表格开始（S）"复选框表示创建可以手动填充数据的空表格。

（2）选中"自数据链接（L）"复选框表示从外部电子表格中的数据创建表格。

（3）选中"自图形中的对象数据（数据提取）（X）"复选框表示将启动"数据提取"向导。

3．"插入方式"选项区

该选项区用于指定表格的插入位置。
（1）选中"指定插入点（I）"复选框表示在图中指定表格左上角的位置。
（2）选中"指定窗口（W）"复选框表示在图中指定表格的大小和位置。

4．"列和行设置"选项区

该选项区用于设置表格的列和行的数目和大小。
（1）"列数（C）"文本框用于指定表格列数。
（2）"列宽（D）"文本框用于指定表格列的宽度。
（3）"数据行数（R）"文本框用于指定表格行数。
（4）"行高（G）"文本框用于指定表格的行高。

提示：表格中的行高是指单元格的高度，行高的实际尺寸是用设置"行"的数量来确定的，每行的高度是系统根据单元格中文本的高度和"页边距"里的"垂直"数值来自动确定的。

5．"设置单元样式"选项区

该选项区用于对于那些不包含起始表格的表格样式指定新表格中行的单元格式。
（1）用户可以单击"第一行单元样式"下拉列表框来选择表格中是否设置标题行，默认情况下设置标题行。
（2）用户可以单击"第二行单元样式"下拉列表框来选择表格中是否设置表头行，默认情况下设置表头行。
（3）用户可以单击"所有其他行单元样式"下拉列表框来指定表格中所有其他行的单元样式，默认情况下，使用数据单元样式。

6．"预览（P）"文本框

该文本框内用于显示当前表格样式的样例。
为了帮助读者更好地掌握创建表格的方法，下面通过一个实例来说明创建表格的方法和步骤。

【例 6-7】 按图 6-34 所示创建该表格，并填写表格中的内容（文字高度为 6）。完成后，将该表格命名为"练习 6-8"并保存。

下面结合图 6-35～图 6-39 来说明具体的操作方法和步骤。
（1）按前面所介绍的方法新建表格样式。在新建的样式中要将"新建表格样式：（数据）"对话框中的标题、表头和数据的"基本"选项卡中的"创建行/列时合并单元"复选框关闭，将标题、表头和数据的文字高度都设置为 6，其他选项选择默认值。然后把新建表格样式置为当前。

30	30	30
模数	m	3
齿数	Z1	40
齿形角	α	20°
精度等级	7EH JB170 83	

图 6-34　练习 6-8

（2）选择下拉菜单"绘图"｜"表格…"，命令输入后，系统弹出如图 6-33 所示的"插入表格"对话框，此时可以按图 6-33 所示进行该对话框的设置。

① 对话框中选中"指定插入点"单选框。

② 在"列"的文本框中输入"3"，在"列宽"的文本框中输入"30"。

③ 数据行文本框中输入"2""行高"文本框中选择"1"。

④ 在"第一行单元样式"下拉列表框、"第二行单元样式"下拉列表框和"所有其他行单元样式"下拉列表框中都选择"数据"。

⑤ 其他选项选用默认值，然后单击"确定"按钮。

此时对话框消失，系统返回绘图窗口，在绘图窗口中表格将随着光标的移动而动态地显示位置，如图 6-35 所示。用户可以移动光标至合适的位置进行单击，以便确定表格的插入位置。

图 6-35 选择插入表格的位置

（3）当用户确定表格位置时，系统自动弹出多行文字的"文字格式"，并且光标将位于表格的第一行第一列单元格内并呈闪动状态，用户便可以开始输入该单元格内文本，如图 6-36 所示。输入完毕，可以用键盘上的光标移动键 Tab 键将光标移至下一个单元格中，继续输入文本。

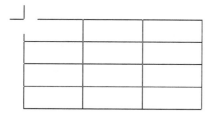

图 6-36 表格中内容的输入

（4）用户按照次序输入各单元格文本到最后一行最后一列，完毕后，单击"确定"按钮，结果如图 6-37 所示。

模数	m	3
齿数	$Z1$	40
齿形角	α	20°
精度等级		

图 6-37 表格输入的文本结果

（5）将最后一行后两列单元格合并。用十字光标选取最后一行后两列单元格，系统将弹出一个对表格进行各种操作的"表格"工具栏。单击合并图标"⊞"，然后再单击"按行"选项，如图6-38所示，最后一行后两列单元格将合并为一个单元格，合并结果如图6-39所示。

图6-38　合并单元格

模数	m	3
齿数	Z1	40
齿形角	α	20°
精度等级	7EH JB170 83	

图6-39　合并单元格的结果

（6）用十字光标选取合并后的单元格，然后单击右键，在弹出的快捷菜单中选择"编辑文字"，系统又将弹出多行文字的"文字格式"。用户可以继续输入最后一个单元格中的文本，最后单击"确定"按钮。

通过以上的操作过程，用户就完成了如图6-34所示表格的创建和表格中内容的填写工作。

（7）将完成的表格命名为"练习6-8"并保存。

6.3.3　表格的编辑

表格插入绘图窗口后，可以按照自己的需要对插入的表格进行编辑，以下介绍几种常用的表格编辑方法

1. 用"对象特性"窗口编辑表格

（1）用"对象特性"窗口可以改变所有单元格的行高和单列的列宽。打开"对象特性"窗口，用十字光标选取要改变列宽的整列单元格，如图6-40所示。然后，在"对象特性"窗口的"单元宽度"文本框中输入新的宽度值，即可改变所选择列的整列单元格的宽度；如果在"单元高度"文本框中输入新的高度值，即可改变表格中所有单元格的高度。

（2）用"对象特性"窗口可以改变所有单元格的列宽和单行的行高。打开"对象特性"窗口，用十字光标选取要改变行高的整行单元格，如图6-41所示。然后在"对象特性"窗口的"单元高度"文本框中输入新的高度值，即可改变所选择行的整行单元格的高度；如果在"单元宽度"文本框中输入新的宽度值，即可改变表格中所有单元格的宽度。

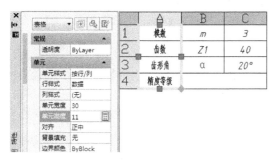

图 6-40　改变所有单元格的行高和单列的列宽

图 6-41　改变所有单元格的列宽和单行的行高

2. 用"表格"工具栏编辑表格

在前面的【例 6-7】中已经介绍过，当用十字光标选取若干单元格后，系统将弹出一个可以对表格进行各种操作的"表格"工具栏，该工具栏中的各项操作内容如图 6-42 所示。

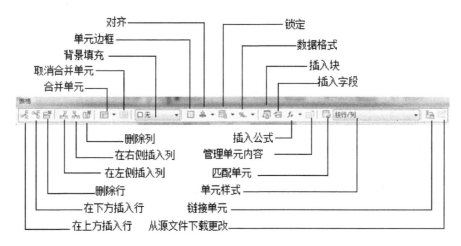

图 6-42　"表格"工具栏

用"表格"工具栏可以对表格中选择的单元格进行多种编辑操作，下面介绍几种常用的操作。

（1）合并单元格。用十字光标选取若干单元格后，系统弹出"表格"工具栏，如图 6-43（a）所示。选择其中"合并单元"中的"按列"选项，如图 6-43（b）所示，最终操作的结果如图 6-43（c）所示。

（2）添加新的列（或行）。用十字光标选取最后一行最后一列的单元格后，系统弹出"表格"工具栏，如图 6-44（a）所示。选择其中"在右侧插入列"选项，如图 6-44（b）所示，最终操作的结果如图 6-44（c）所示。

（3）在单元格中插入图块。用十字光标选取若干单元格后，系统弹出"表格"工具栏，选择其中"插入块"选项，如图 6-45（a）所示。系统将弹出对话框，用户在对话框中选择需要插入的块后，所选的图块便插入选取的单元格中，最终操作的结果如图 6-45（b）所示。

（a）"表格"工具栏

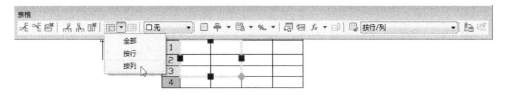

（b）按列合并单元格

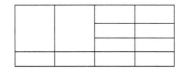

（c）合并单元格结果

图 6-43 按列合并单元格

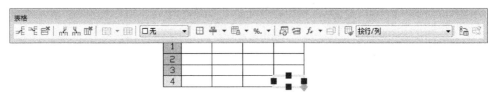

（a）"表格"工具栏

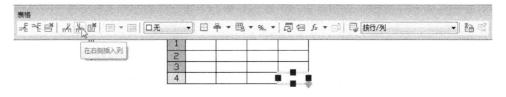

（b）在右侧添加新的列

（c）添加新的列操作结果

图 6-44 添加新的列

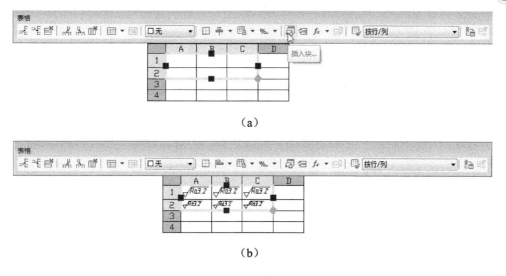

（a）

（b）

图 6-45　在单元格中插入块

3. 用表格快捷菜单编辑表格

当用户用十字光标选取若干单元格后，如果单击右键，系统将弹出用于编辑表格的一个快捷菜单，如图 6-46 所示。利用该快捷菜单，也可以对表格进行多种编辑。

图 6-46　编辑表格快捷菜单

试试看

（1）按照图 6-47 所示创建表格并填写表格中内容，题目行的文字高度为 7，其他文字的高度为 5，完成后将该表格命名为"练习 6-9"并保存。

（2）按图 6-48 所示的尺寸和形式创建表格（其中文字高度为 5，单元格边距的"垂直"距离为 0.5），完成后将该表格命名为"练习 6-10"并保存。

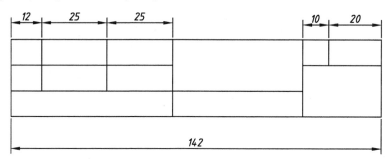

技术特征表	
介质	润滑油
工作压力	450000Pa
实验压力	490000Pa

图 6-47　练习 6-9

图 6-48　练习 6-10

6.4　AutoCAD 的设计中心

为了使用户能够更方便地利用设计资源，AutoCAD 提供了设计中心功能。利用这个功能，用户可以方便地浏览和查找图形文件，定位和管理图块等不同的资源文件，也可以使用户通过简单的拖拽操作将位于本地计算机、局域网和互联网上的图形文件中的图块、图层、外部参照、线型、文字和标注样式等复制粘贴到当前图形文件中，从而使设计资源得到充分的利用和共享。

6.4.1　打开设计中心

选择下拉菜单中的"工具"｜"选项板"｜"设计中心"命令，系统将打开类似于 Windows 资源管理器的 AutoCAD "设计中心"窗口。该窗口有"文件夹""打开的图形"和"历史记录" 3 个选项卡。以下对 AutoCAD "设计中心"窗口的 3 个选项卡分别进行介绍。

1. "文件夹"选项卡

"文件夹"选项卡如图 6-49 所示，该窗口由树状图、工具栏、内容显示框、预览框和说明框组成。该选项卡用于显示设计中心的资源，用户可以将设计中心的内容设置为本计算机的资源信息，或是本地计算机的资源信息，也可以是网上邻居的资源信息。

树状图是 AutoCAD 设计中心的资源管理器，用于显示系统内部的所有资源，它与 Windows 资源管理器的操作方法相同。

内容显示框用于显示在树状图中选中的图形文件内容。预览框用于预览在内容显示框中选定的项目。如果选定项目中没有保存的预览图像，则该预览框内为空白。

说明框用于显示在内容显示框中选定项目的文字说明。如果选定项目中没有文字说明，则该说明框将给出提示。

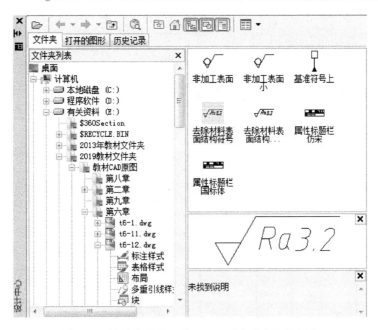

图 6-49　设计中心窗口之一——"文件夹"选项卡

2. "打开的图形"选项卡

该选项卡用于显示在当前 AutoCAD 环境中打开的所有图形文件。此时，如果选定某个图形文件后，就可以看到该图形文件的有关设置情况，如图 6-50 所示。

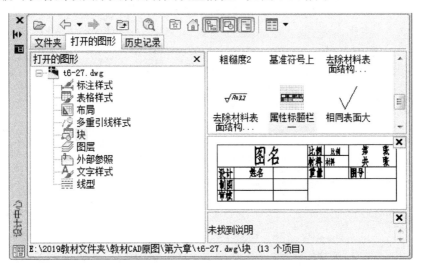

图 6-50　"设计中心"窗口之二——"打开的图形"选项卡

3. "历史记录"选项卡

该选项卡用于显示用户最近访问过的文件，包括这些文件的完整路径，如图 6-51 所示。

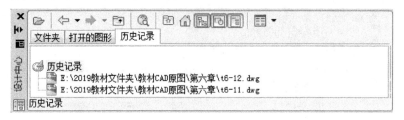

图 6-51　设计中心窗口之三——"历史记录"选项卡

4. AutoCAD "设计中心"窗口工具栏

AutoCAD "设计中心"窗口工具栏由 11 个按钮组成，工具栏的具体内容如图 6-52 所示。

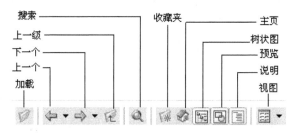

图 6-52　AutoCAD "设计中心"窗口工具栏的内容

（1）单击"加载"按钮，系统将弹出如图 6-53 所示的"加载"对话框，利用该对话框，用户可以从 Windows 操作系统的桌面、收藏夹等向设计中心加载图形文件。

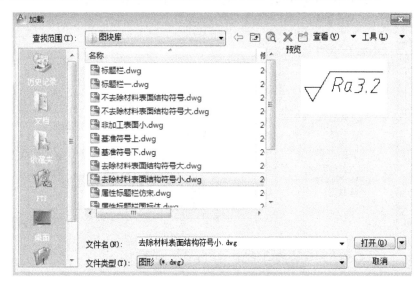

图 6-53　"加载"对话框

（2）单击"上一个"按钮，将内容显示框的显示恢复到上一次的内容。此时，树状图也将恢复到上一次的选择内容。

（3）单击"下一个"按钮，将执行与"上一个"相反的操作。

（4）单击"上一级"按钮，系统将显示上一层次的资源。

（5）单击"搜索（K）"按钮，系统将弹出如图 6-54 所示的"搜索"对话框。利用该对话框，用户可以快速查找图形对象。

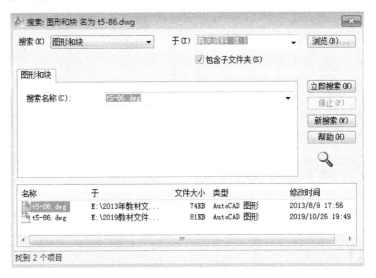

图 6-54　"搜索"对话框

（6）单击"收藏夹"按钮，系统在内容显示框中显示"收藏夹/Autodesk"文件夹中的内容，同时在树状图中反向显示该文件夹，如图 6-55 所示。

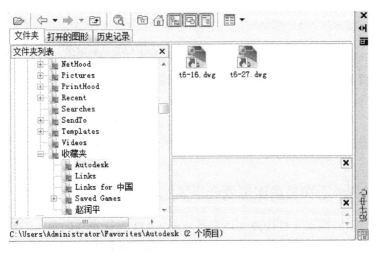

图 6-55　AutoCAD 设计中心的收藏夹

（7）单击"主页"按钮，系统在树状图中将打开"AutoCAD 2012/Sample（样板文件）/Design Center（设计中心）"文件夹，如图 6-56 所示。该文件夹中收藏了若干包括标准图块、文字样式、层设置、标注样式等内容的图形文件，用户根据需要可以从这些文件中向当前图形文件中添加需要的内容。

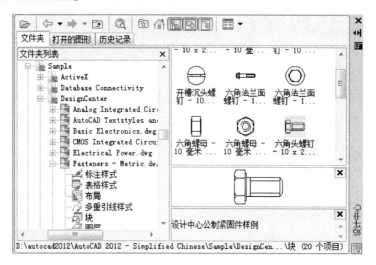

图 6-56　AutoCAD 2012 设计中心的样板文件

（8）单击"树状图"切换按钮，可以在显示或隐藏树状图之间进行切换。图 6-57 所示为隐藏树状图后的效果。

图 6-57　隐藏树状图后设计中心窗口的显示效果

（9）单击"预览"按钮，可以在打开和关闭预览框之间进行切换。

（10）单击"说明"按钮，可以在打开和关闭说明框之间进行切换。

（11）"视图"按钮用于设置内容显示框中所显示内容的显示格式。单击该按钮，系统将弹出一个包括"大图标""小图标""列表"和"详细信息"的选项菜单，用户可以从中选取一种显示格式。

6.4.2　从设计中心向当前图形文件中添加内容

从设计中心向当前图形文件中添加内容是 AutoCAD 设计中心的另一个重要功能。用户利用 AutoCAD 设计中心可以方便地将设计中心已创建的标准图块、图层、文字样式、标注样式等内容添加到当前图形文件中。这样，可以使用户绘制机械图的工作效率更高，标准化更强。以下对常用的添加内容和方法进行介绍。

1. 从设计中心向当前图形文件中添加图块

从设计中心向当前图形文件中添加图块实际是将设计中心的图块插入用户的当前图形文

件中，具体操作方法有"拖动"插入和利用"插入"对话框插入两种方法。

（1）利用"拖动"方法插入。用户可以从设计中心的内容显示框中选择要插入的图块，然后用拖动的方法（按住鼠标左键不放移动光标）将图块拖到绘图窗口后释放鼠标，即可实现图块的插入，如图 6-58 所示。

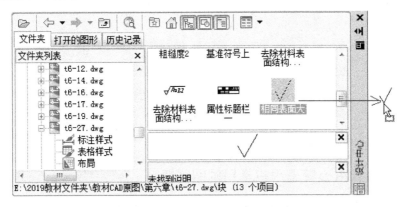

图 6-58　利用"拖动"方法插入图块

（2）利用"插入"对话框插入。用户可以从设计中心的内容显示框中选择需要插入的图块，然后用鼠标右键拖动的方法（按住鼠标右键不放移动光标）将图块拖到绘图窗口后释放鼠标。此时，系统将弹出一如图 6-59 所示的快捷菜单，选择其中的"插入为块"选项，系统将打开"插入"对话框。用户可以利用插入图块的方法，在确定插入点、插入比例及旋转角度后进行插入操作。

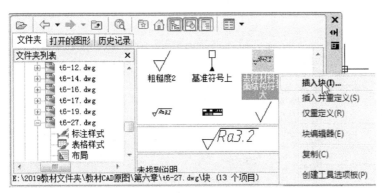

图 6-59　利用"插入"对话框插入图块

2. 将设计中心图形文件中的其他内容复制到当前图形文件中

利用设计中心窗口，用户还可以将设计中心选择的图形文件的图层、线型、文字样式、标注样式等内容复制到当前图形文件中。

如图 6-60 所示为复制图层的过程。在设计中心的内容显示框中，选择一个或多个（图中选择了多个）图层，然后用拖动的方法将选择的图层拖到绘图窗口后释放鼠标左键，即可将选中的一个或多个图层复制到当前图形文件中。

图 6-60　利用设计中心复制图层

　　提示：在复制图层之前，首先要在设计中心将要复制的图形的图层打开，并且应注意图层的重名问题。其他内容的复制与图层复制的操作方法类似。

6.4.3　利用设计中心管理用户常用的图形资料

　　用户在进行设计和绘图时，有些内容会经常被使用，如常用图形符号、标题栏等。为方便用户存放和访问这些内容，设计中心提供了"Autodesk"收藏夹。

　　1. 向收藏夹添加用户的内容

　　向"Autodesk"（收藏夹）添加用户的内容的操作方法是：在设计中心的树状图或内容显示框中选中要添加的内容，单击右键，系统将弹出如图 6-61 所示的快捷菜单，选择其中的"添加到收藏夹"选项，系统就会将用户选择的内容添加到收藏夹中。这样，就建立了用户内容的快捷访问路径。

图 6-61　向收藏夹添加用户的内容

　　2. 组织收藏夹中的内容

　　保存到"Autodesk"收藏夹中的文件，可以进行移动、复制和删除等操作。操作方法如下：在设计中心的空白处单击右键，系统弹出一个快捷菜单，如图 6-62 所示。选择其中的"组织收藏夹（Z）…"选项，系统将弹出如图 6-63 所示的"Autodesk"窗口，显示"Autodesk"收藏夹中的文件内容。在该窗口中，用户可以进行相应的组织操作。

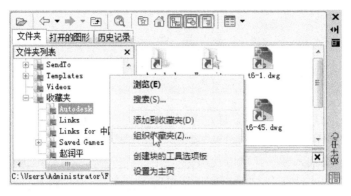

图 6-62　组织收藏夹中的内容的操作过程

图 6-63　Autodesk 窗口

试试看

（1）打开一个新图，图形界限设置为 420×297，按照绘制机械工程图所需的内容（图层及属性、文字样式、表格样式、标注样式、图块等）进行各种设置，然后按 3 号图纸绘制出图纸的边界线和边框线。完成后，将该图命名为"标准机械 3 号图样板"，保存并添加到 AutoCAD 设计中心的"Autodesk"收藏夹中。

（2）打开一个新图，图形界限设置为 841×594，并利用 AutoCAD 设计中心将上题中设置的各项内容复制到该图，然后按 1 号图纸绘制出图纸的边界线和边框线。完成后，将该图命名为"标准机械 1 号图样板"并保存。

本 章 小 结

本章主要介绍了图块创建和插入方法、表格的创建和填写方法及 AutoCAD 设计中心的应用等内容。其中，外部图块插入后与当前图的图层关系是需要读者理解的一个重点。关于图块的建立、存储和插入以及表格的创建，需要读者经过一定数量的实际训练来掌握。

本 章 习 题

1. 填空题

（1）在用 AutoCAD 绘图中，可以通过使用＿＿＿＿＿命令来创建图块；可以通过使用＿＿＿＿＿命令来存储图块。

（2）在图形中需要插入图块，可以使用＿＿＿＿＿＿对话框进行操作。

（3）在创建表格样式过程中，"页边距"是设置＿＿＿＿＿到＿＿＿＿＿的水平和垂直方向的距离。

（4）在图形中需要插入表格，可以使用＿＿＿＿＿＿对话框进行操作。

2. 简答题

（1）为了提高绘图效率，对于机械工程图中常用的标注代号或符号（如表面粗糙度符号、深度符号等）可以采用什么办法？

（2）为什么要给图块定义属性？可以通过哪些命令对图块的属性进行编辑？

（3）可以用哪些方法对于插入表格中的几个单元格进行合并？

（4）如果向设计中心的收藏夹中添加图形文件，应该如何操作？

3. 操作题

（1）绘制如图 6-64（a）所示的图形，然后利用创建图块（包括属性块）、绘制点（定数等分）等命令，将图 6-64（a）编辑成图 6-64（b）。完成后，将该图命名为"练习六第一题"并保存。

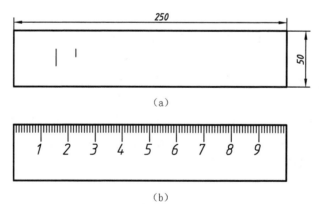

（a）

（b）

图 6-64　练习六第一题

（2）打开第 5 章中保存"练习五第三题"图形文件，按照如图 6-65 所示为该零件图添加新的内容（该图为标准 4 号图，绘图比例为 1∶1）。完成后，将该图命名为"练习六第二题"并用存储块命令保存。

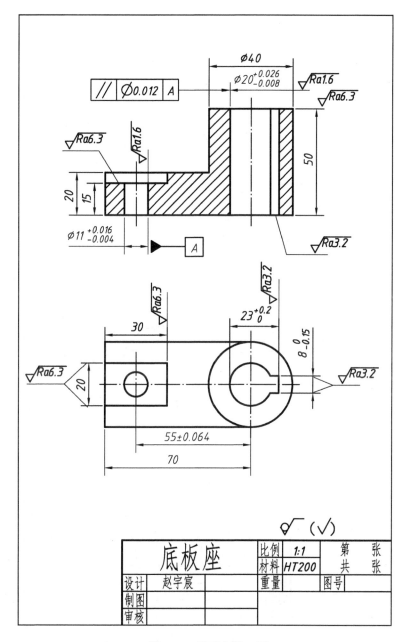

图 6-65　练习六第二题

（3）打开在第 5 章中保存的"练习 5-12"图形文件，然后按照如图 6-66 所示（该图为标准 4 号图，绘图比例为 1∶1）编辑和修改该图。完成后，将该图命名为"练习六第三题"并保存。

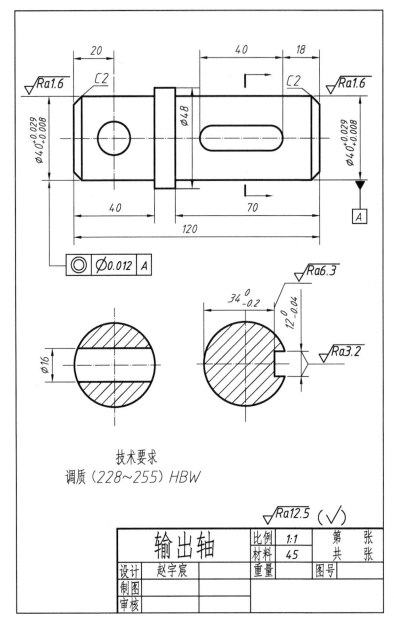

图 6-66　练习六第三题

（4）打开在第 5 章中保存的"练习五第十一题"图形文件，然后按照如图 6-67 所示（该图为标准 3 号图，绘图比例为 1：1）编辑和修改该图。完成后，将该图命名为"练习六第四题"并保存。

（5）打开在第 5 章中保存的"练习五第十题"图形文件，然后按照如图 6-68 所示（该图为标准 3 号图，绘图比例为 1：1）编辑和修改该图。完成后，将该图命名为"练习六第五题"并保存。

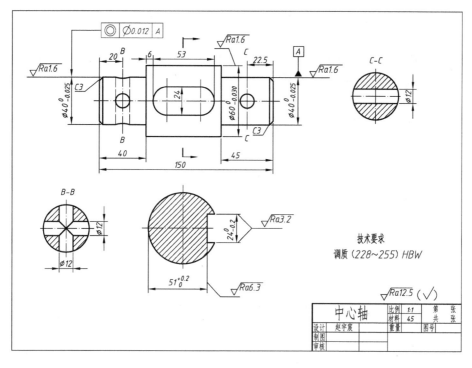

图 6-67　练习六第四题

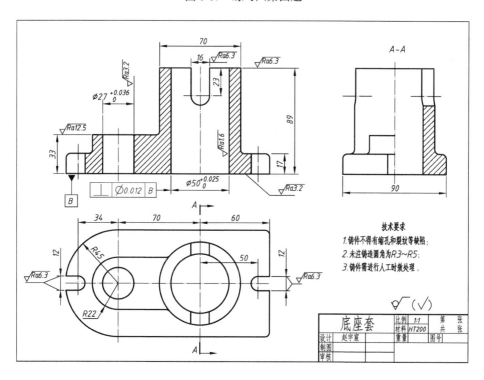

图 6-68　练习六第五题

（6）在计算机硬盘适合的分区中或者U盘中新建名为"机械制图图块库"文件夹，然后按国家标准绘制如图 6-69 所示的标题栏和各个机械工程图中常用的标注符（代）号，将标题栏和各个标注符（代）号分别创建为图块（对标有？的栏目按实际需要定义图块属性），最后将各个图块命名存储到"机械制图图块库"文件夹中。

图 6-69　机械工程图中标题栏和常用标注符（代）号

第7章

机械工程图的绘制
方法与步骤

通过本章的学习和实际训练，要求读者能够熟练掌握利用 AutoCAD 绘制机械零件图和装配图的整个作图过程。本章将详细介绍几种典型机械零件图和装配图的具体绘制方法及步骤。

通过前面单元的学习，读者已经了解了利用 AutoCAD 绘制机械工程图的全部内容，但是如果要达到熟练绘制机械工程图的目的，还必须通过综合的实际训练来实现。

7.1　零件图的绘制方法与步骤

常见的机械零件按照其结构形式可分为盘盖类、轴套类、箱体类和支架类 4 类零件，虽然这 4 类零件的结构特点不同，视图表达方案不同，但利用 AutoCAD 绘制零件图的过程是相同的。当确定了零件图的视图表达方案、绘图比例和图幅后，具体绘制方法与步骤如下：

（1）根据图幅定义图形界限，创建需要的图层、文字样式、标注样式，绘制图纸边界线和边框线。

（2）按尺寸、比例和视图表达方案绘制出各个视图。

（3）标注各类尺寸和各种技术要求（表面结构、尺寸公差、几何公差）。

（4）绘制填写表格，注写用文字表述的技术要求。

（5）插入和填写标题栏，调整各项内容的位置，完成全图。

7.2　轴套类零件的绘制方法与步骤

轴套类零件是最常见的典型机械零件，下面通过实例说明该类零件的绘制方法与步骤。

【例7-1】　按 1∶1 比例、标准 3 号图纸绘制出如图 7-1 所示的输出轴零件图。绘制完毕，将该图命名为"输出轴零件图"并保存。

具体操作步骤如下：

（1）根据零件要求将图形界限设置为 420×297，创建图层、文字样式、标注样式，绘制图纸边界线和边框线，如图 7-2 所示。

机械 CAD 基础 （第 2 版）

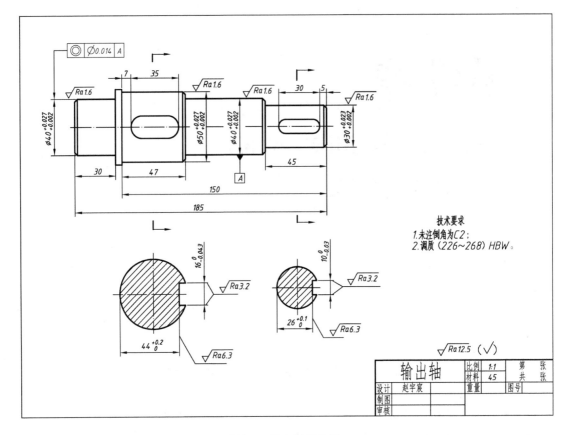

图 7-1　输出轴零件图

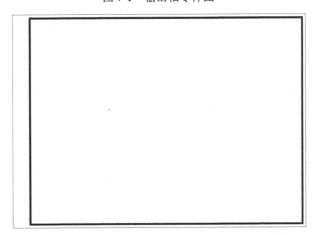

图 7-2　绘制图纸边界线和边框线

（2）按尺寸、比例绘制出输出轴的视图，如图 7-3 所示。

（3）标注各类尺寸和技术要求，如图 7-4 所示。

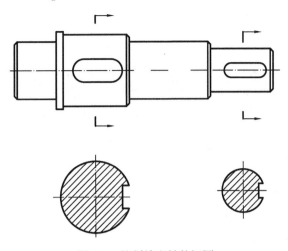

图 7-3 绘制输出轴的视图

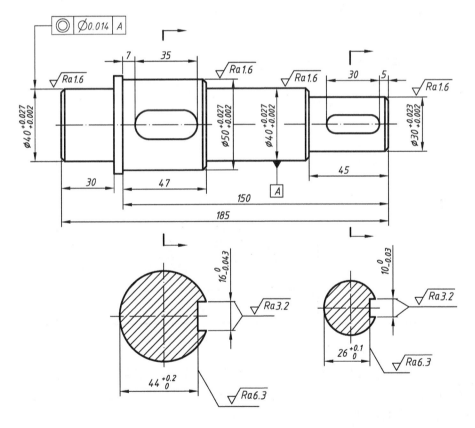

图 7-4 标注各类尺寸和技术要求

（4）注写文字表述的技术要求，如图 7-5 所示。

（5）插入和填写标题栏，调整各项内容的位置，完成全图的绘制。图 7-6 所示为插入的标题栏。

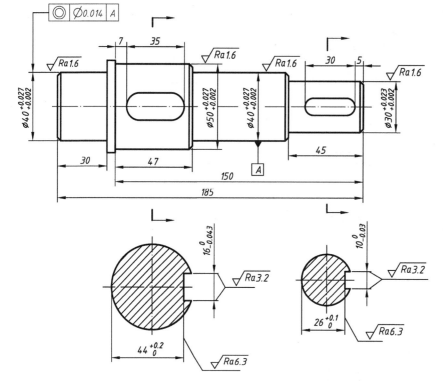

技术要求
1.未注倒角为C2；
2.调质（226~268）HBW。

图 7-5　注写文字表述的技术要求

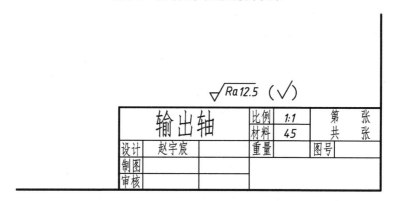

图 7-6　插入标题栏

（6）整理并完成全图绘制，将完成的图形命名为"输出轴零件图"并保存。

【例 7-2】　按 1：1 比例、标准 4 号图纸绘制出如图 7-7 所示的导向套零件图。绘制完毕，将该图命名为"导向套零件图"并保存。

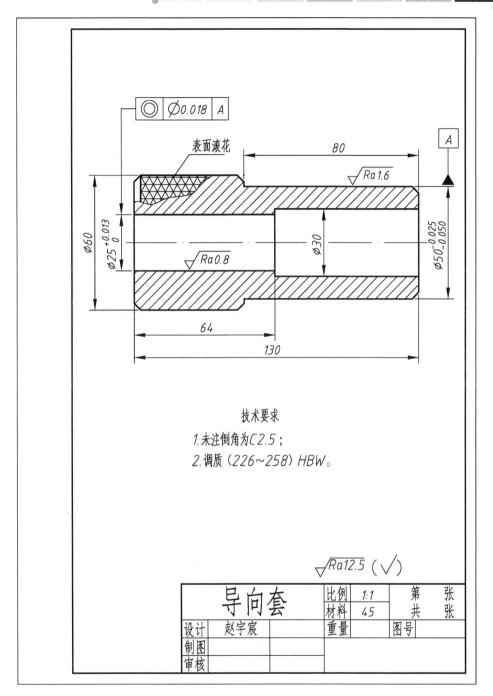

技术要求

1.未注倒角为C2.5；

2.调质（226～258）HBW。

导向套	比例	1:1	第	张
	材料	45	共	张
设计	赵宇宸		重量	图号
制图				
审核				

图 7-7　导向套零件图

（1）根据零件要求将图形界限设置为 210×297，创建图层、文字样式、标注样式，绘制图纸边界线和边框线，如图 7-8 所示。

（2）按尺寸、比例绘制出导向套视图，如图 7-9 所示。

图 7-8　绘制图纸边界线和边框线

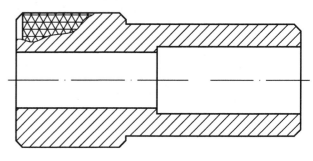

图 7-9　绘制导向套视图

（3）标注出导向套的各类尺寸和各种技术要求，如图 7-10 所示。

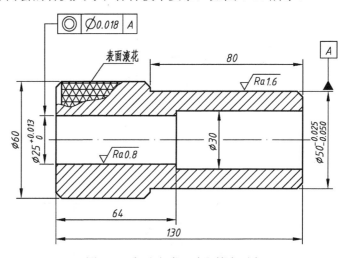

图 7-10　标注各类尺寸和技术要求

（4）注写文字表述的技术要求，插入和填写标题栏如图 7-11 所示。

（5）整理并完成全图绘制，将完成的图形命名为"导向套零件图"并保存。

试试看

（1）绘制如图 7-12 所示零件图，图形界限为 297×210。绘制完毕，将该图形文件命名为"带轮与支架——轴"并保存。

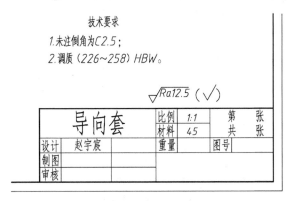

图 7-11　注写技术要求插入标题栏

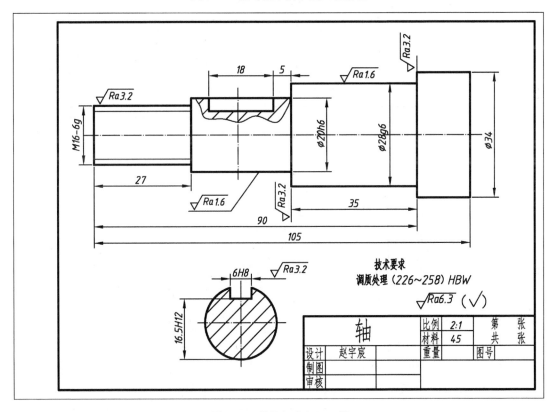

图 7-12　带轮与支架——轴

（2）绘制如图 7-13 所示零件图，图形界限为 210×148。绘制完毕，将该图形文件命名为"带轮与支架——轴衬"并保存。

（3）绘制如图 7-14 所示零件图，图形界限为 210×148。绘制完毕，将该图形文件命名为"支顶——螺杆"并保存。

（4）绘制如图 7-15 所示零件图，图形界限为 210×148。绘制完毕，将该图形文件命名为"支顶——锁紧螺钉"并保存。

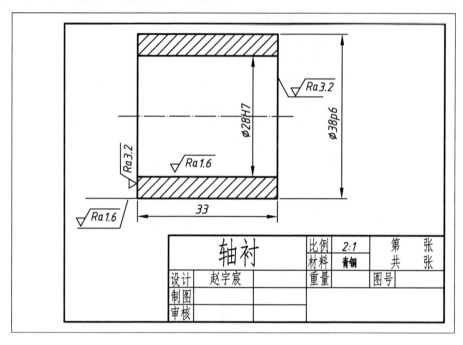

图 7-13　带轮与支架——轴衬

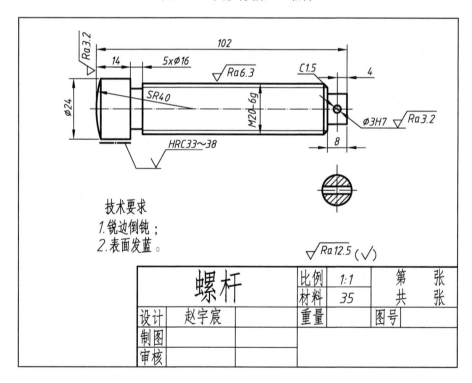

图 7-14　支顶——螺杆

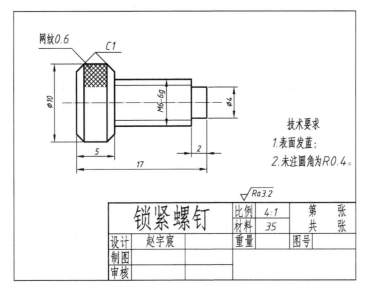

图 7-15 支顶——锁紧螺钉

（5）绘制如图 7-16 所示零件图，图形界限为 210×148。绘制完毕，将该图形文件命名为 "支顶——螺钉" 并保存。

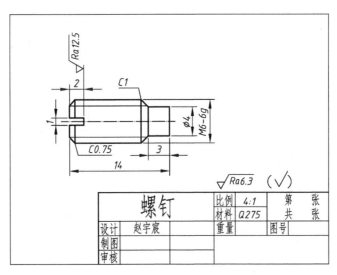

图 7-16 支顶——螺钉

7.3 轮盘盖类零件的绘制方法与步骤

轮盘盖类零件也是常见的典型机械零件，下面举实例说明该类零件的绘制方法与步骤。

【例 7-3】 绘制出如图 7-17 所示的圆柱齿轮零件图。比例为 2：1，图形界限自定。绘制完毕，将该图命名为 "圆柱齿轮" 并保存。

（1）根据零件的尺寸和绘图比例选择图形界限，该图比例为2：1，据此可将图形界限设置为 210×297，创建需要的图层、文字样式、标注样式，绘制图纸边界线和边框线，如图 7-18 所示。

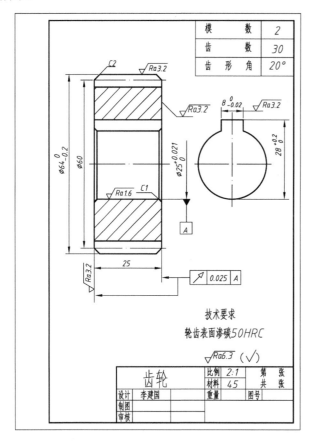

图 7-17　圆柱齿轮零件图

图 7-18　绘制图纸边界线和边框线

（2）按尺寸、比例和视图表达方案绘制齿轮的视图，如图 7-19 所示。

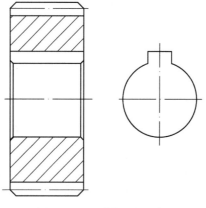

图 7-19　绘制齿轮的视图

（3）标注出齿轮的各类尺寸和各种技术要求，如图 7-20 所示。

（4）注写文字表述的技术要求，插入和填写标题栏如图 7-21 所示。

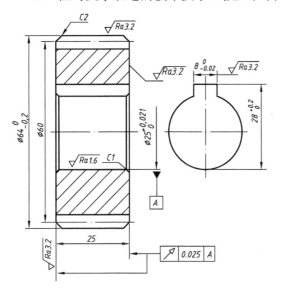

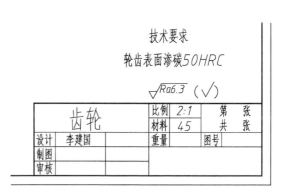

图 7-20　标注各类尺寸和各种技术要求　　　　图 7-21　注写技术要求插入标题栏

（5）整理并完成全图绘制，将完成的图形命名为"圆柱齿轮"并保存。

【例 7-4】　绘制出如图 7-22 所示的透盖零件图，比例为 1∶1，图形界限为 420×297。绘制完毕，将该图命名为"透盖"并保存。

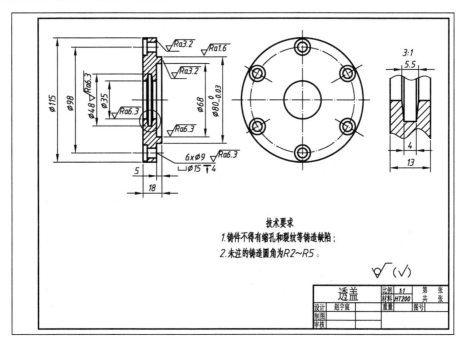

图 7-22　透盖零件图

（1）根据零件的尺寸和绘图比例设置图形界限，创建需要的图层、文字样式、标注样式，绘制图纸边界线和边框线，如图 7-23 所示。

图 7-23　绘制图纸边界线和边框线

（2）按尺寸、比例和视图表达方案绘制出透盖的视图，如图 7-24 所示。

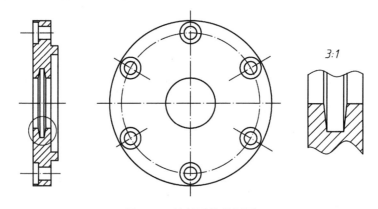

图 7-24　绘制透盖的视图

（3）标注出透盖的各类尺寸和各种技术要求，如图 7-25 所示。

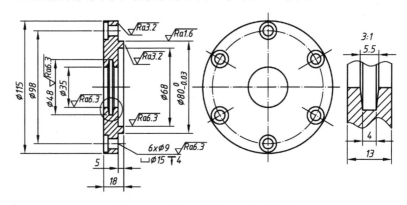

图 7-25　标注各类尺寸和技术要求

（4）注写文字表述的技术要求，插入和填写标题栏如图 7-26 所示。

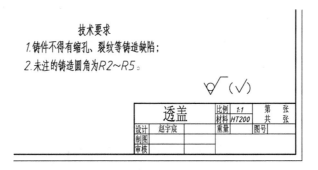

图 7-26　注写技术要求插入标题栏

（5）整理并完成全图的绘制，将完成的图形命名为"透盖"并保存。

试试看

（1）绘制如图 7-27 所示零件图，图形界限为 210×297。绘制完毕，将该图形文件命名为"带轮与支架——皮带轮"并保存。

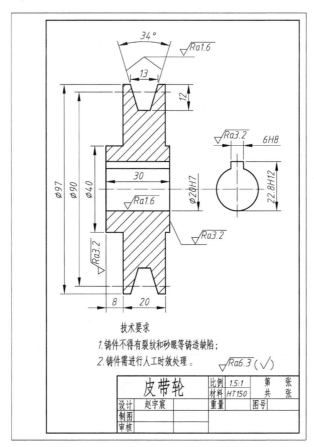

图 7-27　带轮与支架——皮带轮

机械 CAD 基础 （第 2 版）

（2）绘制如图 7-28 所示零件图，图形界限为 210×297。绘制完毕，将该图形文件命名为"支顶——圆螺母"并保存。

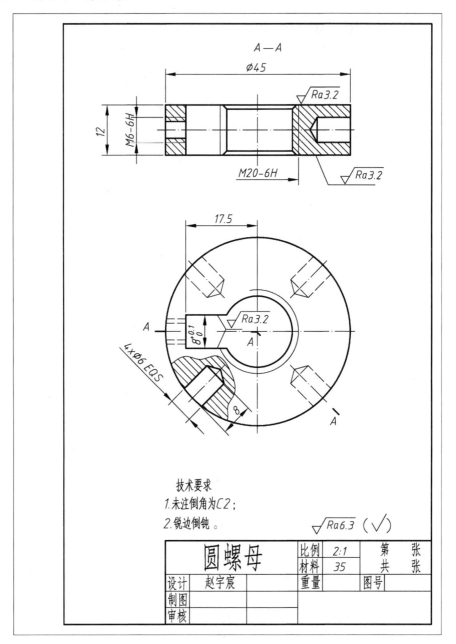

图 7-28 支顶——圆螺母

（3）绘制如图 7-29 所示零件图，图形界限为 210×148。绘制完毕，将该图形文件命名为"支顶——压紧块"并保存。

250

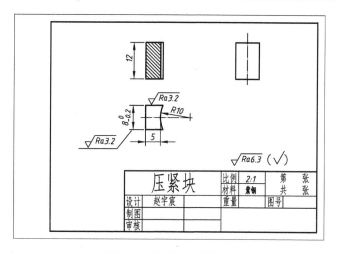

图 7-29　支顶——压紧块

7.4　支架类零件的绘制方法与步骤

支架类零件的结构是多种多样的，但一般是由筋板将底座部分和支撑部分连接起来的零件，下面举实例说明该类零件的绘制方法与步骤。

【例 7-5】　绘制出如图 7-30 所示托架的零件图，比例为 1：1，图形界限为 420×297。绘制完毕，将该图命名为"托架"并保存。

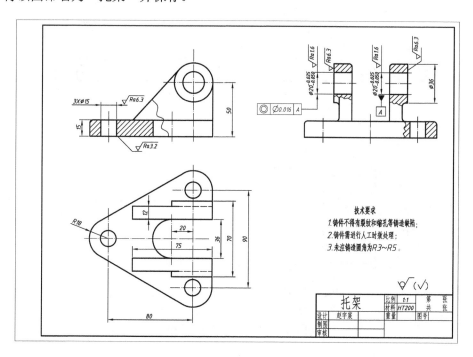

图 7-30　托架零件图

（1）根据零件的尺寸和绘图比例设置图形界限，创建需要的图层、文字样式、标注样式，绘制图纸边界线和边框线，如图 7-31 所示。

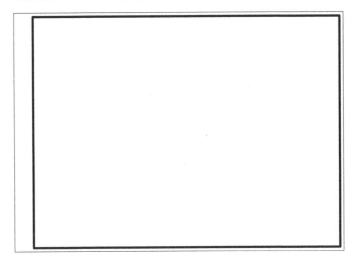

图 7-31　绘制图纸边界线和边框线

（2）按尺寸、比例和视图表达方案绘制出托架的各个视图，如图 7-32 所示。

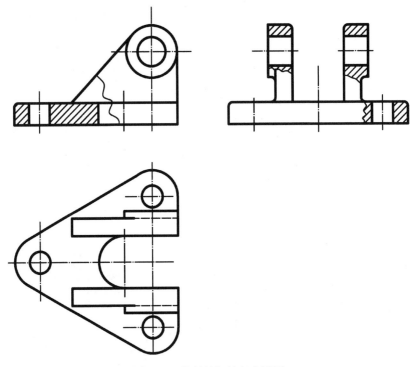

图 7-32　绘制托架的各个视图

（3）标注出托架的各类尺寸和各种技术要求，如图 7-33 所示。

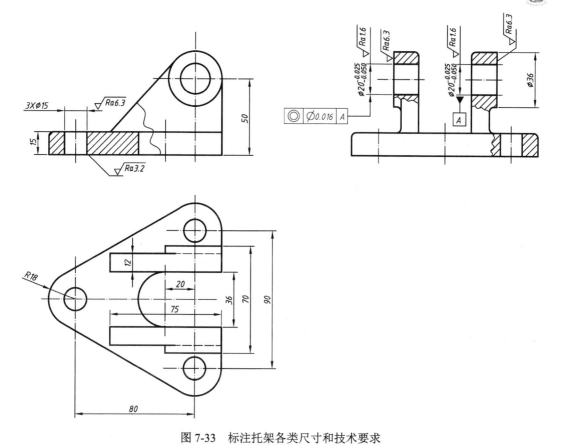

图 7-33　标注托架各类尺寸和技术要求

（4）注写文字表述的技术要求，插入和填写标题栏如图 7-34 所示。

图 7-34　注写技术要求插入标题栏

（5）整理并完成全图的绘制，将完成的图形命名为"托架"并保存。

试试看

（1）绘制如图 7-35 所示零件图，图形界限为 297×210。绘制完毕，将该图形文件命名为"带轮与支架——轴架"并保存。

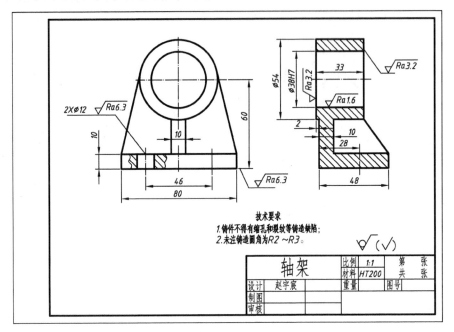

图 7-35 带轮与支架——轴架

（2）绘制如图 7-36 所示图形，图形界限为 210×148。绘制完毕，将该图形文件命名为"带轮与支架——挡圈"并保存。

（3）绘制如图 7-37 所示 3 个标准件的视图，图形界限为 210×148。绘制完毕，将该图形文件命名为"带轮与支架——标准件"并保存。

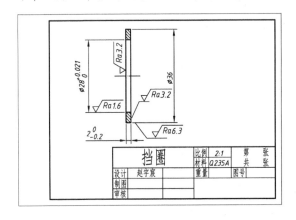

图 7-36 带轮与支架——挡圈

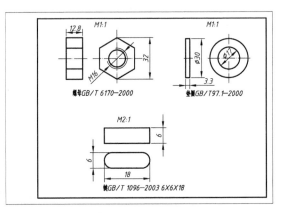

图 7-37 带轮与支架——标准件

7.5 箱体类零件的绘制方法与步骤

箱体类零件的结构是多种多样的，其形状比较复杂，下面举实例说明该类零件的绘制方法与步骤。

【例 7-6】　绘制出如图 7-38 所示的阀体零件图。比例为 1∶1，图形界限为 210×297。绘制完毕，将该图命名为"阀体"并保存。

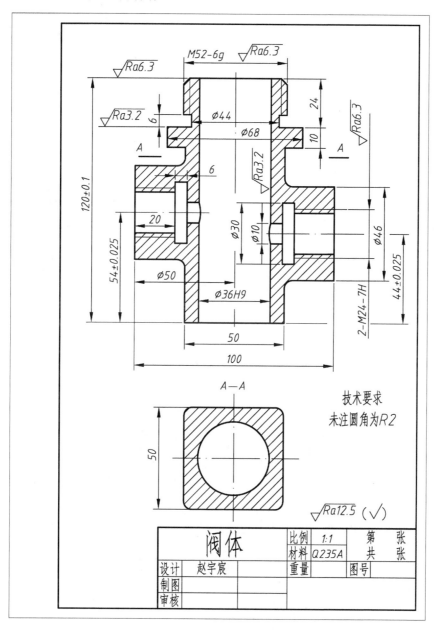

图 7-38　阀体零件图

（1）将图形界限设置为 210×297，创建需要的图层、文字样式、标注样式，绘制图纸边界线和边框线，如图 7-39 所示。

（2）按尺寸、比例和视图表达方案绘制阀体的视图，如图 7-40 所示。

（3）标注出阀体的各类尺寸和各种技术要求，如图 7-41 所示。

图 7-39 绘制图纸边界线和边框线

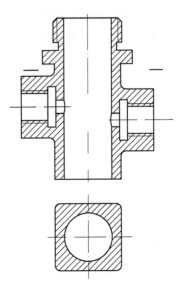

图 7-40 绘制阀体的视图

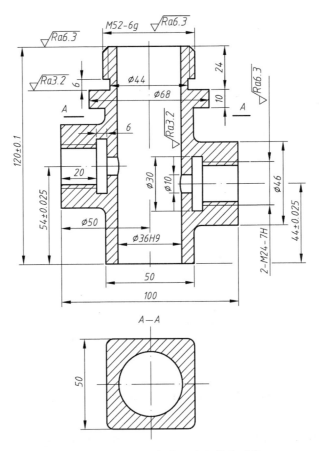

图 7-41 标注阀体各类尺寸和技术要求

（4）注写文字表述的技术要求，插入和填写标题栏如图 7-42 所示。

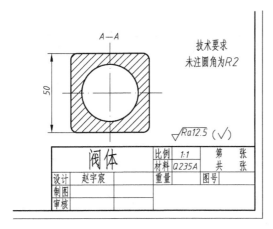

图 7-42　注写技术要求插入标题栏

（5）整理并完成全图的绘制，将完成的图形命名为"阀体"并保存。

【**例 7-7**】　绘制出如图 7-43 所示泵体的零件图，比例为 1：1，图形界限为 420×297。绘制完毕，将该图命名为"泵体"并保存。

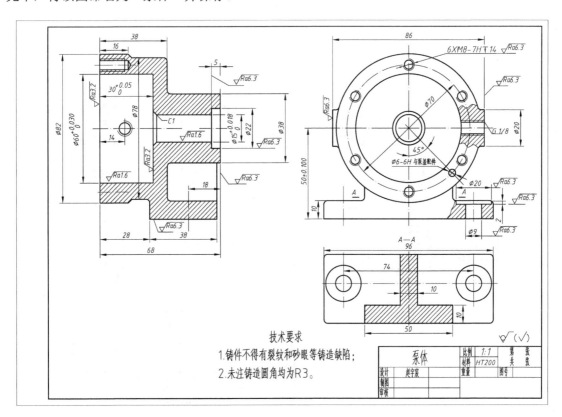

图 7-43　泵体零件图

（1）将图形界限设置为 420×297，创建需要的图层、文字样式、标注样式，绘制图纸边界线和边框线，如图 7-44 所示。

图 7-44　绘制图纸边界线和边框线

（2）按尺寸、比例和视图表达方案绘制泵体的视图，如图 7-45 所示。

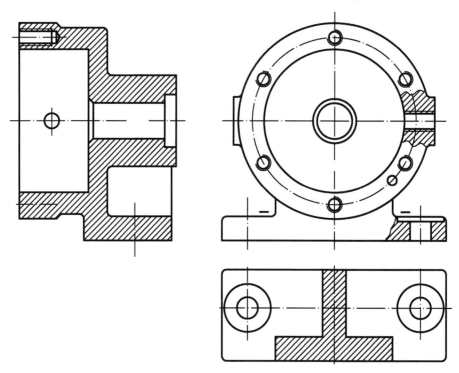

图 7-45　绘制泵体的视图

（3）标注出泵体的各类尺寸和各种技术要求，如图 7-46 所示。

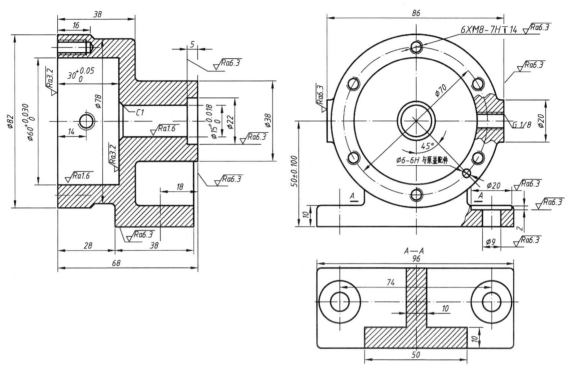

图 7-46　标注泵体各类尺寸和技术要求

（4）注写文字表述的技术要求，插入和填写标题栏如图 7-47 所示。

技术要求
1.铸件不得有裂纹和砂眼等铸造缺陷；
2.未注铸造圆角均为R3。

泵体	比例	1:1	第　张
	材料	HT200	共　张
设计	赵宇宸	重量	图号
制图			
审核			

图 7-47　注写技术要求插入标题栏

（5）整理并完成全图绘制，将完成的图形命名为"泵体"并保存。

试试看

（1）绘制如图 7-48 所示图形，图形界限为 210×297。绘制完毕，将该图形文件命名为"支顶——支座体"并保存。

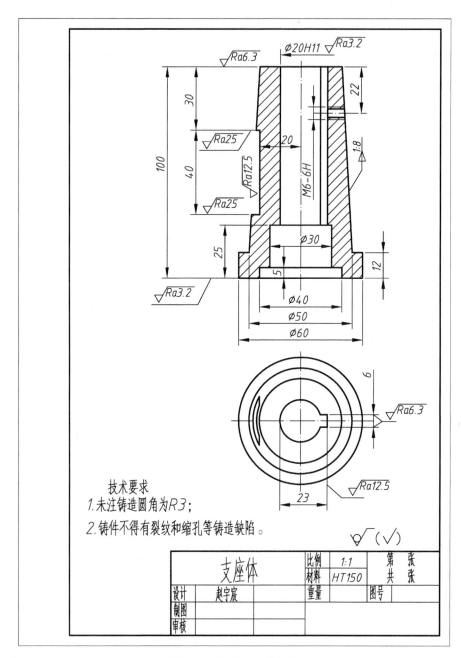

图 7-48　支顶——支座体

（2）绘制如图 7-49 所示零件图，图形界限为 297×210。绘制完毕，将该图形文件命名为 "齿轮油泵——泵体" 并保存。

（3）绘制如图 7-50 所示图形，图形界限为 210×148。绘制完毕，将该图形文件命名为 "齿轮油泵——盖螺母" 并保存。

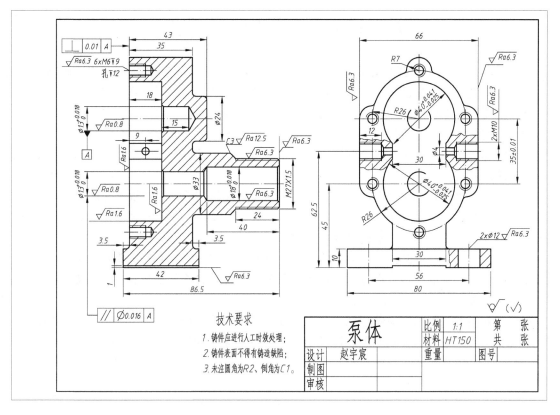

图 7-49 齿轮油泵——泵体

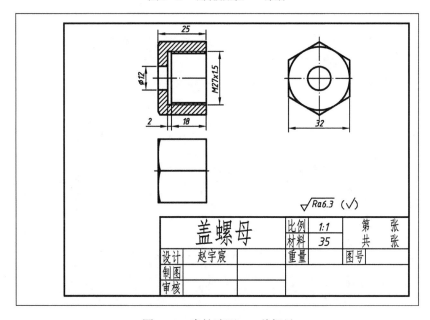

图 7-50 齿轮油泵——盖螺母

7.6 装配图的绘制方法与步骤

利用 AutoCAD 绘制装配体的装配图一般可以用两种方法：一种是根据手工绘制装配图的方法来绘制，先根据零件图绘制出装配体中的主要零件，然后按照装配顺序绘制出其他零件，最后进行必要的标注和注写，完成装配图的绘制；另一种是利用 AutoCAD 的创建图块功能，在绘制组成装配体的各个零件图时，将装配图中需要的各个零件的视图部分定义为图块，然后将定义好的图块保存，最后将各个图块插入一张新图中，完成装配图的绘制。本节主要叙述第二种装配图的绘制方法。

提示：（1）由于第二种方法是由各零件图块插入形成的，所以绘制组成装配体的各个零件图在创建图层时，应该特别注意图层特性、文字样式、标注样式等内容设置的一致性，以免在组成装配图过程中出现相互矛盾的情况。

（2）由于零件图和装配图需要标注的尺寸和技术要求不同，为了不将零件图中的这些内容带入装配图中，零件图中的尺寸标注和各种技术要求的标注需要单独的图层，定义零件图块时应将此图层屏蔽。

利用零件图的插入来组成装配图的最主要操作方法是将组成装配体的零件定义为块，然后进行图块的插入，最终组成装配图。这种绘制装配图的完整操作步骤如下：

（1）首先搞清装配体的整体结构，工作原理，弄清组成装配体的每个零件的结构形状及各零件间的装配关系，确定装配图的表达方案。

（2）通过对绘制出的组成装配体各个零件图的视图进行分析和观察，然后在绘制零件图时，将装配图中需要的各个零件的视图部分定义为图块，最后将定义好的图块保存，如图 7-51 所示。

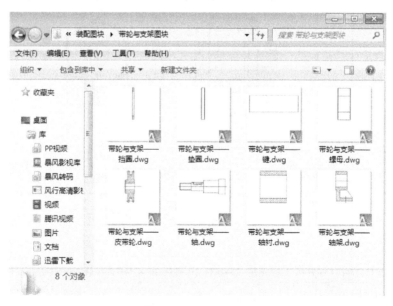

图 7-51 定义并保存的图块文件夹

（3）创建一张新图，根据装配图的需要创建图形界限、图层、文字样式、标注样式等，绘制出图纸边界线和边框，确定装配图各个视图的作图基准线。

（4）将装配图中需要的、定义为块的各个零件图块按照装配关系分别插入装配图的适当位置。

（5）修改插入后的图形，完成装配图视图部分。

（6）标注装配图的尺寸。

（7）对组成装配体的零件进行序号编排。

（8）插入标题栏，填写明细栏和技术要求，完成全图的绘制。

【例 7-8】 按照图 7-52 所示的轴架与带轮的装配示意图和本章前面绘制并保存的"轴架与带轮"的各个零件图绘制出其装配图，要求绘图比例为 1.5：1，图形界限自定。绘制完毕，将该图命名为"轴架与带轮"并保存。

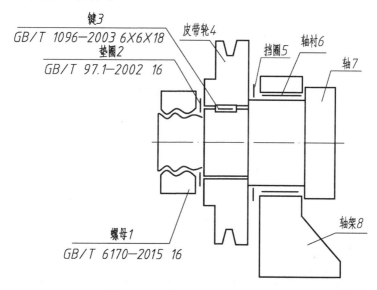

图 7-52　轴架与带轮装配示意图

（1）根据轴架与带轮装配示意图搞清装配体的整体结构，工作原理，弄清楚每个零件的具体位置及各零件间的装配关系，确定装配图的表达方案（分析结果只需要一个视图）。

（2）通过对本章绘制出的"轴架与带轮"的每个零件图的各视图进行分析和观察，分别将组成装配图各个零件的有关视图定义为相应的图块并保存。

（3）建立新图，根据该装配图的尺寸和绘图比例（1.5：1）设置图形界限为 420×297，创建需要的图层、字体样式、标注样式等，绘制图纸边界线和边框线，确定装配图的作图基准线。该步骤的操作结果如图 7-53 所示。

（4）在新图上分别插入所保存的各个零件图块，初步组成装配图，该步骤是由零件图拼画装配图的最重要步骤，注意各图块的插入比例应该一致。该步骤的操作结果如图 7-54 所示。

（5）将初步组成的装配图进行修改，并按比例进行缩放调整，完成装配图的视图绘制，该步骤的操作结果如图 7-55 所示。

图 7-53　绘制图纸边界线、边框线和作图基准线

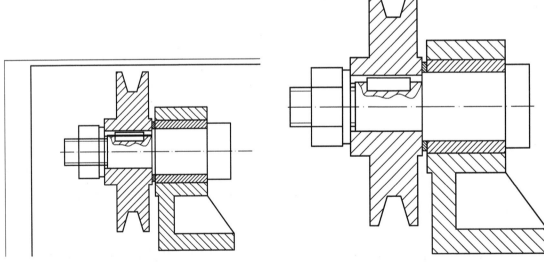

图 7-54　插入各零件图块后初步形成的装配图　　　　图 7-55　完成装配图视图的结果

（6）标注装配图上需要的各类尺寸。

（7）对装配图中的零件进行零件序号的编排，图 7-56 所示为标注完各类尺寸和编排完毕零件序号的装配图。

（8）插入标题栏和明细栏，填写装配图中的明细栏和技术要求等文本内容，完成全图的绘制。图 7-57 所示为最终绘制完毕的轴架与带轮装配图。

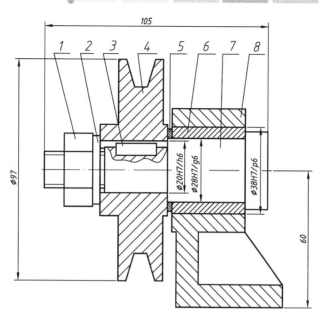

图 7-56　完成尺寸标注和编排零件序号的装配图

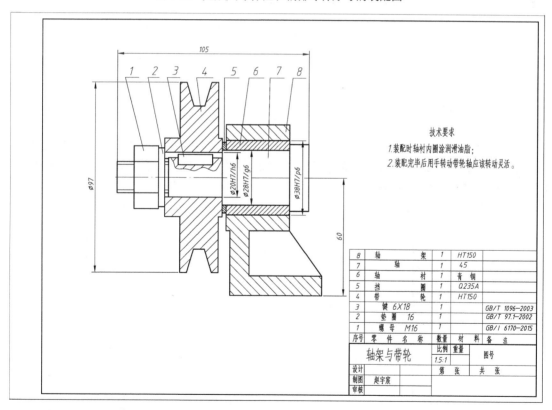

8	轴　　　架	1	HT150	
7	轴	1	45	
6	轴　　　衬	1	青铜	
5	挡　　　圈	1	Q235A	
4	带　　　轮	1	HT150	
3	键 6×18	1		GB/T 1096—2003
2	垫圈 16	1		GB/T 97.1—2002
1	螺母 M16	1		GB/T 6170—2015
序号	零件名称	数量	材料	备注

技术要求

1. 装配时轴衬内圈涂润滑油脂；
2. 装配完毕后用手转动带轮轴应该转动灵活。

轴架与带轮　　比例 1.5:1　重量　　图号

设计　　　　　　　　第　张　共　张
制图　赵宇宸
审核

图 7-57　轴架与带轮装配图

（9）将该图命名为"轴架与带轮"并保存。

【例 7-9】 按照图 7-58 所示的支顶的装配示意图和本章前面绘制并保存的"支顶"的各个零件图绘制出其装配图，要求绘图比例为 1.5∶1，图形界限自定。绘制完毕，将该图命名为"支顶"并保存。

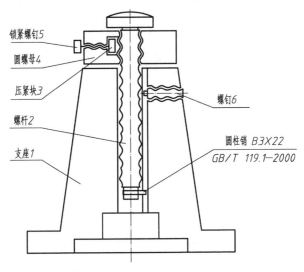

图 7-58　支顶装配示意图

（1）根据支顶装配示意图搞清装配体的整体结构和工作原理，弄清楚每个零件的具体位置及各零件间的装配关系，确定装配图的表达方案（初步分析需要 4 个视图）。

（2）通过对本章绘制出的"支顶"的每个零件图的各视图进行分析和观察，分别将组成装配图各个零件的有关视图定义为相应的图块并保存。

（3）建立新图，根据该装配图的尺寸和绘图比例（1.5∶1）设置图形界限为 420×297，创建需要的图层、字体样式、标注样式等，绘制图纸边界线和边框线，确定装配图的作图基准线。该步骤的操作结果如图 7-59 所示。

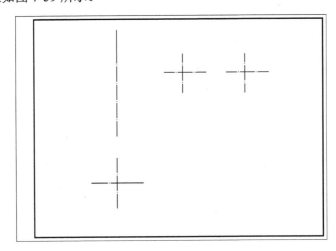

图 7-59　绘制图纸边界线、边框线和作图基准线

（4）在新图上分别插入所保存的各个零件图块，初步组成装配图。该步骤是由零件图拼画装配图的最重要步骤，注意各图块的插入比例应该一致。该步骤的操作结果如图 7-60 所示。

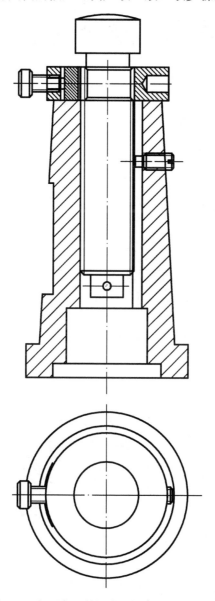

图 7-60　插入各零件图块后初步形成的装配图

（5）将初步组成的装配图进行修改，通过分析最后确定需要的补充视图，并按比例进行缩放调整，完成装配图的视图绘制，该步骤的操作结果如图 7-61 所示。

（6）标注装配图上需要的各类尺寸。

（7）对装配图中的零件进行零件序号的编排，图 7-62 所示为标注完各类尺寸和编排完毕零件序号的装配图。

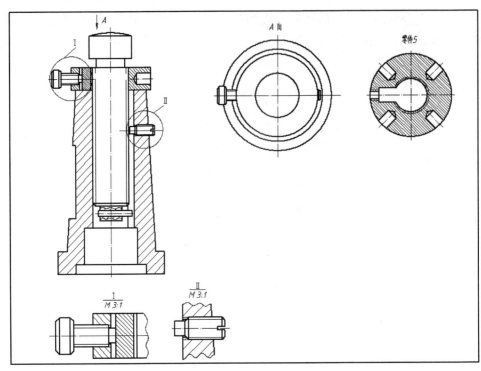

图 7-61　完成装配图视图的结果

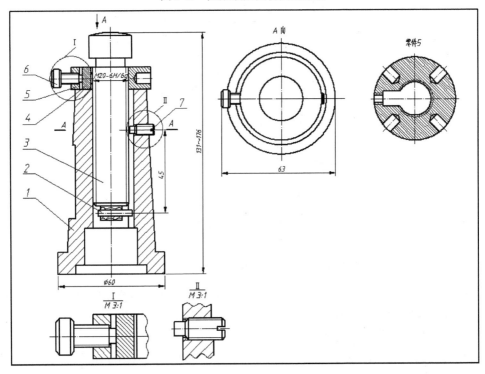

图 7-62　完成尺寸标注和编排零件序号的装配图

（8）插入标题栏和明细栏，填写装配图中的明细栏和技术要求等文本内容，完成全图的绘制。图 7-63 所示为绘制完毕的支顶装配图。

（9）将该图命名为"支顶"并保存。

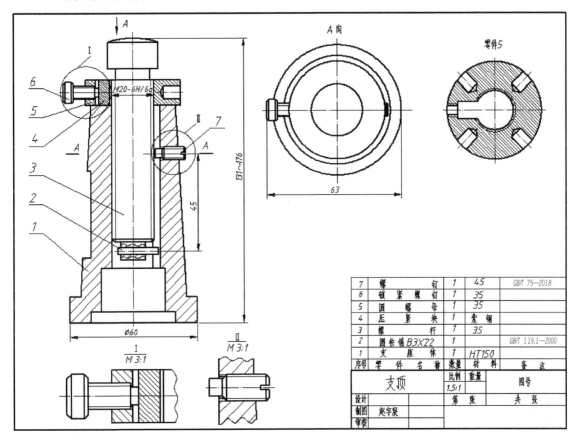

图 7-63　支顶装配图

试试看

（1）查阅有关机械设计标准，按照国标规定的画法绘制图 7-64 所示的各种螺纹紧固件（读者可以根据情况自己增加其他螺纹紧固件）。然后，把绘制出的各螺纹紧固件分别定义为块并保存，以便绘制装配图需要时插入（为插入方便，推荐按照螺纹大径为 10 绘制各种紧固件）。

（2）绘制如图 7-65 所示的齿轮零件图，完成后将该图命名为"轴系部件——齿轮"并保存。可参考图 7-70 所示的轴系部件装配图，将绘制装配图需要的齿轮视图部分定义为图块并保存。

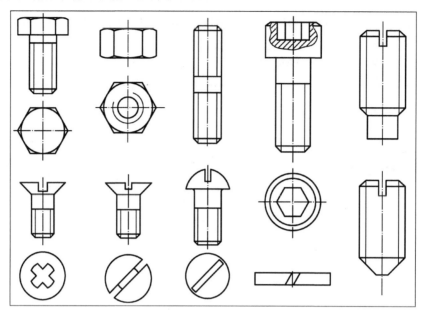

图 7-64　常用螺纹紧固件

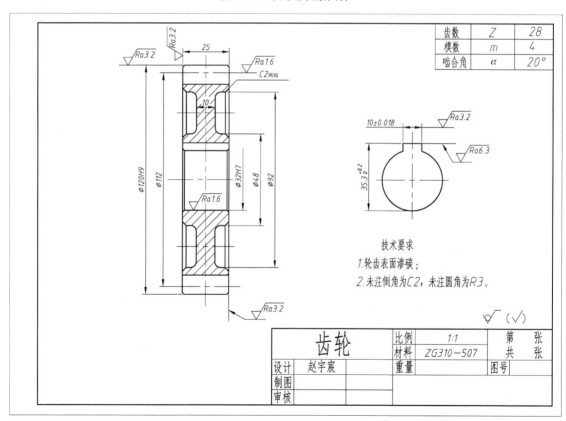

图 7-65　轴系部件——齿轮

（3）绘制如图 7-66 所示的嵌入端盖零件图，完成后将该图命名为"轴系部件——嵌入端盖"并保存。可参考图 7-70 所示的轴系部件装配图，将绘制装配图需要的视图部分定义为图块并保存。

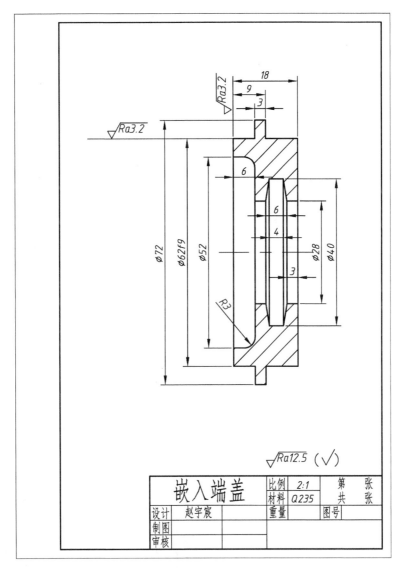

图 7-66　轴系部件——嵌入端盖

（4）绘制如图 7-67 所示的支撑环零件图，完成后将该图命名为"轴系部件——支撑环"并保存。可参考图 7-70 所示的轴系部件装配图，将绘制装配图需要的视图部分定义为图块并保存。

（5）绘制如图 7-68 所示的轴零件图，完成后将该图命名为"轴系部件——轴"并保存。可参考图 7-70 所示的轴系部件装配图，将绘制装配图需要的视图部分定义为图块并保存。

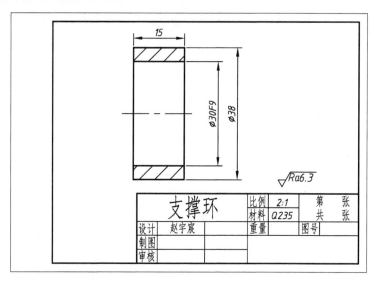

图 7-67　轴系部件——支撑环

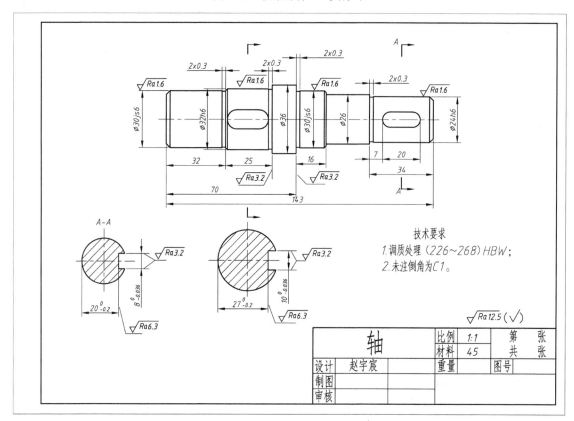

图 7-68　轴系部件——轴

（6）绘制如图 7-69 所示的轴承和键的零件图，完成后将该图命名为 "轴系部件——标准件" 并保存。可参考图 7-70 所示的轴系部件装配图，将绘制装配图需要的视图部分定义为图块并保存。

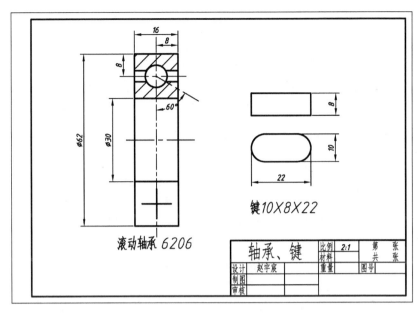

图 7-69　轴系部件——标准件

（7）根据前面轴系部件给出的各零件图，按照图 7-70 所示绘制出轴系部件的装配图。绘制完毕，将该图命名为"轴系部件"并保存。图 7-71 为轴系部件装配图的标题栏和明细栏部分的放大图。

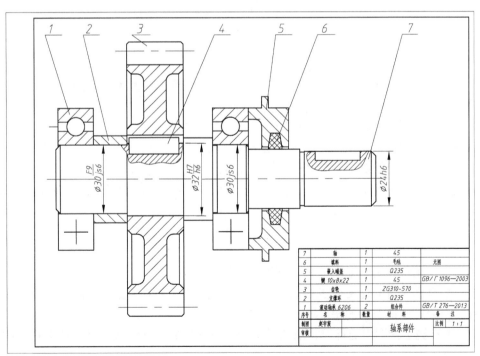

图 7-70　轴系部件装配图

7	轴	1	45	
6	填料	1	毛毡	无图
5	嵌入端盖	1	Q235	
4	键 10x8x22	1	45	GB/T 1096—2003
3	齿轮	1	ZG310-570	
2	支撑环	1	Q235	
1	滚动轴承 6206	2	组合件	GB/T 276—2013
序号	名　称	数量	材　料	备　注
制图	赵宇宸		轴系部件	比例 1：1
审核				

图 7-71　轴系部件装配图的标题栏和明细栏

本 章 小 结

本章主要介绍了绘制典型机械工程图的方法与步骤，其实质是对前面各章知识的综合应用。熟练掌握这些作图方法能让读者快速准确地绘制机械工程图。因此，读者除了应该按照本书中的习题进行训练，还需结合机械制图课程中的习题进行大量的实际作图训练，以达到熟练利用 AutoCAD 绘制机械工程图的目的。

本 章 习 题

1. 填空题

（1）为了更快速更标准地绘制出机械装配图，对于装配图中频繁出现的有规定画法的标准件可以采用＿＿＿＿＿＿＿＿＿＿＿＿＿＿＿＿＿方法绘制。

（2）对于给定图形界限的机械工程图，绘图比例是根据＿＿＿＿＿＿＿＿＿＿进行选取的，标注尺寸时，设置的测量单位比例因子与绘图比例成＿＿＿＿＿关系。

（3）机械工程图中的汉字、数字和字母可以统一用＿＿＿＿＿字体，字体名为＿＿＿＿＿。

（4）填充图案可以通过＿＿＿＿＿＿＿＿＿＿选项将填充的多个剖面成为各自独立的图形对象。

2. 简答题

（1）由零件图绘制出装配图的关键操作步骤是什么？

（2）在编辑修改由零件图初步形成的装配图的过程中，不能单独"删除"或"修剪"某条线段是什么原因？应该怎么解决？

（3）对于机械工程图中的标题栏应该采用什么办法绘制？对标题栏中需要变更的文本可以采用什么办法解决？

（4）如果要使机械工程图中的常用标注符号标准统一、标注快速可以采用什么办法？

3. 操作题

（1）绘制出如图 7-72 所示泵盖的零件图，比例为 1：1，图形界限自定。绘制完毕，将该零件图命名为"齿轮油泵——泵盖"并保存。可参考图 7-78 所示的齿轮油泵装配图视图部分，将绘制装配图所需要的视图部分定义为图块并保存。

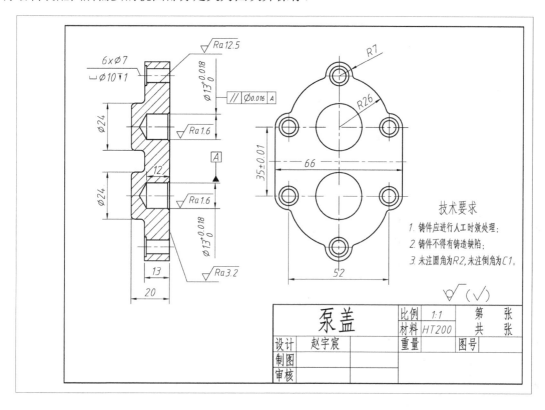

图 7-72　齿轮油泵——泵盖

（2）绘制出如图 7-73 所示齿轮的零件图，比例为 1：1，图形界限自定。绘制完毕，将该零件图命名为"齿轮油泵——齿轮"并保存。可参考图 7-78 所示的齿轮油泵装配图视图部分，将绘制装配图所需要的视图部分定义为图块并保存。

（3）绘制出如图 7-74 所示从动轴的零件图，比例为 2：1，图形界限自定。绘制完毕，将该零件图命名为"齿轮油泵——从动轴"并保存。可参考图 7-78 所示的齿轮油泵装配图视图部分，将绘制装配图所需要的视图部分定义为图块并保存。

（4）绘制出如图 7-75 所示主动轴的零件图，比例为 2：1，图形界限自定。绘制完毕，将该零件图命名为"齿轮油泵——主动轴"并保存。可参考图 7-78 所示的齿轮油泵装配图视图部分，将绘制装配图所需要的视图部分定义为图块并保存。

（5）绘制出如图 7-76 所示填料压盖的零件图，比例为 2：1，图形界限自定。绘制完毕，将该零件图命名为"齿轮油泵——填料压盖"并保存。可参考图 7-78 所示的齿轮油泵装配图视图部分，将绘制装配图所需要的视图部分定义为图块并保存。

模数	m	2.5
齿数	Z	14
齿形角	α	20°
精度等级		7FL

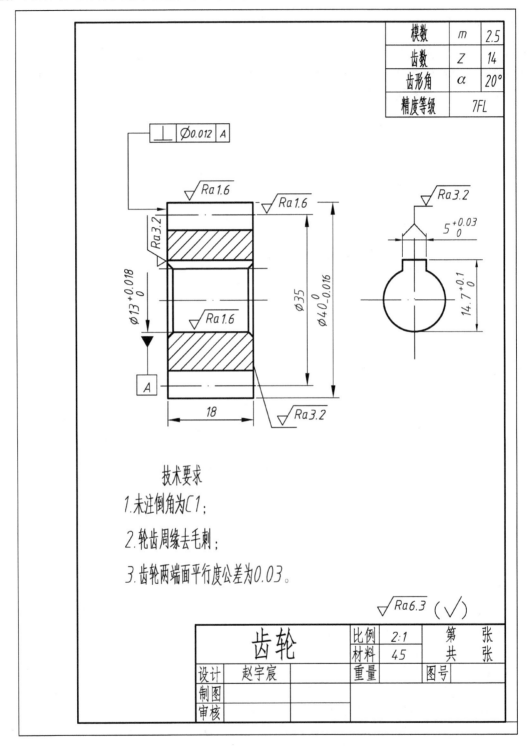

技术要求

1.未注倒角为C1；

2.轮齿周缘去毛刺；

3.齿轮两端面平行度公差为0.03。

$\sqrt{Ra6.3}$ ($\sqrt{}$)

齿 轮		比例	2:1	第 张
		材料	45	共 张
设计	赵宇宸		重量	图号
制图				
审核				

图 7-73　齿轮油泵——齿轮

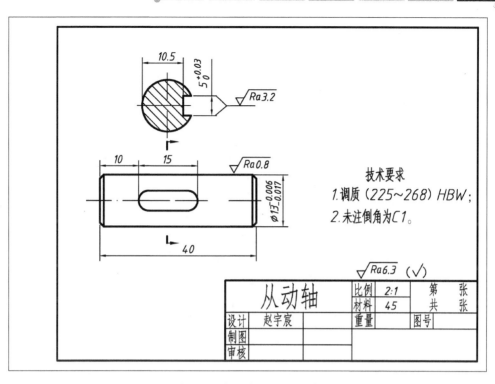

图 7-74　齿轮油泵——从动轴

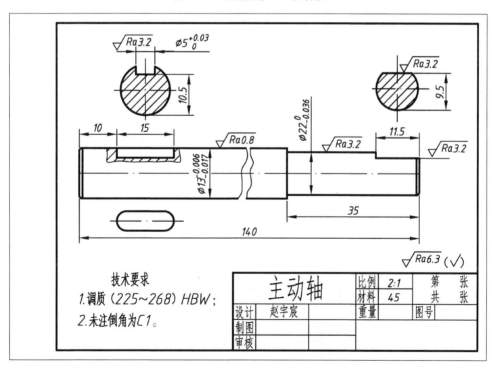

图 7-75　齿轮油泵——主动轴

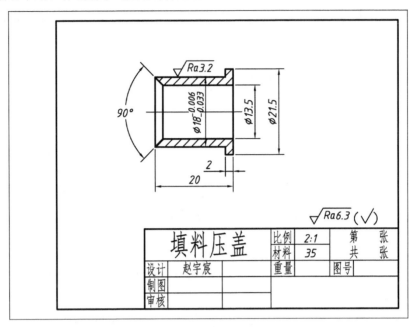

图 7-76　齿轮油泵——填料压盖

（6）绘制出如图 7-77 所示的标准件，比例为 2∶1，图形界限自定。绘制完毕，将该零件图命名为"齿轮油泵——标准件"并保存。可参考图 7-78 所示的齿轮油泵装配图视图部分，将绘制装配图所需要的视图部分定义为图块并保存。

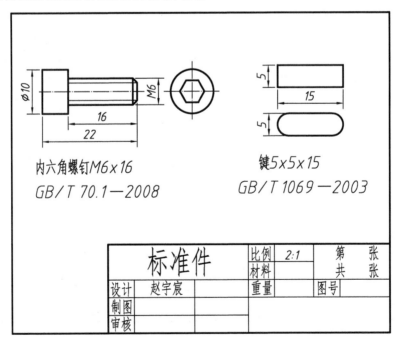

图 7-77　齿轮油泵——标准件

（7）根据图 7-78 和图 7-79 给出的齿轮油泵装配图有关内容和前面保存的齿轮油泵各零件图，绘制出内容完整的齿轮油泵装配图。图形界限为 594×420，比例自定。绘制完成后，将该零件图命名为"齿轮油泵"并保存。

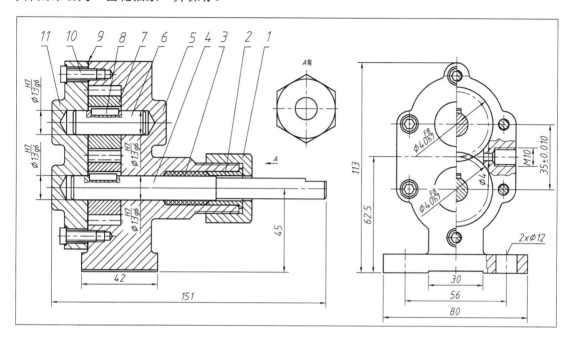

图 7-78　齿轮油泵装配图的视图部分

技术要求

1.齿轮啮合面占全长的2/3以上；
2.进行油压实验时,不得渗油。

11	泵盖	1	HT200	
10	内六角螺钉M6X16	1	45	GB/T 70.1—2008
9	红纸板	1	工业用纸	无图
8	键5X15	2	45	GB/T 1096—2003
7	齿轮	2	45	m=2.5 z=14
6	从动轴	1	45	
5	泵体	1	HT200	
4	主动轴	1	45	
3	填料	1	石棉绳	无图
2	填料压盖	1	35	
1	盖螺母	1	35	
序号	名　称	数量	材料	备注

齿轮油泵

共　张	第　张	比例	
数　量		图号	
制图	赵宇宸	大同大学机电学院	
审核			

图 7-79　齿轮油泵装配图的标题栏、明细栏和技术要求部分

（8）绘制出如图 7-80 所示的千斤顶底座零件图，比例为 1∶1，图形界限自定。绘制完毕，将该零件图命名为"千斤顶底座"并保存，可参考图 7-86 所示的千斤顶装配图，将绘制装配图所需要的视图部分定义为图块并保存。

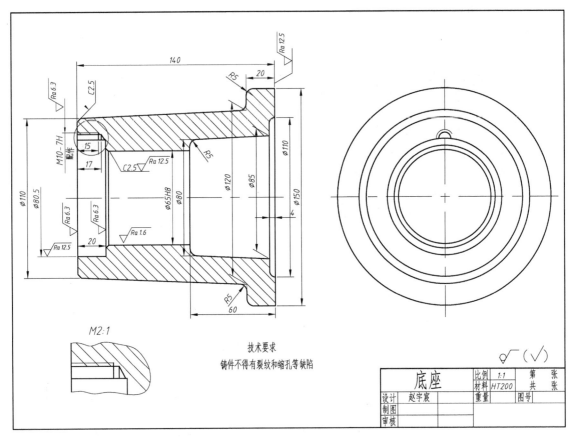

图 7-80　千斤顶底座

（9）绘制出如图 7-81 所示螺套的零件图，比例为 1∶1，图形界限自定。绘制完毕，将该零件图命名为"千斤顶螺套"并保存。可参考图 7-86 所示的千斤顶装配图，将绘制装配图所需要的视图部分定义为图块并保存。

（10）绘制出如图 7-82 所示标准件的零件图，比例为 1∶1，图形界限自定。绘制完毕，将该零件图命名为"千斤顶标准件"并保存。可参考图 7-86 所示的千斤顶装配图，将绘制装配图所需要的视图部分定义为图块并保存。

（11）绘制出如图 7-83 所示顶垫的零件图，比例为 1∶1，图形界限自定。绘制完毕，将该零件图命名为"千斤顶顶垫"并保存。可参考图 7-86 所示的千斤顶装配图，将绘制装配图所需要的视图部分定义为图块并保存。

（12）绘制出如图 7-84 所示螺旋杆的零件图，比例为 1∶1，图形界限自定。绘制完毕，将该零件图命名为"千斤顶螺旋杆"并保存。可参考图 7-86 所示的千斤顶装配图，将绘制装配图所需要的视图部分定义为图块并保存。

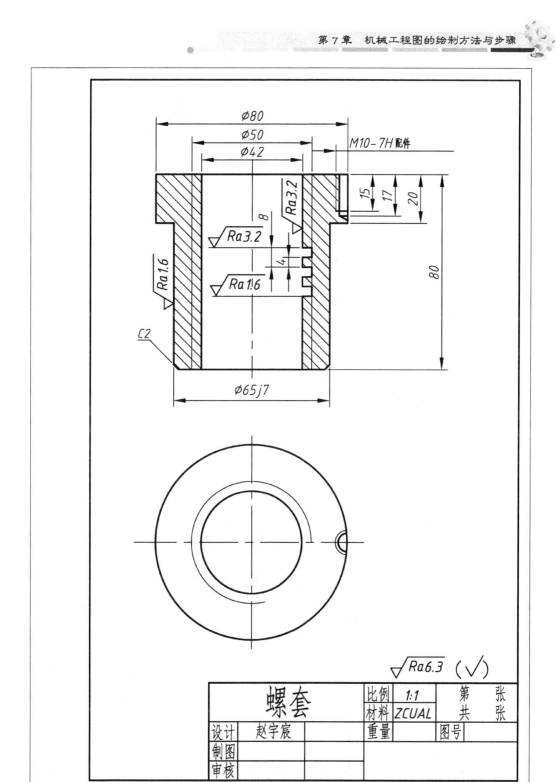

图 7-81　千斤顶螺套

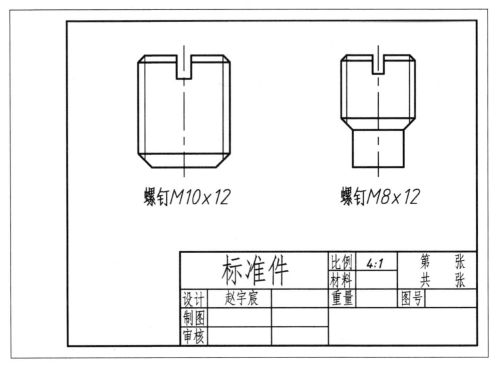

图 7-82　千斤顶标准件

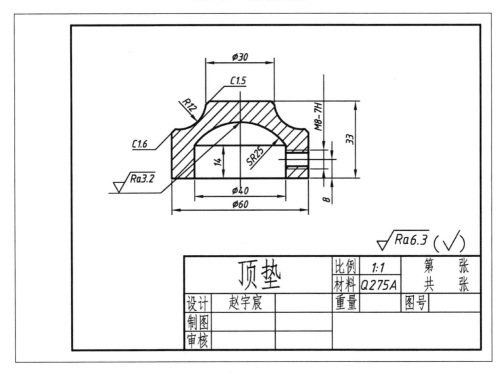

图 7-83　千斤顶顶垫

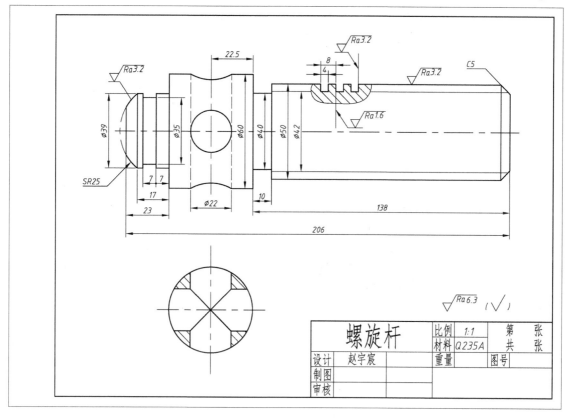

图 7-84 千斤顶螺旋杆

（13）绘制出如图 7-85 所示绞杠的零件图，比例为 1：1，图形界限自定。绘制完毕，将该零件图命名为"千斤顶绞杠"并保存。可参考图 7-86 所示的千斤顶装配图，将绘制装配图所需要的视图部分定义为图块并保存。

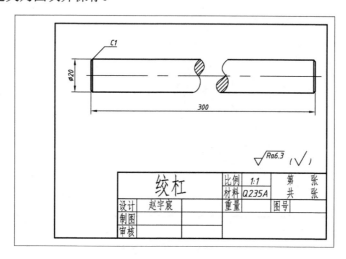

图 7-85 千斤顶绞杠

（14）根据图 7-86 和图 7-87 给出的千斤顶装配图有关内容和前面保存的千斤顶的各零件图，绘制出内容完整的千斤顶装配图。图形界限为 594×420，比例自定。绘制完成，将该零件图命名为"千斤顶"并保存。

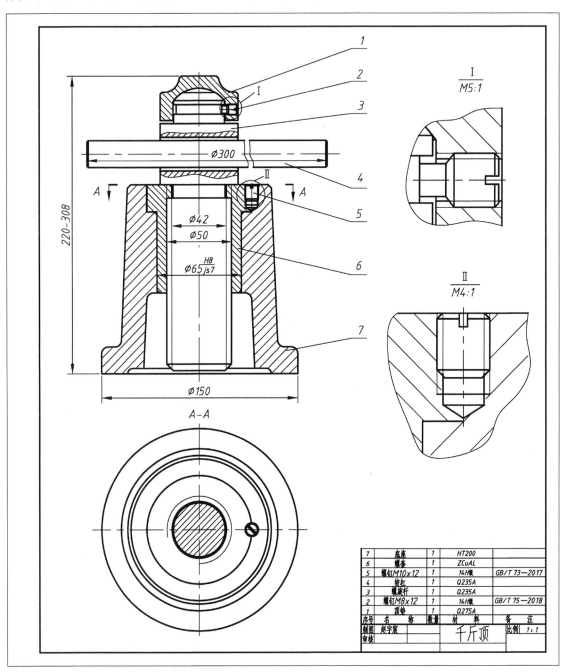

图 7-86　千斤顶装配图

7	底座	1	HT200	
6	螺套	1	ZCuAL	
5	螺钉M10×12	1	14H级	GB/T 73—2017
4	绞杠	1	Q235A	
3	螺旋杆	1	Q235A	
2	螺钉M8×12	1	14H级	GB/T 75—2018
1	顶垫	1	Q275A	
序号	名　　称	数量	材　料	备　注
制图	赵宇宸		千斤顶	比例　1:1
审核				

图 7-87　千斤顶装配图的标题栏和明细栏部分

第8章

机械工程图的打印输出

通过本章的学习和实际训练，要求读者掌握机械工程图的布局设置方法，能够顺利地进行机械工程图的打印输出工作。

本章的主要内容有模型空间和图纸空间的概念、多视口的概念、图形的布局设置方法、图形的打印输出方法等。

用户用 AutoCAD 绘制出机械工程图后，最后要将绘制好的机械工程图进行合理的布局（布局即为将图打印输出前进行各种设置的过程）并打印输出，以便用于生产实际。AutoCAD 绘制出的图形可以直接在模型空间下布局并打印输出，也可以将图形先转换到图纸空间下进行布局然后再打印输出。

用户在模型空间下直接打印输出图形，首先应该对图形进行布局，布局的内容包括选择图形的打印设备、图纸的大小、打印图形的比例、图纸的方向等。图 8-1 所示为第 7 章保存的"轴系部件——嵌入端盖"零件图在模型空间下进行布局后的打印预览情况，布局完成后就可以打印输出该零件图。

用户在图纸空间下打印输出图形，首先应该将图形转换到图纸空间，图 8-2 所示为第 7 章保存的"带轮与支架——轴"零件图转换到图纸空间的情况。进入图纸空间后仍需要进行布局，布局的内容与模型空间下的内容基本相同。图 8-3 所示为第 7 章保存的"带轮与支架——轴"零件图在图纸空间下进行布局后的打印预览情况，布局完成后就可以进行打印输出该零件图的工作。

8.1　模型空间与图纸空间

8.1.1　简介

模型空间是用户建立图形对象时所在的工作环境。模型即用户所绘制的图形，用户在模型空间中可以用二维或三维视图来表示物体，也可以创建多视口以显示物体的不同部分和不同视图，如图 8-4 所示。在模型空间的多视口情况下，用户只能在当前视口绘制和编辑图形，也只能对当前视口中的图形进行打印输出。

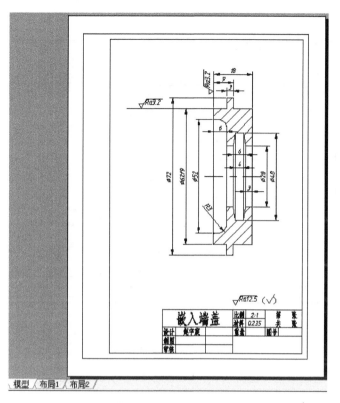

图 8-1　模型空间下对图形进行布局后的打印预览情况

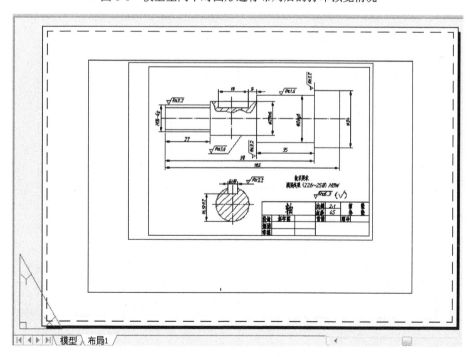

图 8-2　由图形转换到图纸空间

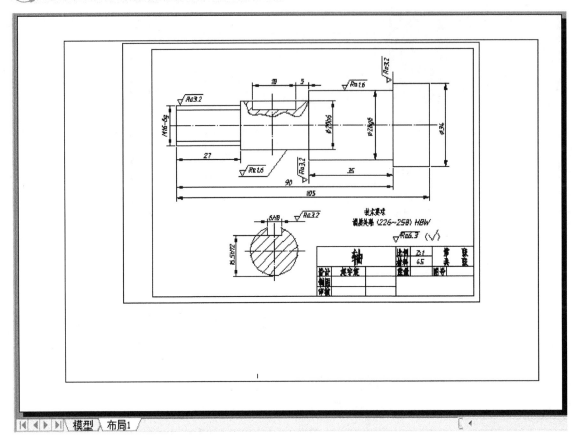

图 8-3　图纸空间下对图形进行布局后的打印预览情况

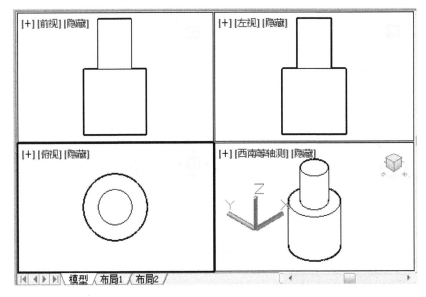

图 8-4　模型空间下的多视口

图纸空间是 AutoCAD 提供给用户进行规划图形打印布局的一个工作环境。用户在图纸空间中同样可以用二维或三维视图来表示物体，也可以创建多视口以显示物体的不同部分。在图纸空间下坐标系的图标显示为三角板形状，图 8-5 所示为图纸空间下的单视口（图中显示的白色矩形框是在当前输出设备配置下的图纸大小，白色矩形框内的虚线表示了图纸可打印区域的边界），图 8-6 所示为图纸空间下的多视口。图纸空间下的视口被作为图形对象来看待，用户可以用编辑命令对其进行编辑。用户可以在同一绘图页面中绘制图形，也可以进行不同视图的放置，并且可以对当前绘图页面中所有视口中的图形同时进行打印输出。

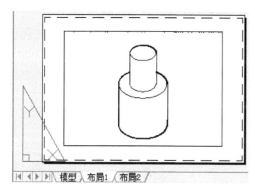

图 8-5　图纸空间下的单视口

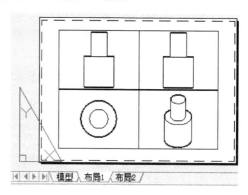

图 8-6　图纸空间下的多视口

8.1.2　模型空间与图纸空间之间的切换

用户可以在模型空间或图纸空间下工作，也可以随时在模型空间和图纸空间之间进行切换，具体的切换操作方法如下：

1. 用系统变量"TILEMODE"进行切换

系统变量"TILEMODE"的值为 1 时，系统处于模型空间；系统变量"TILEMODE"的值为 0 时，系统处于图纸空间。

2. 用绘图窗口下方的"模型"和"布局 1"选项卡进行切换

单击"布局 1"选项卡标签，系统由模型空间切换至图纸空间；单击"模型"选项卡标签，系统由图纸空间切换至模型空间。

提示：当用户初次由模型空间切换至图纸空间时，在默认情况下，系统将首先弹出"页面设置管理器"对话框（见图 8-15），用户可以在此进行布局设置，关于该对话框的内容，将在 8.2 节介绍。

8.1.3　模型空间下多视口的创建

1. 平铺视口

平铺视口是指把绘图窗口分成多个矩形区域，每个区域可以显示不同的命名视图。平铺视

口也称多视口。

默认情况下，AutoCAD 界面都是单视口，用户可以将绘图窗口分割成几个视口，即平铺视口。平铺视口具有以下特点：

（1）每个视口都可以单独进行缩放和平移、设置捕捉和栅格、设置用户坐标等操作，并且每个视口都可以有独立的坐标系统。

（2）用户只能在当前视口（边框线为加粗显示的视口）里工作，光标在当前视口显示为十字形状，在其他视口显示为空心箭头。

（3）如果用户在某个非当前视口内单击鼠标，就可将该视口切换为当前视口。

（4）用户可以利用命名视图来保存任一当前视口的视图显示，也可以将保存的命名视图恢复到任一选定的当前视口。

（5）层的可见性设置对所有的平铺视口均有效，不能在一个视口中关闭一个层，而在另一个视口中显示该层。

2. 平铺视口的创建

选择下拉菜单中的"视图" ｜ "视口" ｜ "新建视口…"命令，系统弹出如图 8-7 所示的"视口"对话框。该对话框有"新建视口"和"命名视口"两个选项卡，现在对这两个选项卡分别进行介绍。

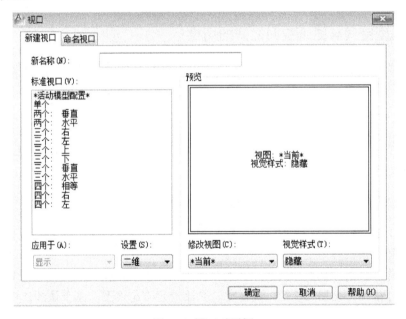

图 8-7　视口对话框

（1）"新建视口"对话框用户可以创建并设置新的平铺视口。"新名称（N）"文本框用于输入创建的平铺视口名称。"标准视口（V）"列表框用于显示用户可以选用的活动模型配置。"预览"区用于显示用户所选用标准视口配置的结果。"应用于（A）"下拉列表框用于设置用户所选的视口配置是整个屏幕还是当前视口，它有两个选项，"显示"表示将选定的视口配置应用于整个屏幕，"当前视口"表示将选定的视口配置应用于当前视口。"设置（S）"下拉列表框用于设置 2D 或 3D。若选择 2D，则使用视口中的当前视图来初始化配置视口；若选择 3D，则使用正交的视图来配置视口。"修改视图（C）"下拉列表框用于设置选定视口的视点（投影方向）。"视觉样式"下拉列表框用于设置选定视口的图形显示方式。

（2）"命名视口"对话框中显示了已命名的视口配置，用户选择其中一个时，该视口配置的布局情况将显示在预览框中。

以下通过实例来介绍平铺视口的具体应用。

【例 8-1】 打开第 2 章保存的"练习二第十题"图形文件（见图 8-8），将该图形在模型空间下创建 3 个视口并将各个视口显示的图形部分进行调节。完成后，将该图命名为"练习8-1"并保存。

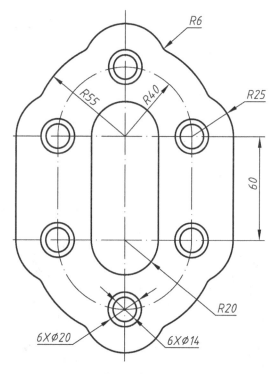

图 8-8　平面图形

（1）选择下拉菜单"视图"｜"视口"｜"新建视口…"命令，在弹出的"视口"对话框中将"标准视口"选择为"三个左"配置，在"设置"下拉列表框中选择"二维"，对话框的其他选项保持默认值如图 8-9 所示。

（2）单击视口对话框中的"确定"按钮。通过以上操作，从单一视口显示模式变为左边一个大视口、右边两个小视口，共 3 个视口显示模式，如图 8-10 所示。

提示：图中视口边框线显示为粗实线的是当前视口，用户对当前视口图形可以进行平移、缩放等图形显示的各种操作。多视口的各个视口中只能有一个视口为当前视口，用户在命令状态下移动光标在任何一个视口内单击，该视口即成为当前视口。

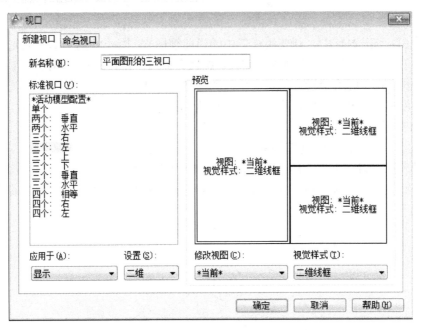

图 8-9　视口对话框的操作

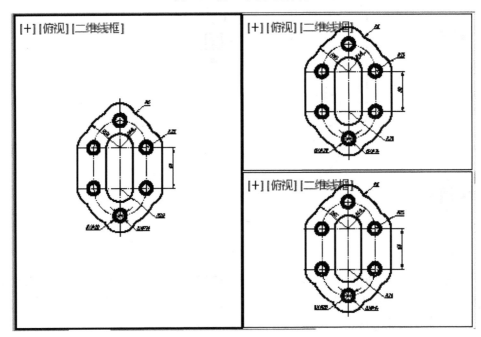

图 8-10　多视口显示模式

（3）对各个视口的图形显示进行调节，结果如图 8-11 所示。

（4）将图 8-10 命名为"练习 8-1"并保存。

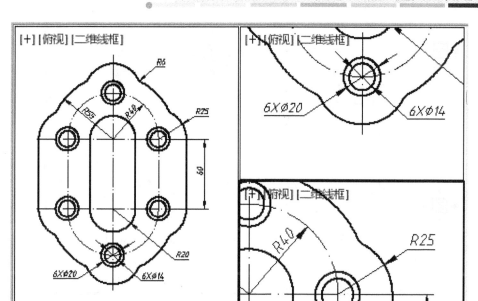

图 8-11　练习 8-1

8.1.4　图纸空间下多视口的创建

本书在前面已经向读者介绍了模型空间下视口的概念和创建平铺视口的方法。对于图形对象而言，它既可以处于模型空间下，也可以处于图纸空间下。在图纸空间下用户同样可以创建多视口，此时的视口称为浮动视口。平铺视口和浮动视口的区别如下：前者将绘图区域分成若干个固定大小和位置的视口，彼此之间不能重叠；后者可以改变视口的大小与位置，而且它们之间可以相互重叠。以下介绍图纸空间下多视口创建的方法。

在图纸空间下选择下拉菜单"视图"｜"视口"｜"新建视口…"命令，系统会弹出图纸空间下的"视口"对话框。该对话框与创建平铺视口中的对话框内容基本相同，不同的是，"新建视口"选项卡中的"视口间距"编辑框代替了原来的"应用于"下拉列表框，在此编辑框中，用户可以通过改变数值的大小来确定各浮动视口之间的距离。用户在该对话框中进行创建浮动视口的各种设置后，单击对话框的"确定"按钮，对话框消失，系统将提示"指定第一个角点或［布满（F）］〈布满〉:"，用户在该提示下输入多视口的第一个角点，系统继续提示"指定对角点:"，用户在该提示下输入多视口的第二个角点，系统将多视口放置在以用户输入的两个角点确定的图纸空间之内。

如果用户在"指定第一个角点或[布满（F）] <布满>:"的提示下直接按 Enter 键，系统会将用于放置多视口的矩形区域充满整个图纸空间。图 8-12 所示为图纸空间下多视口显示模式。

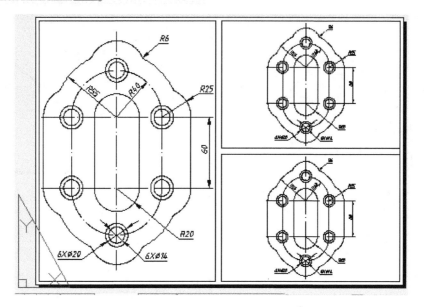

图 8-12　图纸空间下的多视口显示模式

8.1.5　图纸空间下视口进入临时模型空间的方法

前面已介绍了图纸空间下多视口创建的方法，为了能够对视口中的图形对象进行编辑，AutoCAD 提供了在图纸空间下的各个视口临时进入模型空间的方法。当视口进入临时模型空间后，用户便可对其内部的图形对象进行编辑。图纸空间与临时模型空间之间的相互切换可以用以下方法进行。

1. 双击鼠标

在图纸空间状态下的任意一个视口内双击鼠标，该视口即可进入临时模型空间，图纸空间也随之切换至浮动模型空间；在浮动模型空间状态下的视口外任一位置双击，系统即可切换至图纸空间。

2. 单击状态栏的"图纸/模型"按钮

在图纸空间状态下单击状态栏的"图纸"按钮，系统由图纸空间切换至浮动模型空间，此时，状态栏的"图纸"按钮变为"模型"按钮；在浮动模型空间状态下单击状态栏的"模型"按钮，系统则由浮动模型空间切换至图纸空间，此时，状态栏的"模型"按钮又变为"图纸"按钮。

3. 通过命令行输入命令

在命令行输入"MSPACE"↙，系统由图纸空间切换至浮动模型空间；在命令行输入"PSPACE"↙，系统由浮动模型空间切换至图纸空间。

想一想

模型空间下的多视口与图纸空间下的多视口有什么区别？

试试看

（1）打开在第 7 章保存的"图 7-66 轴系部件——嵌入端盖"图形文件，然后在模型空间创建两个平铺视口并进行显示调节，如图 8-13 所示。完成后，将该图命名为"练习 8-2"并保存。

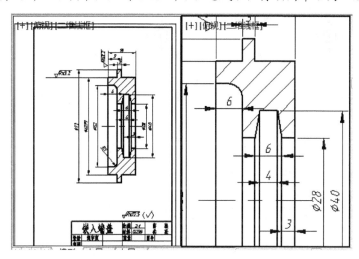

图 8-13　练习 8-2

（2）打开在第 7 章保存的"图 7-15 支顶——锁紧螺钉"图形文件，将该图进入图纸空间，然后在图纸空间创建三个视口，选择"三个：上"，视口距离设置为"2"，视口窗口选择"布满"，然后进入临时模型空间对各视口的图形显示进行调节，如图 8-14 所示。完成后，进入图纸空间将该图命名为"练习 8-3"并保存。

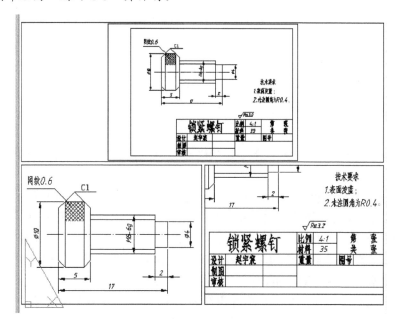

图 8-14　练习 8-3

8.2 图形的布局及打印输出

8.2.1 为当前的布局选择页面设置

在默认情况下，当用户初次由模型空间切换至图纸空间时，系统会弹出如图 8-15 所示的"页面设置管理器"对话框。在图纸空间中选择下拉菜单"文件"单击"页面设置管理器"，系统也将弹出如图 8-15 所示的"页面设置管理器"对话框。在该对话框中，用户可以为当前布局选择需要的页面设置。

图 8-15 "页面设置管理器"对话框

该对话框的"当前布局"文本框用于显示当前布局的名称，即该页面设置应用于某一布局的名称。

"页面设置（P）"文本框中显示了可以用于选择作为当前布局的页面设置，用户用鼠标选中一种页面设置然后单击"置为当前（S）"按钮，即可把选中的页面设置应用于当前的布局。

单击"新建（N）…"按钮，系统将弹出如图 8-16 所示的"新建页面设置"对话框，用户在该对话框中选择新建页面设置的名称和基础样式后单击"确定（O）"按钮，系统将弹出图 8-17 所示的"页面设置"对话框。

单击"修改（M）"按钮，系统也将弹出图 8-17 所示的"页面设置"对话框。

单击"输入（I）"按钮，用户可以在弹出的对话框中选择从文件中输入页面设置。

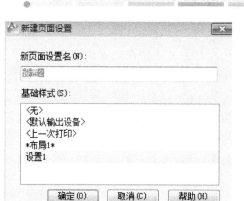

图 8-16　"新建页面设置"对话框

8.2.2　页面设置的内容

利用图 8-17 所示的"页面设置"对话框，用户可以对布局进行各种页面设置。

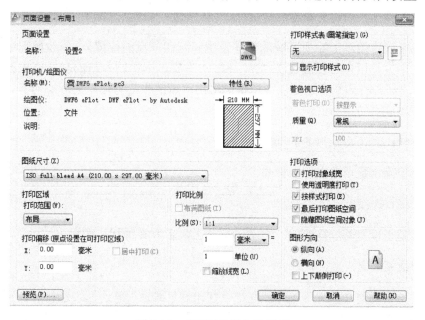

图 8-17　"页面设置"对话框

1. "打印机/绘图仪"选项区

该选项卡用于选择图形的打印输出设备和显示选中设备的有关说明。其中"名称"下拉列表框用于选择图形的打印输出设备；单击"特性"按钮，系统将弹出如图 8-18"绘图仪配置编辑器"对话框。

2. "图纸尺寸（Z）"选项区

该选项区用于选择图纸的尺寸。用户在该选项区可以单击下拉符号打开图纸尺寸的下拉列

表，从列表中选取合适的图纸尺寸，如果列表中没有用户所需要的图纸（尺寸不合适），用户可以自己定义合适的图纸尺寸，有关方法将在后面内容中介绍。

3. "打印比例"选项区

该选项区用于设置图形输出比例。用户可以从下拉列表中选择一个比例，也可以在下面文本框中通过设置一个绘图单位等于多少毫米（或英寸）的方法来自定比例。选中"缩放线宽"复选框表示按确定的比例调整图形对象的线宽。

4. "打印区域"选项区

该选项区用于设置图形在图纸上输出的范围。选中"布局"单选框表示输出区域为当前布局中图纸的可打印区域；选中"范围"单选框表示最大限度地输出当前布局中的所有图形； 选中"显示"单选框表示打印输出的内容为当前显示在绘图窗口中的内容；选中"窗口"单选框表示要用窗口指定打印输出的区域。

5. "打印偏移（原点设置在可打印区域）"选项区

该选项用于确定图纸上输出区域的偏移位置（打印原点的位置）。一般情况下，打印原点位于图纸的左下方，用户可以通过在"X"和"Y"文本框中输入新的坐标值来改变原点的位置。如果选中"居中打印"复选框，系统将把输出区域的中心与图纸的中心对齐，此时系统会自动计算出打印原点的坐标值。

6. "打印样式表（画笔指定）"选项区

该选项用于确定是否选定打印样式。

7. "着色视口选项"区

该选项区用于设置着色视口的三维图形按什么显示方式进行打印输出。

8. "打印选项"区

该选项区用于设置其他打印选项。选中"打印对象线宽"复选框表示按照图形对象的线宽设置输出图形；选中"按样式打印（E）"复选框表示按照打印样式表中指定给图形对象的打印样式进行打印输出；选中"最后打印到图纸空间"复选框表示首先输出模型空间的图形对象，然后输出打印图纸空间的图形对象；选中"隐藏图纸空间对象（J）"复选框表示在图形输出时删除图形的隐藏线。

9. "图形方向"选项区

该选项区用于确定图形相对于图纸的方向以及设置图形是否上下颠倒打印。选中"上下颠倒打印"复选框，表示在确定图形相对于图纸方向的基础上进行上下颠倒打印。

8.2.3 对选定的图形输出设备进行配置

用户在页面设置时，当选定图形输出设备后可以单击图 8-17 所示的"页面设置"对话框中"打印机/绘图仪"选项区的"特性"按钮，系统将弹出图 8-18 所示的"绘图仪配置编辑器"对话框。该对话框包括"常规""端口"和"设备和文档设置" 3 个选项卡，在该对话框中用户可以对选定的图形输出设备进行配置。

1. "常规"选项卡

该选项卡用于修改打印输出设备的描述文本及查看设备的驱动程序信息。

2. "端口"选项卡

该选项卡用于设置打印输出设备的端口。

3. "设备和文档设置"选项卡

在该选项卡中，系统以树状结构显示了打印输出设备的多种设置，不同的打印输出设备显示的树状结构内容不同，而且并不是显示出来的每项内容设置都支持当前所选择的设备，当某项内容设置有效或可以修改时，系统会显示该项的下一层次的内容，这些内容可能包括以下各部分。

（1）介质：在该选项中，用户可以指定纸张来源、大小、类型等与绘图介质有关的参数。

（2）图形：该选项用于对打印矢量图形、光栅图像、True Type 字体等内容进行设置。根据打印机的性能，可能包括颜色、灰度、精度、抖动、分辨率等选项，也可以在此为矢量图形选择彩色或单色输出。

（3）自定义特性：该选项用于编辑由设备指定的特性。每个设备的特性不完全相同，用户可在此利用对话框来设置相应的特性。

（4）用户定义图纸尺寸与校准：在该选项中，用户可以校正打印设备，添加、删除、改变自定义图纸大小。

8.2.4 自定义图纸尺寸

图纸的尺寸即图纸空间的大小，用户如果在页面设置对话框中没有找到需要的图纸尺寸，可以在图 8-18 所示的对话框中选择"用户定义图纸尺寸与校准"中的"自定义图纸尺寸"。此时，在自定义图纸选项区中单击"添加"按钮，系统将弹出图 8-19 所示的"自定义图纸尺寸-开始"对话框，用户即可开始自定义图纸尺寸的操作。

【例 8-2】 自定义尺寸为高 330、宽为 230 的图纸，图纸四周留边尺寸为 10。

具体操作过程如下。

（1）单击图 8-19 所示的"自定义图纸尺寸-开始"对话框中的"下一步"按钮，系统将弹出如图 8-20 所示的"自定义图纸尺寸-介质边界"对话框。

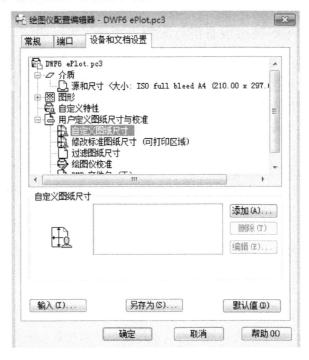

图 8-18 "绘图仪配置编辑器"对话框

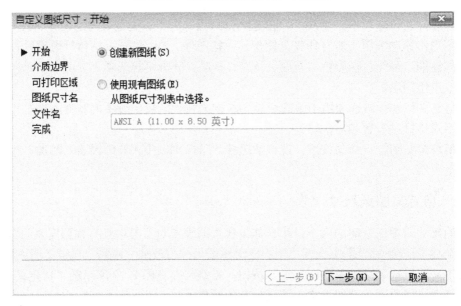

图 8-19 "自定义图纸尺寸-开始"对话框

（2）在如图 8-20 所示的"自定义图纸尺寸-介质边界"对话框中重新输入图纸的尺寸，然后单击对话框中的"下一步"按钮，系统将弹出如图 8-21 所示的"自定义图纸尺寸-可打印区域"对话框。

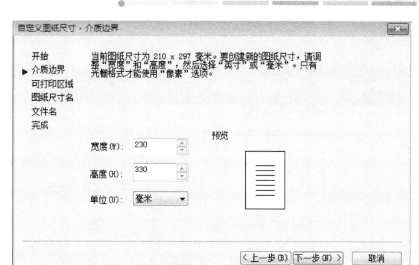

图 8-20　"自定义图纸尺寸-介质边界"对话框

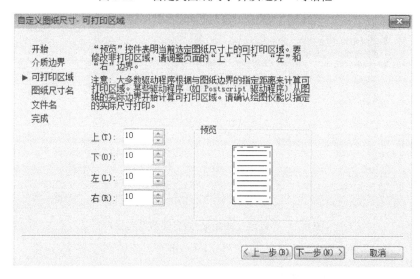

图 8-21　"自定义图纸尺寸-可打印区域"对话框

（3）在如图 8-21 所示的"自定义图纸尺寸-可打印区域"对话框中重新输入图纸四周的留边尺寸，然后单击对话框中的"下一步"按钮，系统将弹出如图 8-22 所示的"自定义图纸尺寸-图纸尺寸名"对话框。

（4）在如图 8-22 所示的"自定义图纸尺寸-图纸尺寸名"对话框中重新输入图纸尺寸名称或者使用系统的默认图纸尺寸名称，然后单击对话框中的"下一步"按钮，系统将弹出如图 8-23 所示的"自定义图纸尺寸-文件名"对话框。

（5）在如图 8-23 所示的"自定义图纸尺寸-文件名"对话框中重新输入新图纸尺寸的文件名称，然后单击对话框中的"下一步"按钮，系统将弹出如图 8-24 所示的"自定义图纸尺寸-完成对话框"。

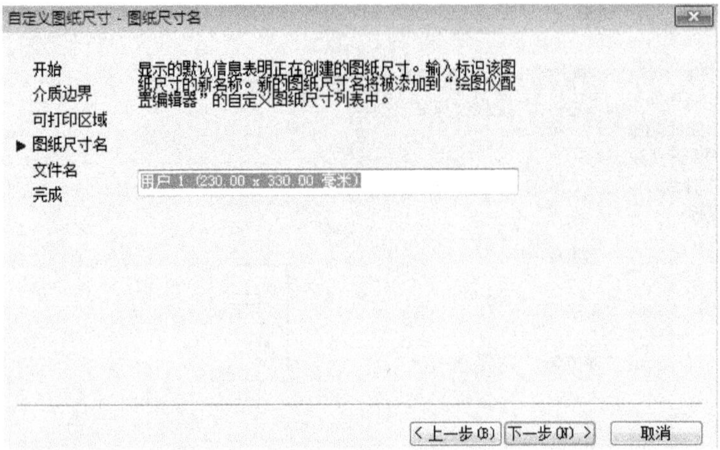

图 8-22 "自定义图纸尺寸-图纸尺寸名"对话框

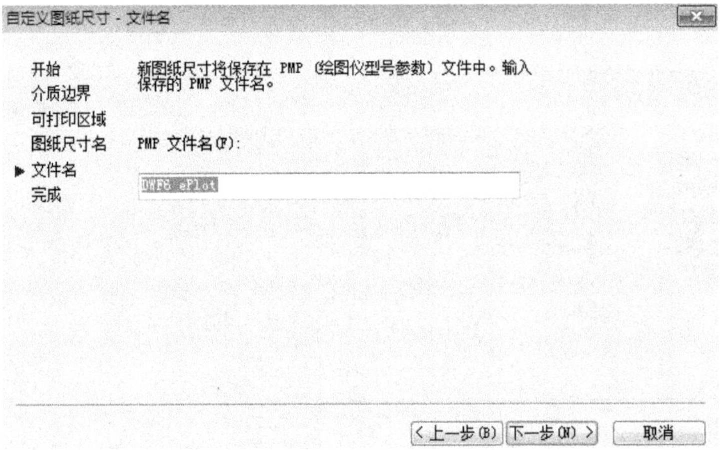

图 8-23 "自定义图纸尺寸-文件名"对话框

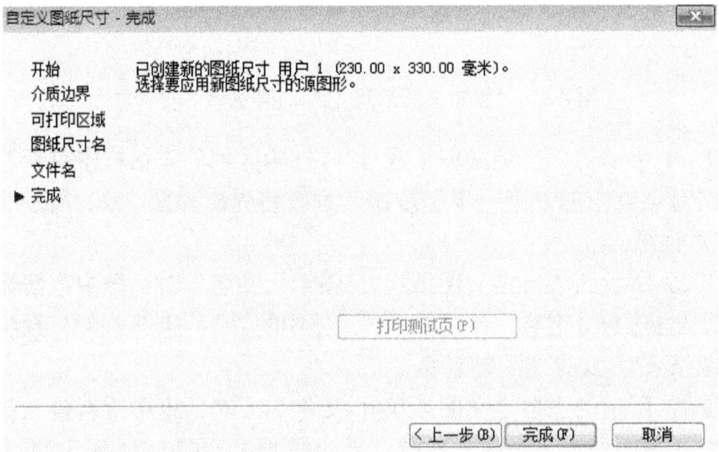

图 8-24 "自定义图纸尺寸-完成"对话框

（6）单击如图 8-24 所示的"自定义图纸尺寸-完成对话框"中的"完成"按钮。

通过以上的步骤，即可完成自定义图纸尺寸的操作。

提示：用户在选择图纸尺寸时必须注意，在图形的打印输出过程中，图纸上的可打印区域都会比用户所选取的图纸尺寸要小一些。因此，在选择图纸时必须考虑留有余量。

8.2.5　图形的打印输出

前面已经介绍过了有关页面设置的内容，页面设置完毕即可进行图形的打印输出工作。AutoCAD 绘制的图形可以在模型空间下直接打印输出，也可以在图纸空间下打印输出。

1．在模型空间下打印输出图形

在模型空间下选择下拉菜单"文件"｜"打印"命令，系统将弹出如图 8-25 所示的"打印-模型"对话框，用户在该对话框中的"页面设置"选项区中可以将设置好的页面选为当前页面设置样式进行打印，也可以单击"添加"按钮进行新的页面设置。

图 8-25 所示的"打印-模型"对话框中的"应用到布局"按钮表示要将当前模型空间下的页面设置应用到图纸空间下的布局中，其他选项内容与前面介绍过的页面设置内容完全相同，在此不再赘述。

用户在如图 8-25 所示的对话框中进行必要的设置后，可以通过"预览"功能查看图形的打印效果，如果对打印效果不满意，可以通过返回该对话框后进行调整。如果对打印效果满意，单击该对话框的"确定"按钮，系统将直接在模型空间下将图形打印输出。

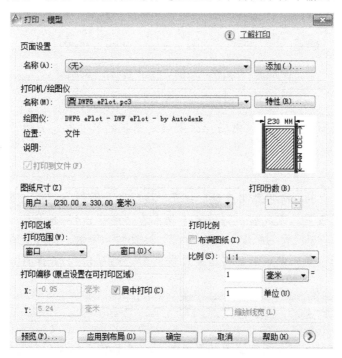

图 8-25　模型空间下的"打印-模型"对话框

2. 在图纸空间下打印输出图形

在图纸空间下选择下拉菜单中的"文件"｜"打印"命令，系统将弹出如图 8-26 所示的"打印-布局 1"对话框。用户在该对话框中的"页面设置"选项区中，可以将设置好的页面选为当前布局的设置样式进行打印，也可以单击"添加"按钮进行新的页面设置。

其他选项内容在前面已介绍过，在此不再赘述。

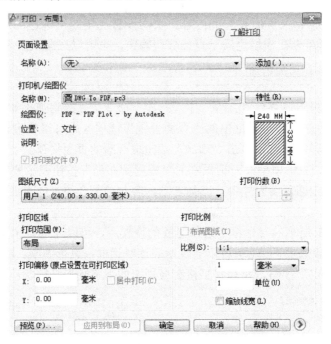

图 8-26　图纸空间下的"打印-布局 1"对话框

想一想

在进行页面设置的过程中应该根据什么来确定图纸的尺寸？用户自己定义图纸尺寸的方法和步骤是什么？

试试看

（1）将第 2 章保存的"练习二第五题"打开，按照 4 号图纸、1∶1 比例在模型空间下打印出图进行合适的页面设置。完成后，将该文件命名为"练习 8-4"并保存。

（2）将第 6 章保存的"练习六第一题"打开，按照 3 号图纸、1∶1 比例在图纸空间下打印出图进行合适的页面设置。完成后，将该文件命名为"练习 8-5"并保存。

本 章 小 结

本章主要介绍模型空间和图纸空间的有关知识以及机械工程图的打印输出设置方法，其中页面设置是打印输出图形的关键步骤，读者应该熟练掌握。机械工程图的打印输出是绘制机械工程图的最后一个步骤，而打印输出前的相关设置是关键，读者应该通过一定的实际训练来熟练掌握这些方法。

本 章 习 题

1．填空题

（1）从模型空间转换到图纸空间可以通过单击　　　　　　　选项卡办法来实现。

（2）无论模型空间还是图纸空间，创建多视口都可以通过　　　　　　　　对话框来创建。

（3）图纸空间与临时模型空间之间的相互切换可以通过　　　　　　　、　　　　　　　以及　　　　　　　　的方法来实现。

2．简答题

（1）在模型空间直接打印输出图形时，如果图形相对图纸偏右下方，应该在"打印-模型"对话框的什么选项区进行调整？怎样调整？

（2）在打印输出图形的过程中，如果没有合适的图纸尺寸供用户选择，该怎样自定义图纸尺寸？

（3）如果在按 1∶1 打印输出标准 3 号机械工程图时，图纸尺寸选择 420×297 是否正确？为什么？

（4）如果在打印预览时发现图形在图纸上方向不对时应该怎样进行调整设置？

3．操作题

（1）打开在第 6 章中保存的"练习六第四题"图形，在模型空间下进行合适的页面设置并将该图形按 1∶1 打印输出。

（2）打开在第 7 章中保存的"齿轮油泵——泵盖"图形，在图纸空间下进行合适的页面设置并将该图形按 1∶1 打印输出。

第9章

三维绘图基础知识

通过本章的学习和实际训练，要求读者能够理解三维绘图的基本原理，掌握创建各种形状三维实体的基本方法和技巧，熟练掌握机械零件的三维造型和图形显示的方法。

图 9-1（a）所示为端盖三维实体图，图 9-1（b）所示为轴三维实体图，它们都是通过三维绘图的方法创建的。本章将介绍三维坐标系的设置与变换、三维实体的创建与编辑、三维实体图形显示方式等主要内容。

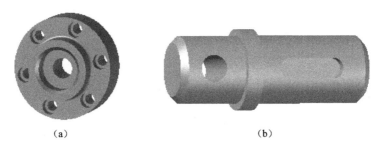

（a）　　　　　　　　　　　　（b）

图 9-1　端盖和轴三维实体图

9.1　AutoCAD 坐标系变换、视图选取及视觉样式的设置

AutoCAD 提供了两种坐标系供用户使用，一个是被称为世界坐标系（WCS）的固定坐标系；另一个是被称为用户坐标系（UCS）的可随时变换的坐标系。默认情况下，这两个坐标系在新图形中是重合的，用户根据绘图的需要可随时将世界坐标系转换为用户坐标系。

机械零件在 AutoCAD 中可以采用二维显示的图示方法，也可以采用三维显示的图示方法。用户可以在二维显示和三维显示之间进行转换，并可对图形显示的视觉效果进行设置。

9.1.1　世界坐标系

世界坐标系英文全称为 World Coordinate System，简称 WCS，是一个固定的坐标系，是所有用户坐标系的基准，不能被重新设置，图形文件中的所有对象均由其定义。在此之前，我们的作图和编辑都是在世界坐标系中进行的。使用世界坐标系时，绘图和编辑都在单一的固定坐标系中进行。这个系统对于二维绘图基本能够满足要求，但对于三维实体绘制，实体上的各点位置关系不明确，在绘制三维实体图形时会感到不便。因此，用户在 AutoCAD 系统中可以建立自己的坐标系（用户坐标系）。

9.1.2　用户坐标系

用户坐标系英文全称为 User Coordinate System，简称 UCS，为 AutoCAD 软件中可移动坐标系。用户坐标系的原点可以放在任意位置上，坐标系也可以旋转需要的任意角度。这样，就可以使用户绘制三维实体图形的工作更快捷、更方便。

9.1.3　坐标系图标显示、设置和视图的选取

1. 坐标系的显示设置

为了使读者更容易理解 AutoCAD 的坐标，需要先将坐标系的图标显示设置方法进行简要介绍。

选择下拉菜单中的"视图"|"显示"|"UCS"命令，系统会弹出如图 9-2 所示的子菜单。

（1）系统默认的"开（O）"选项即可在绘图区域显示坐标系图标，单击"开（O）"选项将关闭坐标系图标的显示。

（2）选中"原点（R）"复选框，坐标系图标将显示在原点处，否则将显示在视口的左下角。

（3）单击图 9-2 子菜单中的"特性（P）"命令选项，系统会弹出如图 9-3 所示的"UCS 图标"对话框。利用该对话框读者可以对坐标系的图标的样式、大小及其在模型空间和布局选项卡中的颜色进行设置。

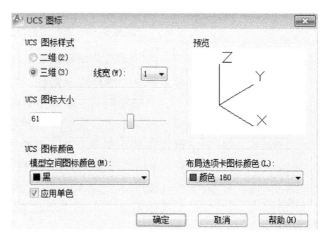

图 9-2　UCS 图标显示子菜单　　　　　　　图 9-3　UCS 图标设置对话框

2. 坐标系的图标显示和视图的选择

图 9-4 所示为二维绘图和三维绘图的不同投影方向，观察该图可以看出，由于二维绘图的投影方向与 Z 轴平行，所以投影不能显示空间形体 Z 方向（高度）的距离，视图没有立体感，如图 9-5（a）所示。而三维绘图的投影方向与 3 个轴均不平行，可以同时显示空间形体 3 个方

向的距离，视图具有立体感，如图9-5（b）所示。

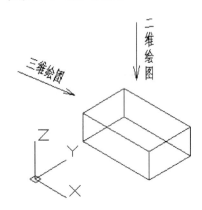

图9-4　二维绘图与三维绘图的投影方向

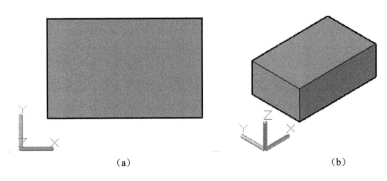

（a）　　　　　　　　　　　　　（b）

图9-5　二维绘图和三维绘图的投影方向与显示结果

视点预设(I)...

视点(V)

平面视图(P)　　▶

俯视(T)

仰视(B)

左视(L)

右视(R)

前视(F)

后视(K)

西南等轴测(S)

东南等轴测(E)

东北等轴测(N)

西北等轴测(W)

图9-6　三维视图的子菜单

图9-5（a）图和图9-5（b）中坐标系的显示也不同，二维绘图中显示的是二维坐标系图标，三维绘图中显示的是三维坐标系图标。

二维绘图与三维绘图之间的转换可以通过选择视图方法进行。选择下拉菜单"视图"|"三维视图"命令，系统弹出如图9-6所示的三维视图的子菜单，从子菜单中用户可以选择需要的视图。其中，"俯视（T）""仰视（B）""左视（L）""右视（R）""前视（F）"和"后视（K）"属于二维绘图，"西南等轴测（S）""东南等轴测（E）""东北等轴测（N）"和"西北等轴测（W）"属于三维绘图。

9.1.4　坐标变换的方法

由于AutoCAD的许多绘图命令都是在XOY平面上才有效，所以在进入三维绘图时不便于作图。为了解决这个问题，AutoCAD中用户可以将世界坐标系进行变换，变换后的坐标系称为用户坐标系（UCS）。

选择下拉菜单中的"工具"|"新建UCS（W）"命令，系统弹出如图9-7所示的"新建（UCS）"子菜单，读者通过各命令选项来变换

坐标系。

以下对图 9-7 中的几个常用选项进行介绍。

1. "世界（W）"选项

该选项用于将当前用户坐标系转换到世界坐标系，WCS 是所有用户坐标系的基准，不能被重新定义。

2. "上一个"选项

该选项用于恢复到上一个 UCS。

3. "视图（V）"选项

图 9-7 新建 UCS 子菜单

该选项用于以垂直于观察方向即平行于屏幕的平面为 XOY 平面，建立新的坐标系时，UCS 的原点位置保持不变。命令执行前后的坐标系如图 9-8（a）和图 9-9（b）所示，该命令主要用于三维实体视图中的文字书写。

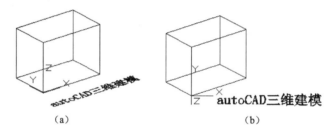

（a）   （b）

图 9-8 选择"视图（V）"变换坐标系

4. "原点（N）"选项

该选项用于新建坐标原点，将坐标系进行平移。

选择该选项系统提示"指定 UCS 的原点或 [面（F）/命名（NA）/对象（OB）/上一个（P）/视图（V）/世界（W）/X/Y/Z/Z 轴（ZA）] <世界>: "和"指定新原点 <0,0,0>:"。

下面以图 9-9 为例说明该选项的操作过程。

图 9-9（a）所示为世界坐标系，坐标原点位于长方体的左下前角点，此时在"指定新原点 <0,0,0>:"提示下捕捉长方体的左上前角点，坐标原点将移至如图 9-9（b）所示的位置。

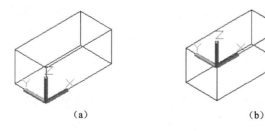

（a）   （b）

图 9-9 命令执行前后的坐标系

5. "三点（3）"选项

该选项用于指定三点重新形成坐标系。其中，指定的第一点为新坐标原点，第一点与新指定第二点连线即新的 X 轴，指定的第三点与指定的第一、二点确定的平面即新的坐标平面（XOY 平面）。

下面以图 9-10 为例说明该选项的操作过程。图 9-10（a）所示为世界坐标系，坐标原点位于长方体的左下前角点。此时，在"指定新原点 <0,0,0>:"提示下捕捉长方体的左上后角点，系统继续提示"在正 X 轴范围上指定点 <1.0000,60.0000,0.0000>:"。在该提示下，捕捉长方体的左上前角点。系统继续提示"在 UCS XY 平面的正 Y 轴范围上指定点<0.0000,60.0000,−1.0000>:"。在该提示下，捕捉长方体的右上后角点。

以上的操作结果如图 9-10（b）所示。

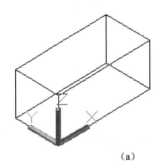　　　　　　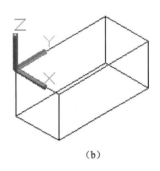

（a）　　　　　　　　　　　　　　　　　（b）

图 9-10　新指定三点变换坐标系

6. "X""Y""Z"选项

该选项用于保持坐标系原点不变，通过绕 X、Y、Z 轴旋转，快速地建立所需的 UCS。下面以图 9-11 为例，分别说明"X""Y""Z"选项的操作过程。其中，图 9-11（a）所示为世界坐标系（WCS），如果在"新建 UCS 子菜单"中选择"X"，系统将提示"指定绕 X 轴的旋转角度<90>:"，在提示下直接按 Enter 键，坐标系将绕 X 轴旋转 90°，变换后的坐标系如图 9-11（b）所示。

如果在"新建 UCS 子菜单"中选择"Y"，系统将提示"指定绕 Y 轴的旋转角度<90>:"，在提示下直接按 Enter 键，坐标系将绕 y 轴旋转 90°，变换后的坐标系如图 9-11（c）所示。

如果在"新建 UCS 子菜单"中选择"Z"，系统将提示"指定绕 Z 轴的旋转角度<90>:"，在提示下直接按 Enter 键，坐标系将绕 Z 轴旋转 90°，变换后的坐标系如图 9-11（d）所示。

上面介绍的几种坐标变换方法在三维绘图中有着非常重要的作用，因为许多二维绘图命令都只能在 XOY 面上执行，所以当用户需要在三维实体上其他表面绘制二维图形时，需要首先将该表面转换为 XOY 面才能绘制二维图形。

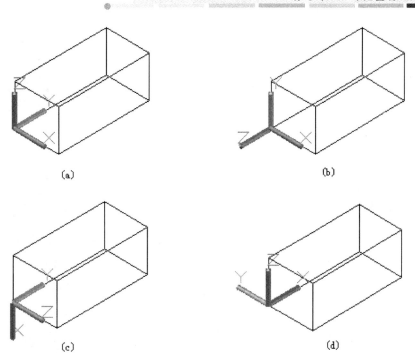

图 9-11　绕坐标轴旋转变换坐标系

9.1.5　视觉样式的设置

为了更形象地表示所绘制的三维实体，AutoCAD 为用户提供了用于显示三维实体不同图示效果的视觉样式设置方法，下面简要介绍其内容和操作方法。

选择下拉菜单中的"视图"|"视觉样式"命令，系统弹出如图 9-12 所示的"视觉样式（S）"子菜单，用户可以在子菜单中进行视觉样式的设置，图 9-13 所示为几种不同视觉样式设置后的显示效果。

图 9-12　"视觉样式（S）"子菜单

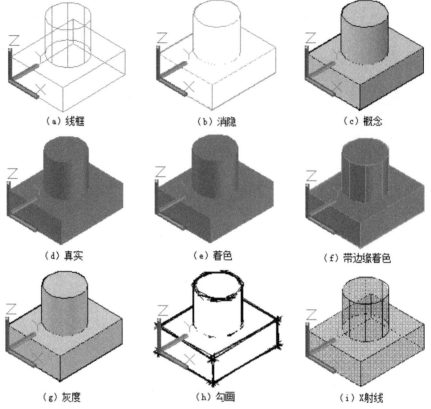

（a）线框　　　　　　　　　　（b）消隐　　　　　　　　　　（c）概念

（d）真实　　　　　　　　　　（e）着色　　　　　　　　　　（f）带边缘着色

（g）灰度　　　　　　　　　　（h）勾画　　　　　　　　　　（i）X射线

图 9-13　视觉样式不同设置的显示效果

试试看

（1）建立新图，先选择下拉菜单中的"视图"|"三维视图"|"东南等轴测"命令，然后选择下拉菜单中的"绘图"|"建模"|"长方体"命令，在"指定第一个角点或 [中心（C）]:"的提示下输入"0,0"后，按 Enter 键。在"指定其他角点或[立方体（C）/长度（L）]:"提示下，输入"100,60"后按 Enter 键。在"指定高度或 [两点（2P）]"提示下，输入"60"后按Enter 键。最后绘制出如图 9-14 所示的长为 100，宽和高度均为 60 的长方体，将该图命名为"练习 9-1"并保存。

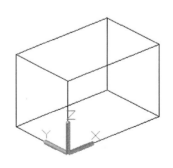

图 9-14　练习 9-1

（2）打开前面保存的"练习 9-1"图形文件，设置不同的视觉样式观察三维实体的不同显示效果。

（3）打开前面保存的"练习 9-1"图形文件，然后通过坐标系的变换，按照图 9-15 所示，在长方体的不同表面上分别绘制圆、椭圆、书写文字。完成后，将该图命名为"练习 9-2"并保存。

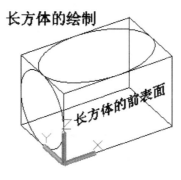

图 9-15　练习 9-2

9.2　创建基本三维实体及三维实体的布尔运算

AutoCAD 创建基本三维实体的方法有三种：第一种方法是直接绘制出基本三维实体，包括多段体、长方体、圆锥体、圆柱体、球体、楔体、棱锥体和圆环体等；第二种方法是利用二维平面图形进行拉伸来形成基本三维实体；第三种方法是利用平面图形进行旋转来形成基本三维实体。

在绘制三维实体的过程中，用户可以通过对已有的多个三维实体进行布尔运算来生成新的三维实体。

9.2.1　直接绘制基本三维实体

1. 绘制多段体

多段体命令用于创建三维多段体，创建的方法与绘制多段线的方法类似。默认情况下，多段体始终具有矩形截面轮廓。

选择下拉菜单中的"绘图" | "建模" | "多段体"命令，系统提示如下：

"Polysolid 高度 =6.0000，宽度 = 50.0000，对正 = 居中"

"指定起点或 [对象（O）/高度（H）/宽度（W）/对正（J）] <对象>:"

上述第一行提示中显示了当前要绘制的多段体的高度、宽度和对正方式。

（1）"指定起点"选项用于确定多段体的起点后开始绘制多段体。下面用图 9-16 来说明绘制多段体的命令操作过程。

在"指定起点或[对象（O）/高度（H）/宽度（W）/对正（J）]<对象>:"提示下输入"0,0"后按 Enter 键，系统继续提示"指定下一个点或[圆弧（A）/放弃（U）]:"。在该提示下输入"A"

后按 Enter 键，系统继续提示"指定圆弧的端点或[方向（D）/直线（L）/第二点（S）/放弃（U）]:"。在该提示下输入"D"后按 Enter 键，系统继续提示"指定圆弧的起点切向:"，光标指定沿 Y 轴的方向移动一段距离后单击，系统继续提示"指定圆弧的端点或 [方向（D）/直线（L）/第二点（S）/放弃（U）]:"。在该提示下输入"@50<180"后按 Enter 键，系统继续提示"指定圆弧的端点或[闭合（C）/方向（D）/直线（L）/第二个点（S）/放弃（U）]:"。在该提示下输入"@70<180"后按 Enter 键，系统继续提示"定圆弧的端点或[闭合（C）/方向（D）/直线（L）/第二个点（S）/放弃（U）]:"。在该提示下，直接按 Enter 键结束命令。

通过上述的操作过程，系统绘制出如图 9-17（a）所示的多段体。如果在"指定起点或 [对象（O）/高度（H）/宽度（W）/对正（J）] <对象>:"提示下输入"0，0，"后按 Enter 键，系统继续提示"指定下一个点或[圆弧（A）/放弃（U）]:"。在该提示下输入"@50,0"后按 Enter 键，系统继续提示"指定下一个点或[圆弧（A）/放弃（U）]:"。在该提示下输入"@0,40"后按 Enter 键，系统继续提示"指定下一个点或[圆弧（A）/放弃（U）]:"。在该提示下输入"@50,0"后按 Enter 键，系统继续提示"指定下一个点或[圆弧（A）/放弃（U）]:"。在该提示下，按 Enter 键结束命令。

通过上述的操作过程，系统绘制出如图 9-16（b）所示的多段体。如果在"指定起点或[对象（O）/高度（H）/宽度（W）/对正（J）]<对象>:"提示下输入"O"后按 Enter 键，系统继续提示"选择对象:"。在该提示下，选择已有的图形对象（在此选择的是半径为 45 的圆），系统在高度和宽度不变的情况下，将选择的图形对象生成为多段体，如图 9-16（c）所示。

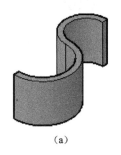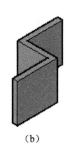

(a)　　　　　　　　(b)　　　　　　　　(c)

图 9-16　多段体的绘制

提示：用户可以通过选择直线、二维多线段、圆弧或圆等对象，将其转换为多段体。在默认情况下，多段体轮廓始终为矩形。

（2）"高度（H）/宽度（W）"选项用于设置多段体的高度和宽度。选择该选项，在"指定起点或[对象（O）/高度（H）/宽度（W）/对正（J）]<对象>:"提示下输入"H"后按 Enter 键，系统继续提示"指定高度 <50.0000>:"。在该提示下，用户输入多段体新的高度，按 Enter 键即可。

如果在"指定起点或[对象（O）/高度（H）/宽度（W）/对正（J）]<对象>:"提示下输入"W"后按 Enter 键，系统继续提示"指定宽度 <5.0000>:"。在该提示下，用户输入多段体新的宽度，按 Enter 键即可。

（3）"对正（J）"选项用于设置多段体的对正方式。选择该选项，在"指定起点或[对象（O）/

高度（H）/宽度（W）/对正（J）]<对象>:"提示下输入"J"后按 Enter 键。系统继续提示"输入对正方式[左对正（L）/居中（C）/右对正（R）] <居中>:"，　在该提示下用户输入多段体对正方式然后按 Enter 键即可。

2. 绘制长方体

长方体命令用于创建三维长方体或正立方体。选择下拉菜单"绘图"|"建模"|"长方体"命令，系统提示"指定第一个角点或[中心（C）]:"。在该提示下，指定长方体底面的第一角点，系统继续提示"指定其他角点或[立方体（C）/长度（L）]:"，指定第二角点，系统继续提示"指定高度或[两点（2P）] <112.4887>:"。直接指定高度命令结束或输入"2P"后按 Enter 键，系统继续提示"指定第一点:"，在该提示下指定一点，系统继续提示"指定第二点:"，在该提示下指定另一点。

通过上述的操作过程，系统将以指定的两个角点为长方体的对角点，以指定的两点为长方体的高度，绘制出该长方体。

如果在"指定第一个角点或[中心（C）]:"提示下输入"C"后按 Enter 键，将先确定长方体的中心后再绘制出长方体，系统继续提示"指定中心:"，用户在此先指定长方体的中心点，系统继续提示"指定角点或[立方体（C）/长度（L）]:"。在该提示下，指定角点后系统继续提示"指定高度或[两点（2P）]<190.7416>:"，在该提示下，指定长方体的高度，系统将绘制出该长方体。

如果在"指定角点或[立方体（C）/长度（L）]:"提示下输入"C"后按 Enter 键，将绘制出立方体，系统继续提示"指定长度<223.1630>:"，在该提示下指定立方体的长度（同时也为宽度和高度），系统将绘制出该立方体。

如果在"指定其他角点或[立方体（C）/长度（L）]:"提示下输入"L"后按 Enter 键，系统继续提示"指定长度<143.2360>:"。在该提示下指定长方体的长度，系统继续提示"指定宽度:"，在该提示下指定长方体的宽度，系统继续提示"指定高度或[两点（2P）]<143.2360>:"。在该提示下，指定长方体的高度，系统将绘制出该长方体。

下面分别以图 9-17（a）和图 9-17（b）为例，说明绘制长方体和立方体的操作过程。

输入绘制长方体命令后，系统提示"指定长方体的角点或 [中心点（C）] <0,0,0>:"。在该提示下，输入长方体的角点，系统继续提示"指定角点或 [立方体（C）/长度（L）]:"。在该提示下输入"L"后按 Enter 键，系统继续提示"指定长度:"。在该提示下输入"100"后按 Enter 键，系统继续提示"指定宽度:"。在该提示下输入"80"后按 Enter 键，系统继续提示"指定高度:"。在该提示下，输入"60"后按 Enter 键。

通过以上操作，系统将绘制出如图 9-17（a）所示长度为 100、宽度为 80、高度为 60 的长方体。

如果在"指定长方体的角点或[中心点（C）] <0,0,0>:"，在该提示下输入"C"后按 Enter 键，系统继续提示"指定中心:"。在绘图区域指定一个中心点后，系统继续提示"指定角点或[立方体（C）/长度（L）]:"。在该提示下输入"C"后按 Enter 键，系统继续提示"指定长度:"。在该提示下输入"70"后按 Enter 键。

通过以上操作，系统将绘制出如图 9-17（b）所示的边长为 70 的立方体。

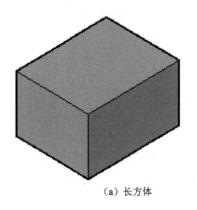

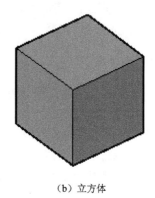

（a）长方体　　　　　　　　　　　　　　　　　（b）立方体

图 9-17　绘制的长方体和立方体

提示： 在绘制长方体时，长方体的长度、宽度和高度应分别沿着坐标系的 X 轴、Y 轴和 Z 轴进行绘制。当命令行提示输入长方体的长度、宽度和高度时，如果输入的值为正值，系统将沿着坐标系中 X、Y 和 Z 坐标轴的正方向绘制长方体；如果输入的值为负值，系统将沿着坐标系 X、Y 和 Z 轴的负方向绘制长方体。长方体或立方体在图形窗口中的位置可由指定的第一角点或中心点来确定。

3. 绘制圆柱体

圆柱体命令用于绘制圆柱三维实体。选择下拉菜单中的"绘图"|"建模"|"圆柱体"命令，系统提示如下：

"指定底面的中心点或[三点（3P）/两点（2P）/相切、相切、半径（T）/椭圆（E）]："

下面以图 9-18 为例，说明该选项的执行过程。

在"指定底面的中心点或[三点（3P）/两点（2P）/相切、相切、半径（T）/椭圆（E）]："提示下，输入圆柱体底面中心点的坐标"30,50,0"后按 Enter 键，系统继续提示"指定底面的半径或[直径（D）]："。在该提示下，输入圆柱体的半径"25"后按 Enter 键，系统继续提示"指定高度或[两点（2P）/轴端点（A）]："。在该提示下，输入圆柱体的高度"60"后按 Enter 键。

通过上面的操作，系统将以（30,50,0）为底面中心，绘制出如图 9-18 所示的半径为 25、高为 60 的圆柱体。

图 9-18　圆柱体的绘制

用户在"指定高度或[两点（2P）/轴端点（A）]："提示下，可以直接指定高度来绘制圆柱体，也可以通过"两点（2P）"或"轴端点（A）"选项来确定圆柱体的高度。其中，"两点"是指定圆柱体的高度为两个指定点之间的距离，"轴端点"是指圆柱体的顶面中心点。

4. 绘制圆锥体

圆锥体命令用于绘制三维圆锥或圆台。选择下拉菜单中的"绘图"|"建模"|"圆锥体"命令后，系统提示如下：

"指定底面的中心点或[三点（3P）/两点（2P）/相切、相切、半径（T）/椭圆（E）]:"

下面以图 9-19 为例来说明该命令的执行过程。在"指定底面的中心点或[三点（3P）/两点（2P）/相切、相切、半径（T）/椭圆（E）]:"提示下输入圆锥体底面中心点的坐标"30,30，0"后按 Enter 键，系统继续提示"指定底面半径或[直径（D）]<25.0000>:"。在该提示下，输入圆锥体底面的半径"20"后按 Enter 键，系统继续提示"指定高度或[两点（2P）/轴端点（A）/顶面半径（T）] <45.0000>:"。在该提示下，输入圆锥体的高度"45"后按 Enter 键。

通过上面的操作，系统将以（30,30,0）为底面中心，绘制出底面半径为 20、高为 45 的圆锥体，如图 9-19（a）所示。

如果在"指定高度或[两点（2P）/轴端点（A）/顶面半径（T）] <45.0000>:"，提示下输入"T"后按 Enter 键，系统继续提示"指定顶面半径 <0.0000>:"。在该提示下输入圆锥体顶面半径"10"后按 Enter 键，系统继续提示"指定高度或[两点（2P）/轴端点（A）/顶面半径（T）] <45.0000>:"。在该提示下，输入圆锥体的高度"40"后按 Enter 键。

通过上面的操作，系统将绘制出底圆半径为 20、顶圆半径为 10、高度为 40 的圆台，如图 9-19（b）所示。

（a）圆锥

（b）圆锥台

图 9-19　圆锥和圆锥台的绘制

5. 绘制球体

球体命令用于绘制完整的圆球体。选择下拉菜单中的"绘图"|"实体"|"球体"命令后，系统提示如下：

"指定中心点或[三点（3P）/两点（2P）/相切、相切、半径（T）]:"

如果在"指定中心点或[三点（3P）/两点（2P）/相切、相切、半径（T）]:"提示下，直接指定球体的中心点，系统将放置球体以使其中心轴与当前用户坐标系的 Z 轴平行，纬线与 XOY 平面平行，系统继续提示"指定半径或 [直径（D）]:"。在该提示下，用户输入球体的半径或输入"D"后按 Enter 键，指定球体的直径，系统将绘制出该球体。

图 9-20　球体的绘制

下面以图 9-20 为例，说明该命令的执行过程。

在"指定中心点或[三点（3P）/两点（2P）/相切、相切、半径（T）]:"提示下输入球体球心的坐标"60,60,0"后按 Enter 键，系统继续提示"指定半径或[直径（D）]:"，在该提示下，输入球体的半径"50"后按 Enter 键。通过上面的操作，系统将以（60,60,0）为中心，绘制出半径为 50 的球体，如图 9-29 所示。

如果在"指定中心点或[三点（3P）/两点（2P）/相切、相切、半径（T）]:"提示下输入"3P"后按 Enter 键，表示用户将通过在三维空间的任意位置指定三个点来确定球体的直径，从而绘制出球体。

如果在"指定中心点或[三点（3P）/两点（2P）/相切、相切、半径（T）]:"提示下输入"2P"后按 Enter 键，表示用户将通过在三维空间的任意位置指定两个点来确定球体的直径，从而绘制出球体。

如果在"指定中心点或[三点（3P）/两点（2P）/相切、相切、半径（T）]:"提示下输入"T"后按 Enter 键，表示用户将通过在三维空间指定与两个图形对象相切、给定半径来绘制出球体。

6.　绘制楔体

楔体命令用于绘制三角块实体。选择下拉菜单中的"绘图"|"建模"|"楔体"命令后，系统提示如下：

"指定第一个角点或[中心（C）]:"

下面以图 9-21 为例来说明该命令的执行过程。在上述提示下输入楔体的第一个角点坐标"30,30,0"后按 Enter 键，系统继续提示"指定其他角点或[立方体（C）/长度（L）]:"。在该提示下，输入楔体的另一个角点坐标"60,50,0"后按 Enter 键，系统继续提示"指定高度或[两点（2P）]<40.0000>:"。在该提示下输入楔体的高度"45"后按 Enter 键。通过上面的操作，系统将绘制出长 30、宽 20、高 45 的楔体，如图 9-21（a）所示。

"长度（L）"选项用于通过指定楔体的长、宽、高来绘制楔体。在"指定角点或[立方体（C）/长度（L）]:"提示下，输入"L"后按 Enter 键，系统继续提示"指定长度:"。在该提示下，输入"30"后按 Enter 键，系统继续提示"指定宽度:"。在该提示下，输入"20"后按 Enter 键，系统继续提示"指定高度或[两点（2P）]<60.2724>:"。在该提示下，输入"45"后按 Enter 键。通过以上的操作，系统同样绘制出如图 9-21（a）所示的楔体。

"立方体（C）"选项用于绘制等于立方体一半的楔体。在"指定第一个角点或[中心（C）]:"提示下，输入楔体的第一个角点坐标（30,30,0）后按 Enter 键，系统继续提示"指定其他角点或 [立方体（C）/长度（L）]:"。在该提示下，输入"C"后按 Enter 键，系统继续提示"指定长度:"。输入值或拾取点以指定 XY 平面上楔体的长度和旋转角度，在该提示下，输入"35"后按 Enter 键。

通过上述操作，系统将绘制出长、宽、高都等于 35 的立方楔体，如图 9-21（b）所示。

"中心（C）"选项用于通过指定楔体中心点来绘制楔体。在"指定第一个角点或[中心（C）]:"提示下输入"C"后按 Enter 键，系统继续提示"指定中心:"。在该提示下，输入楔体的中心点坐标值后按 Enter 键，系统继续提示"指定对角点或 [立方体（C）/长度（L）]:"。

上面提示中各选项的操作方法与前面所述相同，此处不再赘述。

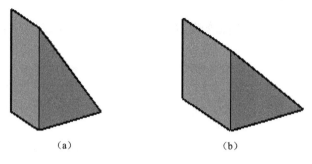

（a）   （b）

图 9-21　楔体的绘制

7. 绘制圆环体

选择下拉菜单中的"绘图"｜"建模"｜"圆环体"命令，系统提示如下：

"指定中心点或[三点（3P）/两点（2P）/相切、相切、半径（T）]:"

下面以图 9-22 为例说明该命令的操作方法和过程。在上述提示下，输入圆环体的中心点坐标"30,30,0"后按 Enter 键，系统继续提示"指定半径或[直径（D）] <20.0000>:"。在该提示下，输入圆环体的半径"100"后按 Enter 键，系统继续提示"指定圆管半径或[两点（2P）/直径（D）]:"。在该提示下，输入圆管的半径"20"后按 Enter 键。

通过上述操作，系统将以（30,30,0）为中心，绘制出圆环体内环半径为 100、圆管半径为 20 的圆环体，如图 9-22 所示。

"三点（3P）"选项用于指定的三个点来定义圆环体的圆周。

"两点（2P）"选项用于指定两个点来定义圆环体的圆周。

图 9-22　圆环体的绘制

"相切、相切、半径（T）"选项用于确定给定半径圆环体的圆周位置，圆周位置为与两个已有的图形对象相切。

提示：圆环体的圆周半径是指从圆环体中心到圆管中心的距离。当圆管的半径比圆环体的半径大时，会产生一个自交的圆环，它没有中心孔。

8. 绘制棱锥体

棱锥体命令用于绘制正多棱锥和正多棱台。选择下拉菜单中的"绘图"｜"建模"｜"棱面体"命令，系统提示如下：

"4 个侧面　外切"

"指定底面的中心点或[边（E）/侧面（S）]:"

下面以图 9-23 为例说明该命令的操作过程和方法。在上述提示下输入"S"后按 Enter 键，系统继续提示"输入侧面数 <4>:"。在该提示下，输入"6"后按 Enter 键，系统继续提示"指定底面的中心点或[边（E）/侧面（S）]:"。在该提示下输入"0,0,0"后按 Enter 键，系统继续

提示"指定底面半径或[内接（I）]:"。在该提示下，输入"100"后按 Enter 键，系统继续提示"指定高度或[两点（2P）/轴端点（A）/顶面半径（T）]:"。在该提示下，输入"200"后按 Enter 键。

通过上面的操作过程系统绘制出如图 9-23（a）所示的底面边长为 100、高为 200 的正六棱锥。

如果在"指定高度或[两点（2P）/轴端点（A）/顶面半径（T）]:"提示下输入"T"后按 Enter 键，系统继续提示"指定顶面半径<27.8013>:"。在该提示下，输入"60"后按 Enter 键，系统继续提示"指定高度或[两点（2P）/轴端点（A）]<200.0000>:"。在该提示下，输入"150"后按 Enter 键。

通过上面的操作过程系统绘制出如图 9-23（b）所示的底面边长为 100、顶面边长为 60、高为 150 的正六棱台。

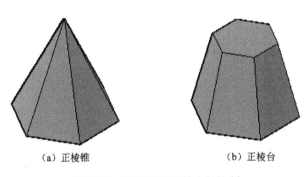

（a）正棱锥　　　　　　　　　　（b）正棱台

图 9-23　正棱锥和正棱台的绘制

9.2.2　由二维图形通过拉伸、旋转形成三维实体

1. 能够用于拉伸和旋转的二维图形

AutoCAD 创建三维实体的另外一个主要方法就是由已有的二维闭合图形通过拉伸或者旋转来生成三维实体，但用于拉伸或者旋转的二维闭合图形的外轮廓线必须是一个整体，如圆、矩形、正多边形，以及闭合的多段线、面域等。对于轮廓线不是一个整体的二维闭合图形来说，就不能直接通过拉伸或旋转来生成三维实体。图 9-24 所示的两个封闭的二维图形的轮廓线不是一个整体，这两个封闭的二维图形都不能通过拉伸或旋转来生成三维实体。

图 9-24　轮廓线不是一个整体的二维闭合图形

对于轮廓线不是一个整体的二维封闭图形可以通过第 3 章介绍过的创建边界和面域的方法，利用已有二维封闭图形来创建封闭多段线或者面域，最终达到生成三维实体的目的。

利用封闭的二维图形创建封闭多段线和面域的方法第 3 章已经介绍过，不再赘述。但是当遇到两个封闭图形有公共轮廓线的情况时，应特别注意所选择的位置和形成的多段线边界或面域的关系，下面以创建面域为例说明操作过程。

选择下拉菜单中的"绘图"｜"边界…"命令（或者在命令行输入"BOUNDARY"按 Enter 键），系统弹出如图 9-25 所示的"边界创建"对话框，将对话框"对象类型（O）"选择为"面域"，单击"拾取点（P）"按钮，开始在要创建面域的区域内拾取点（单击鼠标）。

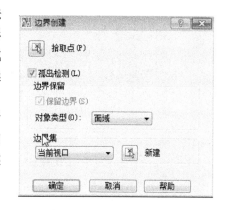

图 9-25 "边界创建"对话框

下面以图 9-26 和图 9-27 为例来说明创建面域时需要注意的问题。在图 9-26（a）所示区域内单击鼠标，找到了 3 个面域，在图 9-26（b）所示区域内再次单击鼠标，又找到了两个面域。命令结束后，一共创建了 5 个面域，如图 9-26（c）所示。

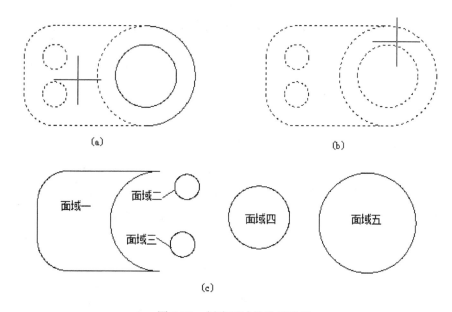

图 9-26 创建面域的选择结果

同样，在图 9-27（a）所示区域单击，找到一个面域，再依次分别在图 9-27（b）、图 9-27（c）、图 9-27（d）所示区域单击，又找到 3 个面域。命令结束后，一共创建了 4 个面域，如图 9-26（e）所示。

2. 拉伸

拉伸命令可以将闭合的二维图形拉伸为实体，用于拉伸的闭合二维图形可以是圆、矩形、多边形、多段线、面域等。

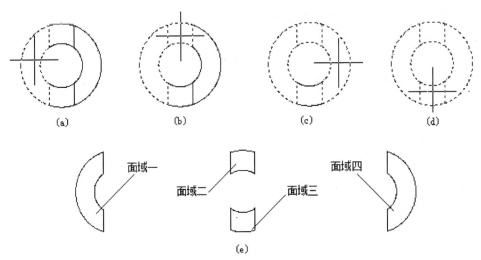

图 9-27　创建面域的选择结果

选择下拉菜单中的"绘图"｜"建模"｜"拉伸"命令，系统提示如下：

"当前线框密度: ISOLINES=2000，闭合轮廓创建模式 = 实体""选择要拉伸的对象或 [模式（MO）]:_MO 闭合轮廓创建模式 [实体（SO）/曲面（SU）] <实体>: _SO"。

下面以图 9-28 和图 9-29 为例说明拉伸命令的操作过程。在上述提示下，选择如图 9-28（a）图中的矩形、图 9-28（b）中的圆和图 9-28（c）中的多段线，选择完毕，按 Enter 键，系统继续提示"指定拉伸的高度或 [方向（D）/路径（P）/倾斜角（T）/表达式（E）] <45.0000>:"。在该提示下，输入拉伸高度"20"后按 Enter 键结束命令。

上面的操作结果如图 9-29 所示。

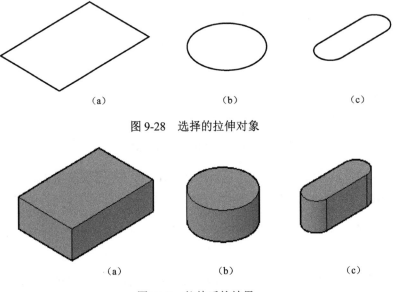

（a）　　　　　　　　　　（b）　　　　　　　　　　（c）

图 9-28　选择的拉伸对象

（a）　　　　　　　　　　（b）　　　　　　　　　　（c）

图 9-29　拉伸后的结果

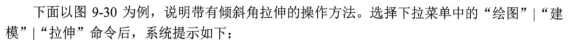

下面以图 9-30 为例，说明带有倾斜角拉伸的操作方法。选择下拉菜单中的"绘图"|"建模"|"拉伸"命令后，系统提示如下：

"当前线框密度： ISOLINES=2000，闭合轮廓创建模式 = 实体""选择要拉伸的对象或 [模式（MO）]:_MO 闭合轮廓创建模式 [实体（SO）/曲面（SU）] <实体>: _SO"。

在上述提示下，选择如图 9-30（a）图中的矩形，选择完毕，按 Enter 键，系统继续提示"指定拉伸的高度或 [方向（D）/路径（P）/倾斜角（T）/表达式（E）] <45.0000>:"。在该提示下，输入"T"后按 Enter 键，系统继续提示"指定拉伸的倾斜角度或 [表达式（E）] <345>:"。在该提示下，输入倾斜角度"15"后按 Enter 键，系统继续提示

"指定拉伸的高度或 [方向（D）/路径（P）/倾斜角（T）/表达式（E）] <30.0000>:"。在该提示下，输入拉伸高度"20"后按 Enter 键结束命令。操作结果如图 9-30（b），图 9-30（c）为输入的倾斜角度值为"-15"的拉伸结果。

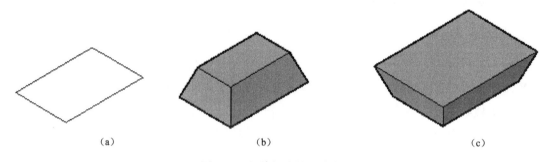

（a）　　　　　　　　　　（b）　　　　　　　　　　（c）

图 9-30　拉伸创建的三维实体

提示：当输入的倾斜角太大或拉伸高度很大时，可能会使拉伸对象或拉伸对象的一部分在未到达拉伸高度之前就已汇聚到一点，这样就不能正确地拉伸。

下面以图 9-31 为例说明将指定的二维对象沿着指定路径拉伸生成三维实体的方法。如图 9-31（a）所示，先绘制一条二维多段线作为路径，在此多段线端点附近绘制出一个圆（圆与多段线不能共面）。

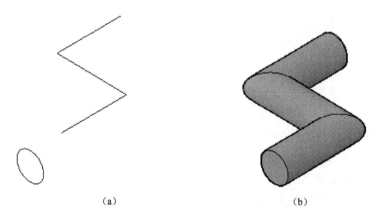

（a）　　　　　　　　　　　　（b）

图 9-31　沿路径拉伸后生成的三维实体

在"选择要拉伸的对象或 [模式（MO）]:"提示下，选择图 9-31（a）中的圆，系统继续提示"指定拉伸的高度或 [方向（D）/路径（P）/倾斜角（T）/表达式（E）] <50.0000>:"。如果在该提示下输入"P"后按 Enter 键，系统继续提示"选择拉伸路径或 [倾斜角]:"。在该提示下选择图 9-31（a）中的二维多段线作为拉伸的路径，操作结果如图 9-31（b）所示。

提示：拉伸路径只能是直线、圆、圆弧、椭圆、椭圆弧、二维多段线、三维多段线、二维样条曲线、三维样条曲线、实体的边、曲面的边、螺旋；路径不能与拉伸对象共面，路径的一个端点必须在拉伸对象所在的平面上，否则，AutoCAD 将移动路径到拉伸对象的中心。如果路径包含不相切的线段，那么 AutoCAD 将沿每个线段拉伸，然后在两条线段形成的角平分面上形成斜接头；如果路径每一段都相切，那就要求路径上的曲率半径要大于轮廓尺寸，否则，拉伸时就会出现自交情况，而不能生成预想的三维实体。被拉伸的三维实体始于轮廓所在的平面，终止于路径端点处与路径垂直的平面。

3. 旋转

旋转命令可以将闭合的二维图形对象绕某一轴旋转一定角度生成复杂的实体，用于旋转的闭合二维图形可以是圆、矩形、多边形、多段线、面域等。

选择下拉菜单中的"绘图"|"建模"|"旋转"命令，系统提示如下：

"当前线框密度：ISOLINES=2000，闭合轮廓创建模式 = 实体""选择要旋转的对象或 [模式（MO）]: _MO 闭合轮廓创建模式 [实体（SO）/曲面（SU）] <实体>: _SO""选择要旋转的对象或 [模式（MO）]:"。

下面以图 9-32 为例，说明该命令的操作过程

在上述提示下，选择如图 9-32（a）所示的闭合多段线图形，系统继续提示"指定轴起点或根据以下选项之一定义轴 [对象（O）/X/Y/Z] <对象>:"，在该提示下直接按 Enter 键，系统继续提示"选择对象:"。在该提示下，选择如图 9-32（a）所示直线作为旋转轴，系统继续提示"指定旋转角度或 [起点角度（ST）/反转（R）/表达式（EX）] <360>:"。在该提示下，输入旋转角度"360"后按 Enter 键。

通过上述操作，系统将用户选择的二维平面图形绕选定的直线旋转生成三维实体，如图 9-32（b）所示。

如果在"指定旋转角度或 [起点角度（ST）/反转（R）/表达式（EX）] <360>:"提示下，输入"ST"后按 Enter 键，系统将提示"指定起点角度 <0.0>:"。在该提示下，按 Enter 键，系统继续提示"指定旋转角度 <360>:"。在该提示下，输入旋转角度"180"后按 Enter 键。上述的操作结果如图 9-32（c）所示。

其他各选项的含义如下：

"指定轴起点"选项表示通过指定旋转轴上的两个点来确定旋转轴，轴的正方向从第一点指向第二点。

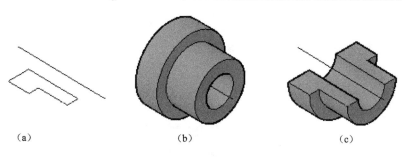

（a）　　　　　　　　　（b）　　　　　　　　　（c）

图 9-32　旋转创建的三维实体

"对象（O）"选项表示通过选择对象来定义旋转轴。

"X 轴"选项表示使用当前 UCS 的正向 X 轴作为旋转轴。

"Y 轴"选项表示使用当前 UCS 的正向 Y 轴作为旋转轴。

"Z 轴"选项表示使用当前 UCS 的正向 Z 轴作为旋转轴。

提示：旋转对象可以是闭合多段线、多边形、圆、椭圆、闭合样条曲线、圆环和面域，但不能旋转包含在块中的对象，也不能旋转具有相交或自交线段的多段线，并且一次只能旋转一个对象。

9.2.3　三维实体的布尔运算

在前面的章节中已经介绍了创建面域、面域的布尔运算、绘制基本三维实体、由二维对象生成三维实体等有关内容。在 AutoCAD 中，用户可以通过对已有的三维实体进行并集、差集、交集等布尔运算来创建出新的三维实体。

图 9-33 所示为三维实体的布尔运算实例，其中，图 9-33（a）为并集运算，图 9-33（b）为差集运算，图 9-33（c）为交集运算。

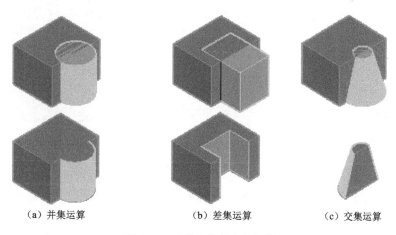

（a）并集运算　　　　　　　（b）差集运算　　　　　　　（c）交集运算

图 9-33　三维实体的布尔运算

试试看

（1）绘制如图 9-34 所示的三维实体，其中长方体长 120、宽 100、高 40，圆柱的直径为

80、高为 30，正四棱台的底面边长为 50、顶面边长为 30，高为 20，圆台的底圆半径为 10、顶圆半径为 5、高度为 30。绘制完成后，将该图命名为"练习 9-3"并保存。

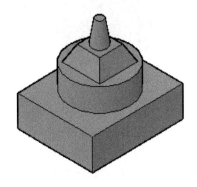

图 9-34　练习 9-3

（2）按照图 9-35（a）所示两面视图，绘制如图 9-35（b）所示的三维实体。绘制完成后，将该图命名为"练习 9-4"并保存。

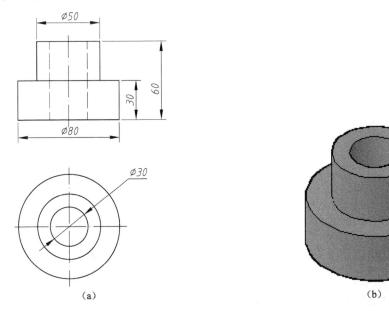

图 9-35　练习 9-4

（3）按照图 9-36（a）所示两面视图，绘制如图 9-36（b）所示的三维实体。绘制完成后，将该图命名为"练习 9-5"并保存。

（4）按照图 9-37（a）所示的视图，绘制如图 9-37（b）所示的三维实体。绘制完成后，将该图命名为"练习 9-6"并保存。

（5）按照图 9-38（a）所示的视图，绘制如图 9-38（b）所示的三维实体。绘制完成后，将该图命名为"练习 9-7"并保存。

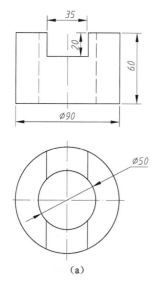

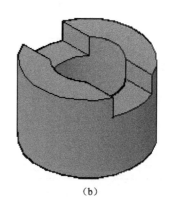

图 9-36 练习 9-5

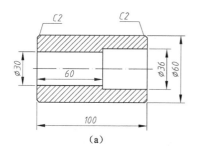

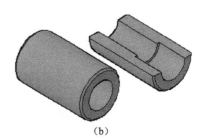

图 9-37 练习 9-6

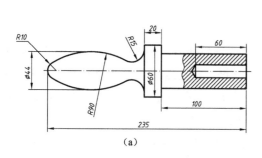

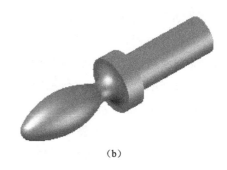

图 9-38 练习 9-7

（6）按照图 9-39（a）所示两面视图，绘制如图 9-39（b）所示的三维实体。绘制完成后，将该图命名为"练习 9-8"并保存。

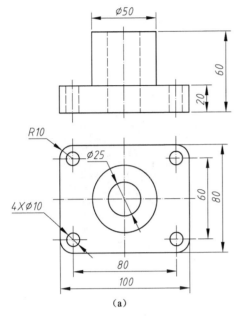

(a)

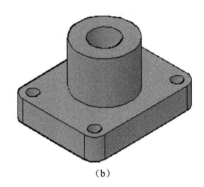

(b)

图 9-39　练习 9-8

9.3　三维实体的基本操作

前面介绍过的一些关于二维图形的编辑命令对三维实体也同样适用，但是为了方便创建三维实体，CAD 提供了专门针对三维实体进行基本操作的命令，以下进行详细介绍。

9.3.1　三维移动

三维移动命令用于在受约束的轴或平面上自由移动三维图形对象。下面通过图 9-40 来说明该命令的操作过程。

选择下拉菜单中的"修改"|"三维操作"|"三维移动"命令，系统提示"选择对象:"。在该提示下，选择如图 9-40（a）所示的长方体后按 Enter 键，在三维视图上就会出现三维移动矢量工具，如图 9-40（b）所示。同时，系统继续提示"指定基点或[位移（D）]<位移>:"。在该提示下，用户可以选择三维移动矢量工具中的移动约束轴，如图 9-40（c）所示（图中选择移动约束轴为 X 方向），也可选择三维移动矢量工具中的移动约束平面，如图 9-40（d）所示（图中选择移动约束平面为 XOZ 平面）。在用户选择的同时系统将自动确定移动的基点。

用户选择了移动约束轴或平面后，系统继续提示"指定移动点或[基点（B）/复制（C）/放弃（U）/退出（X）]:"。在该提示下，用户移动光标确定三维图形对象沿约束轴或平面移动的距离，即可移动三维图形对象。

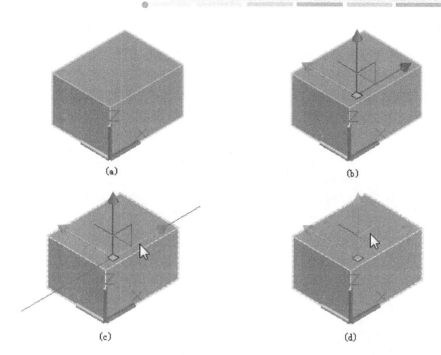

图 9-40 三维移动的矢量工具及移动约束轴和约束平面的选择

图 9-41（a）所示为沿选定约束轴移动三维图形对象的过程，图 9-41（b）所示为沿选定约束平面移动三维图形对象的过程。

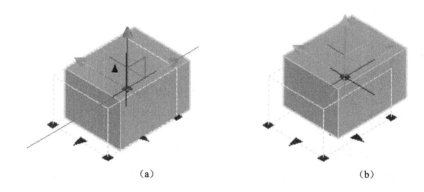

图 9-41 沿选定约束轴或选定约束平面移动三维图形对象

9.3.2 三维旋转

三维旋转命令用于借助旋转句柄工具绕受约束的轴自由旋转三维图形对象。下面以图 9-42 所示为例来说明该命令的操作过程。

选择下拉菜单中的“修改”|“三维操作”|“三维旋转”命令，系统提示“选择对象:”。在该提示下，选择图 9-42（a）中的长方体。此时，系统显示出如图 9-42（b）所示附着长方体上的旋转句柄工具，它有 3 个环形轴句柄，每个环形句柄表示当前 UCS 各轴的旋转方向。此时，系统继续提示“指定基点:”，在该提示下捕捉长方体前下方边的端点，使旋转句柄工具的基准点

与此点重合，如图 9-42（c）所示，系统继续提示"拾取旋转轴:"。在该提示下，拾取如图 9-42（c）所示的环形句柄，将光标悬停在旋转句柄工具的旋转轴控制句柄上，直到光标变为黄色，如图 9-42（d）所示。然后，单击此句柄确定旋转约束轴（图中选择的约束轴为 X 轴），系统继续提示"指定角的起点或键入角度:"。在该提示下，输入"90"后按 Enter 键。此时，长方体绕选定的约束轴（X 轴）旋转了 90°，结果如图 9-42（e）所示。

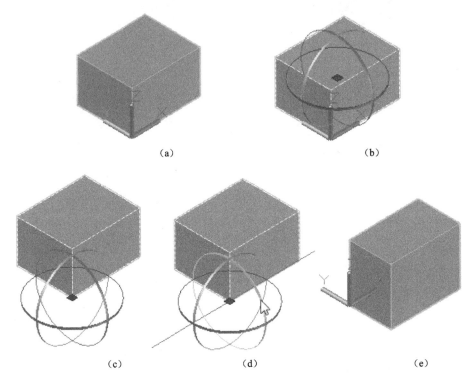

(a)　　　　　　　　　(b)

(c)　　　　(d)　　　　(e)

图 9-42　绕选定约束轴旋转的三维图形对象

9.3.3　三维对齐

三维对齐命令用于移动和旋转三维实体使一个三维实体与另一个三维实体对齐。在对齐的过程中，可以为源对象和目标对象各指定三个点，通过这三对点的设置，使三维空间中的源对象和目标对象对齐。

下面以图 9-43 所示为例来说明该命令的操作过程。选择下拉菜单中的"修改"｜"三维操作"｜"三维对齐"命令，系统提示"选择对象:"。在该提示下，选择如图 9-43（a）所示的源对象（正四棱锥），系统继续提示"找到 1 个选择对象:"。在该提示下，按 Enter 键，系统继续提示"指定源平面和方向…指定基点或[复制（C）]:"。在该提示下，选择正四棱锥上的第一个源点（基点），如图 9-43（a）中的 1（底面中心点），系统继续提示"指定第二个点或[继续（C）]<C>:"。在该提示下，选择四棱锥上的第二个源点，如图 9-43（a）中的 2（底面端点），系统继续提示"指定第三个点或[继续（C）] <C>:"。在该提示下，选择四棱锥上的第三个源点，如图 9-43（a）中的 3（底面端点），系统继续提示"指定目标平面和方向…指定第一个目标点:"。

在该提示下，指定第一个目标点，如图 9-43（a）所示长方体上的 *A* 点（顶面中心点），系统继续提示"指定第二个目标点或[退出（X）]<X>:"。在该提示下，指定第二个目标点，如图 9-43（a）所示长方体上的 *B* 点（顶面边的中点），系统继续提示"指定第三个目标点或[退出（X）]<X>:"。在该提示下，指定第三个目标点，如图 9-43（a）所示长方体上的 *C* 点（顶面边的中点）。

上述的操作就是把正四棱锥通过旋转和移动放置到了长方体的顶面上，正四棱锥的底面和长方体的顶面贴合，而且正四棱锥的边呈 45°放置，如图 9-43（b）所示。

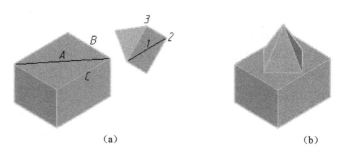

（a）　　　　　　　　　　　　（b）

图 9-43　三维对齐的操作过程

9.3.4　三维镜像

三维镜像命令用于指定镜像平面来镜像三维实体。下面以图 9-44 所示为例来说明该命令的操作过程。

选择下拉菜单中的"修改"|"三维操作"|"三维镜像"命令，系统提示"选择对象:"。在该提示下，选择如图 9-44（a）所示的三维实体对象，系统继续提示"找到 1 个 选择对象:"。在该提示下，按 Enter 键，系统继续提示"指定镜像平面（三点）的第一个点或[对象（O）/最近的（L）/Z 轴（Z）/视图（V）/XY 平面（XY）/YZ 平面（YZ）/ZX 平面（ZX）/三点（3）]<三点>:"。在该提示下输入"YZ"后，按 Enter 键，如图 9-44（b）所示，系统继续提示"指定 YZ 平面上的点 <0,0,0>:"。在该提示下，直接按 Enter 键，系统继续提示"是否删除源对象？[是（Y）/否（N）]<否>:"。在该提示下，用户输入"N"后按 Enter 键。

上述的操作结果如图 9-44（c）所示。

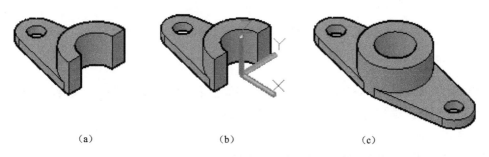

（a）　　　　　　　　　　　（b）　　　　　　　　　　　（c）

图 9-44　镜像三维实体的操作过程和结果

提示：在进行三维镜像之前需要把坐标系的 *YOZ* 面转换到三维实体的 *P* 面上。

在系统提示的"指定镜像平面（三点）的第一个点或[对象（O）/最近的（L）/Z 轴（Z）/

视图（V）/XY 平面（XY）/YZ 平面（YZ）/ZX 平面（ZX）/三点（3）]<三点>: "中，要求用户选择确定镜像平面的方式，其中各选项的含义如下所述：

"三点（3）"选项表示用户通过指定的三点来确定镜像平面。

"对象（O）"选项表示选择图形对象作为镜像平面。

"最近的（L）"选项表示用最后定义的镜像面作为当前镜像平面。

"Z 轴"选项表示根据平面上的一个点和平面法线上的一个点定义镜像平面。

"视图（V）"选项表示将镜像平面与当前视口中通过指定点的视图平面对齐。

"XY 平面"表示镜像平面将通过指定点且与 *XOY* 面平行。

"YZ 平面"表示镜像平面将通过指定点且与 *YOZ* 面平行。

"ZX 平面"表示镜像平面将通过指定点且与 *ZOX* 面平行。

下面以图 9-45 为例来说明通过指定的三点确定镜像平面后镜像三维实体的过程。在"选择对象:"的提示下，选择图 9-45（a）所示的三维实体后按 Enter 键，系统继续提示"指定镜像平面（三点）的第一个点或[对象（O）/最近的（L）/Z 轴（Z）/视图（V）/XY 平面（XY）/YZ 平面（YZ）/ZX 平面（ZX）/三点（3）] <三点>:"。在该提示下，按 Enter 键，系统继续提示"在镜像平面上指定第一点:"。在该提示下，用捕捉方式确定如图 9-45（b）所示的 *A* 点（捕捉中点），系统继续提示"在镜像平面上指定第二点:"。在该提示下，用捕捉方式确定如图 9-45（b）所示的 *B* 点（捕捉端点），系统继续提示"在镜像平面上指定第三点:"。在该提示下，用捕捉方式确定如图 9-45（b）所示的 *C* 点（捕捉端点），系统继续提示"是否删除源对象？[是（Y）/否（N）] <否>:"。在该提示下，直接按 Enter 键（不删除源对象）。

通过上述操作，即可创建出如图 9-38（c）所示的三维实体。

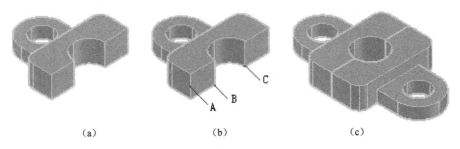

（a） （b） （c）

图 9-45　通过指定的三点确定镜像平面后镜像三维实体的操作过程和结果

9.3.5　三维阵列

三维阵列用于矩形或环形阵列创建多个相同的三维实体对象。选择下拉菜单中的"修改"｜"三维操作"｜"三维阵列"命令，系统提示"输入阵列类型[矩形（R）/环形（P）]<矩形>:"。该提示要求用户选择阵列的类型。阵列分为矩形和环形两种类型，下面分别对这两种阵列类型进行介绍。以图 9-46 来说明矩形阵列的操作过程。

在"选择对象:"的提示下，选择图 9-46（a）所示长方体中的圆柱，系统继续提示"输入阵列类型[矩形（R）/环形（P）] <矩形>:"。在该提示下，输入"R"后按 Enter 键，系统继续提示"输入行数（--）<1>:"。在该提示下，输入矩形阵列的行数"2"后按 Enter 键，系统继续

提示"输入列数 （|||）<1>:"。在该提示下，输入矩形阵列的列数"2"后按 Enter 键，系统继续提示"输入层数（…）<1>:"。在该提示下，直接按 Enter 键，系统继续提示"指定行间距（--):"。在该提示下，输入矩形阵列的行间距"60"后按 Enter 键，系统继续提示"指定列间距（|||):"。在该提示下，输入矩形阵列的列间距"90"后按 Enter 键。上述的操作结果如图 9-46（b）所示。

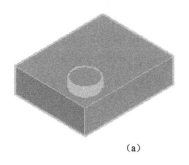 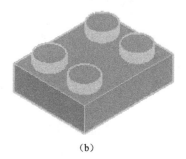

（a）　　　　　　　　　　　　　　（b）

图 9-46　矩形阵列的操作和结果

下面通过图 9-47 来说明环形阵列的操作过程。

系统提示"选择对象:"，在该提示下，选择图 9-47（a）中的小圆柱，系统继续提示"输入阵列类型[矩形（R）/环形（P）]<矩形>:"。在该提示下，输入"P"后按 Enter 键，系统继续提示"输入阵列中的项目数目:"。在该提示下，输入将要阵列的对象个数"6"后按 Enter 键，系统继续提示"指定要填充的角度（+=逆时针, -=顺时针）<360>:"。在该提示下按 Enter 键，系统继续提示"旋转阵列对象? [是（Y）/否（N）]<是>:"。在该提示下，确定是否旋转阵列的对象后按 Enter 键，系统继续提示"指定阵列的中心点:"。在该提示下，指定环形阵列旋转轴上的第一点，用捕捉功能选择如图 9-47（a）所示大圆盘底面的圆心，系统继续提示"指定旋转轴上的第二点:"。在该提示下，指定环形阵列旋转轴上的第二点，用捕捉功能选择如图 9-40（a）所示大圆盘顶面的圆心。上述的操作结果如图 9-47（b）所示。

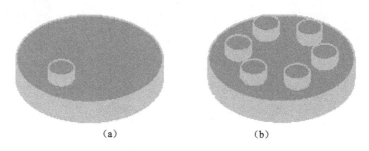

（a）　　　　　　　　（b）

图 9-47　环形陈列的过程和结果

9.3.6　剖切

剖切命令用于指定点、选择曲面或平面来定义剖切面，将三维实体用剖切面剖开从而创建出新的三维实体。

下面通过图 9-48 来说明该命令的操作过程。选择下拉菜单中的"修改"|"三维操作"|"剖

切"命令，系统提示"选择对象:"。在该提示下，选择如图 9-48（a）所示的三维实体后按 Enter 键，系统继续提示"指定切面的起点或[平面对象（O）/曲面（S）/Z 轴（Z）/视图（V）/XY/YZ/ZX/三点（3）]<三点>:"。在该提示下输入"3"后，按 Enter 键，系统继续提示"指定平面上的第一个点:"。在该提示下，捕捉图 9-48（b）所示的 A 点（顶面圆心），系统继续提示"指定平面上的第二个点:"，在该提示下，捕捉图 9-48（b）所示的 B 点（圆柱顶面外圆柱面的右边象限点），系统继续提示"指定平面上的第三个点:"。在该提示下，捕捉图 9-48（b）所示的 C 点（底面右侧圆弧的象限点），系统继续提示"在所需的侧面上指定点或[保留两个侧面（B）]<保留两个侧面>:"。在该提示下，选择图 9-48（b）中三维实体后半部分的任意一点。以上操作结果如图 9-48（c）所示。

如果在"在所需的侧面上指定点或[保留两个侧面（B）]<保留两个侧面>:"提示下输入"B"，按 Enter 键，表示被剖切实体的两侧全部保留。

在"指定切面的起点或 [平面对象（O）/曲面（S）/Z 轴（Z）/视图（V）/XY/YZ/ZX/三点（3）]<三点>:"提示中，要求用户选择剖切平面的位置，其中各选项的含义如下所述。

"平面对象（O）"选项表示将指定对象所在的平面作为剖切平面。

"曲面（S）"选项表示将绘制的曲面作为剖切平面。

"Z 轴"选项表示通过在平面上指定一点和在平面的法向上指定另一点来定义剪切平面。

"视图（V）"选项表示将当前视口的视图平面作为剖切平面。

"XY"选项表示剖切平面将通过指定点且与当前用户坐标系的 XOY 平面对齐。

"YZ"选项表示剖切平面将通过指定点且与当前用户坐标系的 YOZ 平面对齐。

"ZX"选项表示剖切平面将通过指定点且与当前用户坐标系的 ZOX 平面对齐。

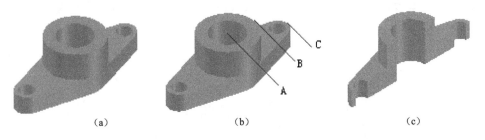

（a）　　　　　　　　　（b）　　　　　　　　　（c）

图 9-48　剖切命令的操作过程和结果

试试看

（1）按照图 9-49（a）所示机械零件的两面视图，绘制出如图 9-49（b）所示该机械零件的三维实体图。完成后，将该图命名为"练习 9-9"并保存。

（2）按照图 9-50（a）所示机械零件的两面视图，绘制出如图 9-50（b）所示该机械零件的三维实体图。完成后，将该图命名为"练习 9-10"并保存。

（3）按照图 9-51（a）所示机械零件的两面视图，绘制出如图 9-51（b）所示该机械零件的三维实体图。完成后，将该图命名为"练习 9-11"并保存。

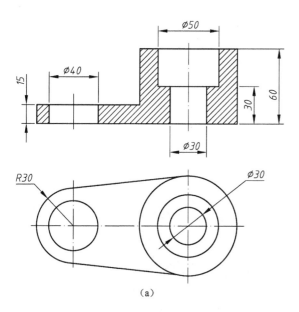

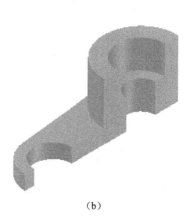

（a）　　　　　　　　　　　　　　　　　（b）

图 9-49　练习 9-9

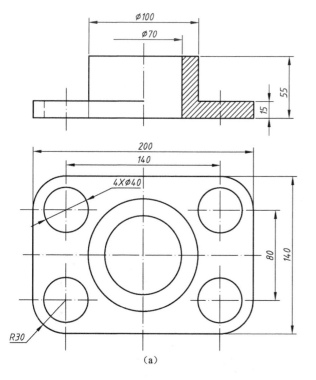

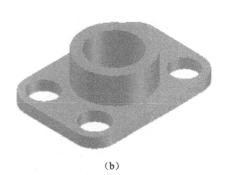

（a）　　　　　　　　　　　　　　　　　（b）

图 9-50　练习 9-10

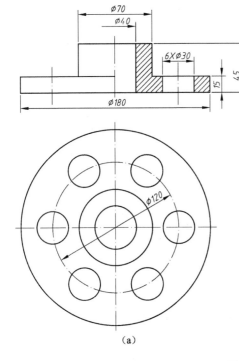

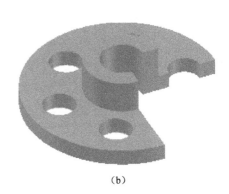

(a)

(b)

图 9-51　练习 9-11

（4）按照图 9-52（a）所示机械零件的两面视图，绘制出如图 9-52（b）所示该机械零件的三维实体图。完成后，将该图命名为"练习 9-12"并保存。

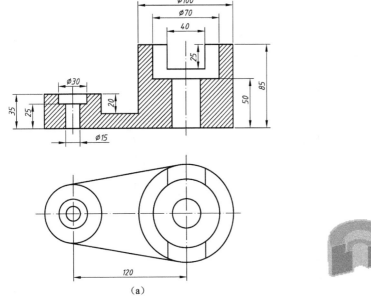

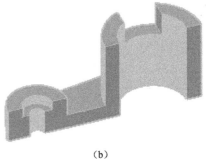

(a)

(b)

图 9-52　练习 9-12

9.4　三维实体的编辑和显示控制

为更方便地绘制三维实体的局部详细结构，AutoCAD 对已经绘制出的三维实体对象的边、面和实体可以进行再编辑修改。此外，为了能全方位的观察绘制出的三维实体，AutoCAD 还提供了对三维实体进行动态观察的功能。以下介绍三维实体常用的几个编辑命令和常用的动态观察命令。

9.4.1　三维实体边的编辑

1. 圆角边

圆角边命令用于为实体对象的边制作圆角。下面通过图 9-53 来说明该命令的操作过程。选择下拉菜单中的"修改"|"实体编辑"|"圆角边"命令，系统提示如下：

"半径 = 20.0000""选择边或 [链（C）/环（L）/半径（R）]:"。

在该提示下，用户输入"R"设置圆角半径，选择实体上的边，实例中选择图 9-53（a）中长方体的顶面左边。此时，所选择的长方体上的边出现圆角显示，如图 9-53（b）所示，系统继续提示"选择边或 [链（C）/环（L）/半径（R）]:"。在该提示下继续选择图 9-53（a）中长方体的顶面前边。此时，所选择的长方体上的两个边出现圆角显示，如图 9-53（c）所示，系统继续提示"选择边或 [链（C）/环（L）/半径（R）]:"。在该提示下，按 Enter 键，此时，长方体上的变化如图 9-53（d）所示，系统继续提示"已选定 2 个边用于圆角。接受圆角或 [半径（R）]:"，在该提示下按 Enter 键结束命令。上面的操作结果如图 9-53（e）所示。

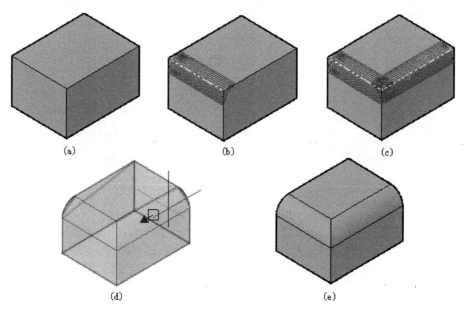

图 9-53　圆角边

2. 倒角边

倒角边命令用于为实体对象的边制作倒角。下面通过图 9-54 来说明该命令的操作过程。选择下拉菜单中的"修改"|"实体编辑"|"倒角边"命令，系统提示如下：

"距离 1 = 10.0000，距离 2 = 10.0000""选择一条边或 [环（L）/距离（D）]:"

在该提示下输入"d"后按 Enter 键，设置倒角的距离，系统继续提示"指定距离 1 或 [表达式（E）] <10.0000>:"。在该提示下，输入倒角的第一个距离"20"后按 Enter 键，系统继续提示"指定距离 2 或 [表达式（E）] <10.0000>:"。在该提示下，输入倒角的第二个距离"20"后按 Enter 键，系统继续提示"选择一条边或 [环（L）/距离（D）]:"。在该提示下，选择图 9-54（a）中长方体的顶面左边。此时，所选择的长方体上的顶面左边出现倒角，如图 9-54（b）所示，系统继续提示"选择同一个面上的其他边或 [环（L）/距离（D）]:"。在该提示下，继续选择图 9-54（a）中长方体的顶面前边，此时所选择的长方体上的两个边出现倒角，如图 9-54（c）所示，系统继续提示"选择同一个面上的其他边或 [环（L）/距离（D）]:"。在该提示下，按 Enter 键，此时长方体上的变化如图 9-54（d）所示，系统继续提示"按 Enter 键接受倒角或 [距离（D）]:"。在该提示下，按 Enter 键结束命令。上述的操作结果如图 9-54（e）所示。

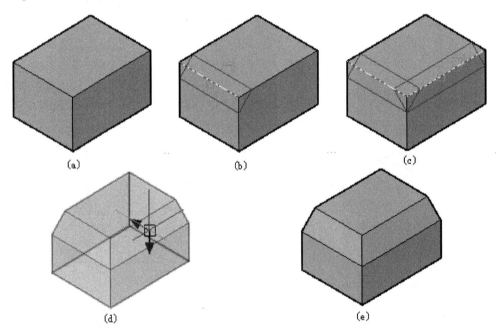

(a) (b) (c)
(d) (e)

图 9-54　倒角边

9.4.2　三维实体面的编辑

1. 拉伸面

拉伸面命令用于将所选三维实体对象的面拉伸到指定的高度或沿一定的路径拉伸。下面通过图 9-55 来说明该命令的操作过程。

选择下拉菜单中的"修改"|"实体编辑"|"拉伸面"命令，系统提示"选择面或 [放弃（U）/删除（R）]:"。在该提示下，选择如图 9-55（a）所示的三维实体底板的上表面，选择的实际情况如图 9-52（b）所示，系统继续提示"找到 1 个面。选择面或 [放弃（U）/删除（R）/全部（ALL）]:"。在该提示下，按 Enter 键，系统继续提示"指定拉伸高度或 [路径（P）]:"。在该提示下输入拉伸的高度"20"后按 Enter 键，系统继续提示"指定拉伸的倾斜角度 <0>:"。在该提示下，按 Enter 键结束命令。

上述的操作结果是系统将用户所选三维实体的面沿与面垂直的方向拉伸了 20，结果如图 9-55（c）所示。

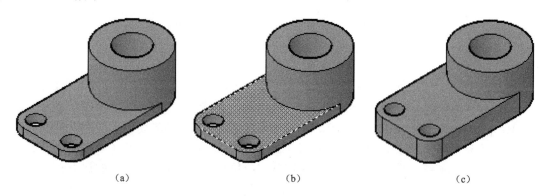

（a）   （b）   （c）

图 9-55　拉伸选定的三维实体上的面

拉伸命令结束后，系统接着会出现如下提示：

"已完成实体校验"

"输入面编辑选项"

"[拉伸（E）/移动（M）/旋转（R）/偏移（O）/倾斜（T）/删除（D）/复制（C）/颜色（L）/材质（A）/放弃（U）/退出（X）] <退出>:"

上述提示是让用户继续选择三维实体的面和边进行其他编辑，如果不需要其他编辑，在提示出现时连续按 Enter 键，即可退出实体编辑命令。

"选择面或[放弃（U）/删除（R）/全部（ALL）]:"提示中各个选项的含义如下所述。

"放弃（U）"选项表示将最后选择的面从选择集中排除出去。

"删除（R）"选项表示从选择集中删除以前选择的面。

"全部（ALL）"选项表示将实体对象上所有的面添加到选择集中。

"指定拉伸高度或 [路径（P）]:"中的选项"路径（P）"用于设置指定的直线或曲线的拉伸路径，所有选定面的轮廓将沿此路径拉伸。

下面通过图 9-56 来说明该选项的操作过程。在"选择面或[放弃（U）/删除（R）]:"的提示下，选择如图 9-56（a）顶面后，该面高亮显示，如图 9-56（b）所示。系统继续提示"选择面或[放弃（U）/删除（R）/全部（ALL）]:"。在该提示下直接按 Enter 键，系统继续提示"指定拉伸高度或[路径（P）]:"。在该提示下，输入"P"后按 Enter 键，系统继续提示"选择拉伸路径:"。在该提示下，选择如图 9-56（b）所示顶面上的直线（三维多段线）作为路径，并连续按 Enter 结束命令。命令执行后拉伸的结果如图 9-56（c）所示。

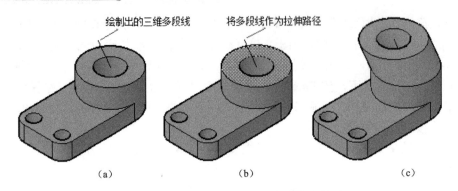

图 9-56 沿路径拉伸选定的三维实体上的面

2. 移动面

移动面命令用于选定的三维实体的移动。下面通过图 9-57 来说明该命令的操作过程。

选择下拉菜单中的"修改"|"实体编辑"|"移动面"命令，系统提示"选择面或[放弃（U）/删除（R）]:"。在该提示下，选择如图 9-57（a）所示圆盘的内孔表面，选择的结果如图 9-57（b）所示，选择完毕后系统继续提示"选择面或 [放弃（U）/删除（R）/全部（ALL）]:"。在该提示下，直接按 Enter 键，系统继续提示"指定基点或位移:"。在该提示下，捕捉中心孔底面的圆心，系统继续提示"指定位移的第二点:"。在该提示下，输入"@30，0"后按 Enter 键。

通过上述操作，系统将选择的圆孔面从实体的中心沿着 X 轴的正向向边缘移动了 30，生成一个偏心轮，如图 9-57（c）所示。

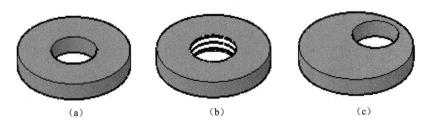

图 9-57 移动选定的三维实体上的面

提示： 在移动面命令的操作过程中，要通过指定的两点来移动选定的面。这两点定义了位移矢量，从基点到第二点的连线方向为选定面的移动方向，它们之间的距离为选定面的移动距离。

3. 偏移面

偏移面命令用于三维实体面的均匀偏移。

下面通过图 9-58 来说明该命令的操作过程。选择下拉菜单中的"修改"|"实体编辑"|"偏移面"命令，系统提示："选择面或 [放弃（U）/删除（R）]:"。在该提示下，选择如图 9-58（a）所示的上面小圆柱的外柱面，选择情况如图 9-58（b）所示，系统继续提示"选择面或[放弃（U）/删除（R）/全部（ALL）]:"。在该提示下按 Enter 键，系统继续提示"指定偏移距离:"。在该提示下，输入"15"后按 Enter 键结束命令。

通过上述操作，就把所选择的外柱面向外偏移了 15，如图 9-58（c）所示。

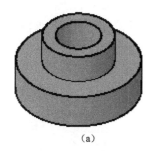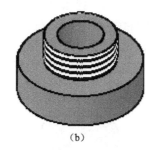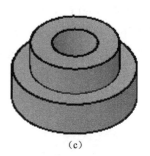

(a)　　　　　　　　　　　(b)　　　　　　　　　　　(c)

图 9-58　偏移选定三维实体上的面

提示： 指定偏移距离时，输入正值将增大实体尺寸或体积；反之，将减小实体尺寸或体积。

9.4.3　三维实体的编辑

1. 分割

分割命令用于把具有多个形式上不连续的三维实体对象分割为各自独立的三维实体。

下面通过图 9-59 来说明该命令的操作过程。图 5-95（a）中的两个 U 形块已经用并集形成了一个整体，此时输入任何编辑命令，移动光标在一个 U 形块上停留，该 U 形块高亮显示，另一个 U 形块也同时高亮显示。

选择"修改"|"实体编辑"|"分割"命令，系统提示"选择三维实体:"。在该提示下，选择如图 9-59（a）所示的两个 U 形块，选择后按 Enter 键结束命令。

命令操作结果如图 9-59（b）所示，虽然看起来没有什么变化，但实际上两个 U 形块已经被分割为各自独立的三维实体。此时，移动光标在大 U 形块上停留，大 U 形块高亮显示，小 U 形块没有任何反应，如图 9-59（c）所示，说明两个 U 形块已被分割。

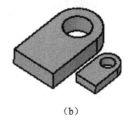

(a)　　　　　　　　　　　(b)　　　　　　　　　　　(c)

图 9-59　分割三维实体

2. 抽壳

抽壳命令是用指定厚度的方式将三维实体创建为一个壳体，即将一个实体模型创建为一个空心的薄壳体。下面通过图 9-60 来说明该命令的操作过程。

选择下拉菜单中的"修改"|"实体编辑"|"抽壳"命令，系统提示"选择三维实体:"。在该提示下，选择如图 9-60（a）所示的圆台，选择情况如图 9-60（b）所示，系统继续提示"删

除面或[放弃（U）/添加（A）/全部（ALL）]:"。在该提示下选择删除面（开口面），选择圆台的顶面，如图 9-60（c）所示，系统继续提示"删除面或[放弃（U）/添加（A）/全部（ALL）]:"。在该提示下，直接按 Enter 键，系统继续提示"输入抽壳偏移距离:"。该提示要求输入三维实体的壁厚，输入"5"后按 Enter 键结束命令。

抽壳的结果如图 9-60（d）所示。为了使读者看得更清楚，在图 9-60（e）中对抽壳的圆台进行了剖切。

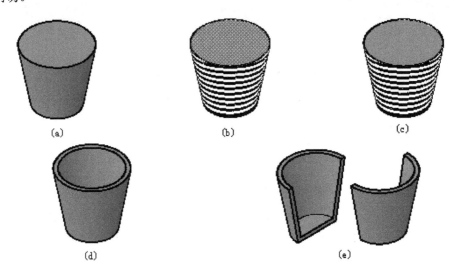

图 9-60　将选定的三维实体进行抽壳

9.4.4　三维图形的动态观察

动态观察可通过旋转实体的三维视图从不同的方位和角度来观察三维实体图形，以达到不同的观察效果，用户旋转三维图形可通过拖动光标的方法进行。

选择下拉菜单中的"视图"｜"动态观察"命令，系统弹出如图 9-61 所示的动态观察子菜单，用户可以任选一种方式来观察三维实体。

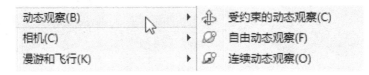

图 9-61　动态观察子菜单

1. "受约束动态观察"选项

选择"受约束的动态观察"选项时，实体的三维视图只能绕水平轴或垂直轴旋转。如果沿水平方向拖动光标，实体的三维视图将绕垂直轴旋转，如图 9-62（a）、图 9-62（b）和图 9-62（c）所示；如果沿垂直方向拖动光标，实体的三维视图将绕水平轴旋转，如图 9-63（a）、图 9-63（b）和图 9-63（c）所示。

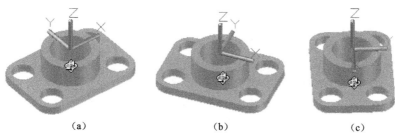

图 9-62 受约束动态观察——绕垂直轴旋转

图 9-63 受约束动态观察——绕水平轴旋转

2. "自由动态观察"选项

选择"自由动态观察"选项时，视口将出现一个大圆和象限点 4 个小圆的标志。此时实体的三维视图不受约束，可绕任何方向的轴进行旋转，如图 9-64（a）、图 9-64（b）、图 9-64（c）、图 9-64（d）、图 9-64（e）和图 9-64（f）所示。

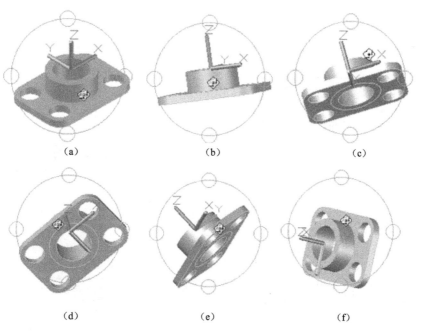

图 9-64 自由动态观察

3."连续动态观察"选项

选择"连续动态观察"选项时，实体的三维视图可以连续转动。在绘图区域中单击并沿任意方向拖动光标后释放鼠标，三维实体图形将绕与光标拖动方向相垂直方向的轴连续转动。三维实体图形转动的速度可由光标拖动的速度决定，如图 9-65（a）、图 9-65（b）、图 9-65（c）所示。在连续转动的过程中，通过再次单击，可随时使三维实体图形停止转动。

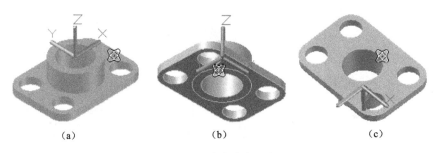

（a） （b） （c）

图 9-65 连续动态观察

试试看

（1）按照图 9-66（a）所示机械零件的两面视图，绘制出如图 9-66（b）所示该机械零件的三维实体。完成后，将该图命名为"练习 9-13 轴承座"并保存。

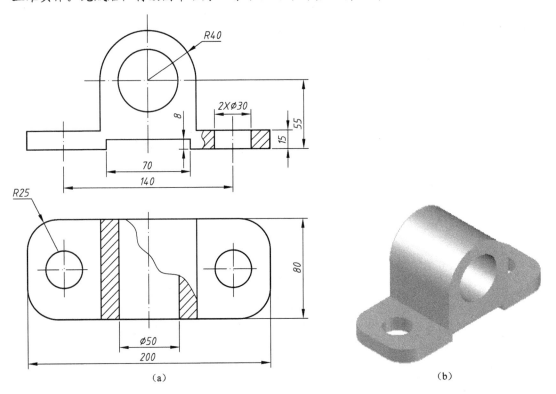

（a） （b）

图 9-66 练习 9-13 轴承座

（2）打开上题中保存的"练习 9-13 轴承座"图形文件，将底板的高度尺寸由 15 变为 30。完成后，将该图命名为"练习 9-14 轴承座"并保存。

（3）按照图 9-67（a）所示机械零件的两面视图，绘制出如图 9-67（b）所示该机械零件的三维实体。完成后，将该图命名为"练习 9-15 螺钉头"并保存。

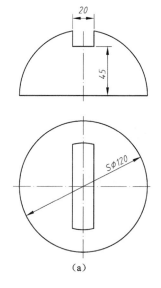

（a）

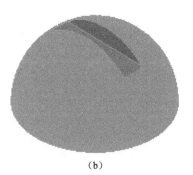

（b）

图 9-67　练习 9-15 螺钉头

（4）根据如图 9-68（a）所示的端盖的两面视图和图中的尺寸绘制如图 9-68（b）所示的端盖三维实体。完成后，将该图命名为"练习 9-16 端盖"并保存。

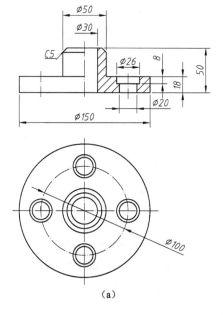

（a）

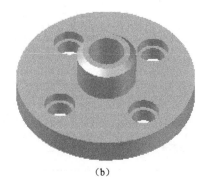

（b）

图 9-68　练习 9-16 端盖

（5）打开上题并保存的"练习 9-16 端盖"图形文件，将外径 φ150 圆盘加大为 φ190，并将圆盘的柱面和上表面之间用 R5 圆角过渡，如图 9-69 所示。完成后，将该图命名为"练习 9-17 端盖"并保存。

图 9-69　练习 9-17 端盖

9.5　绘制三维实体综合实例

前面已经介绍了基本三维实体的绘制方法、三维实体的基本操作和三维实体的编辑方法，由于实际中机械零件的结构形状各不相同，在绘制机械零件三维实体的过程中，需要用户将上述的方法综合利用，才能绘制出比较复杂的机械零件的三维实体。为了提高读者绘制三维实体图的综合能力，以下给出几个实例供读者参考学习。

【例 9-1】　按照图 9-70 所示托架的零件图，绘制出托架的三维实体。完成后，将该图命名为"三维实体图——托架"并保存。

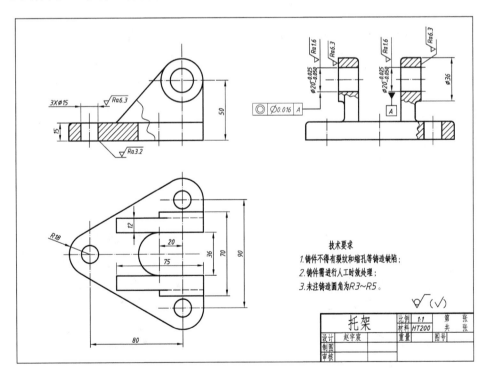

图 9-70　托架零件图

（1）按照零件图所给尺寸绘制托架的基本形体轮廓，如图 9-71 所示。

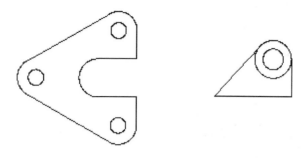

图 9-71　绘制托架的基本形体轮廓

（2）将三维视图设置为"西南等轴测"，视觉样式设置为"概念"，如图 9-72（a）所示，绘制出托架各个基本形体。

① 将各个基本形体轮廓创建为面域，如图 9-72（b）所示。

② 按照尺寸拉伸各个基本形体，如图 9-72（c）所示。

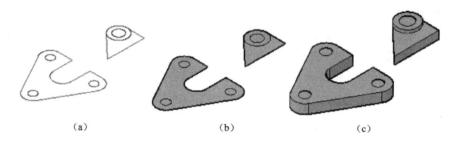

（a）　　　　　　　　　　（b）　　　　　　　　　　（c）

图 9-72　绘制出托架各个基本形体

（3）将各个基本形体进行组合，初步形成托架基本形体。

① 将各个基本形体进行布尔运算，完成各形体的绘制，如图 9-73（a）所示。

② 选择下拉菜单中的"修改"|"三维操作"|"三维对齐"命令，将带空心圆柱的筋板和底板对齐组合，如图 9-73（b）所示。

③ 选择下拉菜单中的"修改"|"三维操作"|"三维镜像"命令，将后面带空心圆柱的筋板镜像出来，然后再进行布尔运算，形成初步的托架形体，如图 9-73（c）所示。

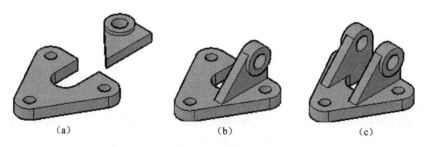

（a）　　　　　　　　　　（b）　　　　　　　　　　（c）

图 9-73　初步形成托架基本形体

（4）完成托架的局部详细结构，调整视觉样式。

① 选择下拉菜单中的"修改"|"实体编辑"|"圆角边"命令，将底板上的圆角绘制出来，如图9-74（a）所示。

② 选择下拉菜单中的"视图"|"视觉样式"|"着色"命令，使托架的显示更加真实，如图9-74（b）所示。

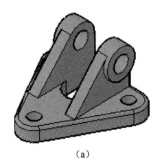 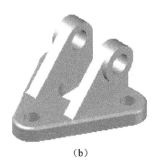

（a）　　　　　　　　　　　（b）

图9-74　绘制托架的局部详细结构

（5）将图9-74（b）命名为"三维实体图——托架"并保存。

【例9-2】　按照图9-75所示三通的两面视图，绘制出该三通的三维实体。完成后，将该图命名为"三维实体图——三通"并保存。

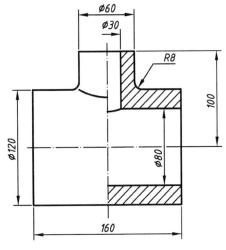 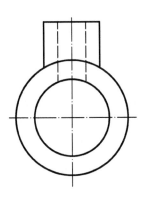

图9-75　三通的两面视图

（1）绘制水平位置的大空心圆柱。

① 选择下拉菜单中的"绘图"|"建模"|"圆柱体"命令，将水平位置的圆柱绘制出来（圆孔也按圆柱绘制），如图9-76（a）所示。

② 选择下拉菜单中的"修改"|"三维操作"|"三维旋转"命令，以圆柱的底面圆心为基点（如图9-76（b）所示），以过基点且与Y轴平行的直线作为旋转轴，如图9-76（c）所示，将圆柱旋转到水平位置，如图9-76（d）所示。

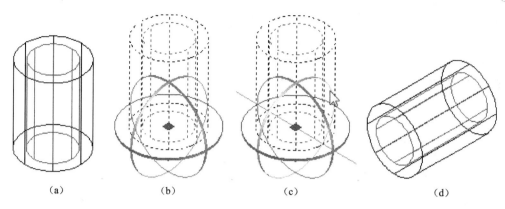

(a)　　　　　　(b)　　　　　　(c)　　　　　　(d)

图 9-76　绘制水平位置大空心圆柱

（2）绘制垂直位置小空心圆柱。

① 在水平位置大空心圆柱中绘制两端圆心的连心线，如图 9-77（a）所示。

② 选择下拉菜单中的"工具"|"新建"|"原点"命令，利用捕捉功能，将坐标新原点变换到水平位置空心圆柱两端连心线的中点，如图 9-77（b）所示。

③ 选择下拉菜单中的"绘图"|"建模"|"圆柱体"命令，将垂直位置的圆柱绘制出来（圆孔也按圆柱绘制），如图 9-77（c）所示。

④ 为了便于观察，将视觉样式由"二维线框"转变为"着色"，如图 9-77（d）所示。

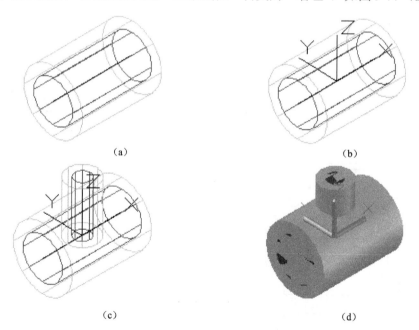

(a)　　　　　　　　　　　(b)

(c)　　　　　　　　　　　(d)

图 9-77　绘制垂直位置小空心圆柱

（3）完成三通的绘制。

① 利用布尔运算，将水平和垂直位置的外圆柱进行并集运算，并集运算后的实体再与水

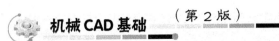

平和垂直位置的内圆柱进行差集运算，形成三通的基本形体，如图 9-78（a）所示。

② 选择下拉菜单中的"修改" | "实体编辑" | "圆角边"命令，将两个外圆柱的相贯线上绘制出圆角，完成三通的三维实体的绘制，如图 9-78（b）所示。为了让读者观察得更清楚，最后给出了三通剖开的三维实体，如图 9-78（c）所示。

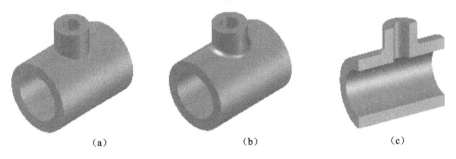

（a）　　　　　　　　　（b）　　　　　　　　　（c）

图 9-78　完成三通的绘制

（4）将图 9-78（b）命名为"三维实体图——三通"并保存。

【例 9-3】　按照图 9-79 所示箱体的视图，绘制出该箱体的三维实体。完成后，将该图命名为"三维实体图——箱体"并保存。

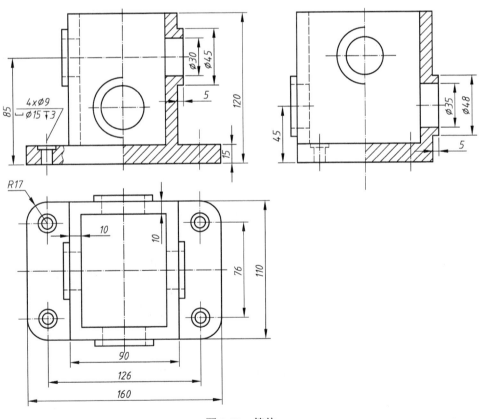

图 9-79　箱体

（1）创建准备拉伸的面域。

① 绘制底板、箱体中间壳体部分和底板台阶孔的轮廓，如图 9-80（a）所示。

② 将所绘制的各部分轮廓创建成为面域，如图 9-80（b）所示。

③ 对各部分面域进行布尔运算，如图 9-80（c）所示。

④ 将底板的台阶孔部分的面域复制到底板中，如图 9-80（d）所示。

（2）创建箱体的基本形体。

① 拉伸底板中的台阶孔部分，如图 9-81（a）所示。

② 拉伸底板和箱体的壳体部分，如图 9-81（b）所示。

③ 选择下拉菜单中的"修改"|"三维操作"|"对齐"命令，将箱体的壳体部分组合到底板上面，初步形成箱体的基本形体，如图 9-81（c）所示

④ 将底板、箱体的壳体部分和台阶孔部分进行布尔运算，使各部分成为一个整体，如图 9-81（d）所示。

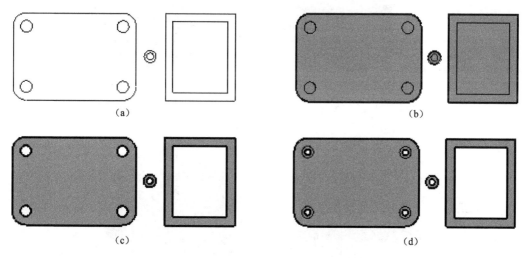

图 9-80　创建拉伸需要的面域

（3）变换坐标系，绘制出箱体壳体部分左边凸出的圆柱及圆孔。

① 选择下拉菜单中的"工具"|"新建"|"原点"命令，将坐标原点移动至底板左下边的中点，如图 9-82（a）所示。

② 选择下拉菜单中的"工具"|"新建"|"原点"命令，将坐标原点移动至将要绘制的圆柱左端面的中心（圆心）点上，如图 9-82（b）所示。

③ 选择下拉菜单中的"工具"|"新建"|"Y"命令，将坐标系统绕 Y 轴旋转 90°（圆柱的左端面与 XOY 平面重合），如图 9-82（c）所示。

④ 选择下拉菜单中的"绘图"|"建模"|"圆柱体"命令，绘制出圆柱和圆孔（圆孔轮廓也绘制成圆柱体），如图 9-82（d）所示。

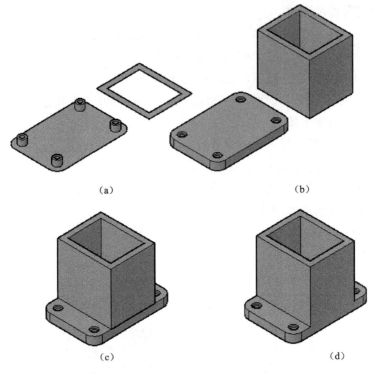

（a）   （b）

（c）   （d）

图 9-81　创建箱体的基本形体

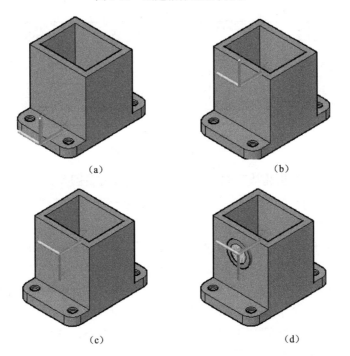

（a）   （b）

（c）   （d）

图 9-82　绘制壳体上左边凸起的圆柱和圆孔

（4）绘制壳体前面凸起的圆柱和圆孔，完成箱体的三维实体图。

① 重复坐标系的变换，将坐标系原点移动至壳体前面凸起的圆柱的端面上，并使圆柱的前端面与 *XOY* 平面重合，如图 9-83（a）所示。

② 选择下拉菜单中的"绘图"|"建模"|"圆柱体"命令，绘制出壳体前面的圆柱和圆孔（圆孔轮廓也绘制成圆柱体），如图 9-83（b）所示。

③ 选择下拉菜单中的"修改"|"三维操作"|"三维镜像"命令，将壳体上的右面和后面凸起的圆柱和圆孔镜像出来，如图 9-83（c）所示。

④ 现将绘制出来的 4 个凸起的圆柱体与箱体主体进行并集运算，然后将并集后的实体与绘制出来的 4 个圆孔轮廓（已绘制成圆柱体）进行差集运算，即可完成箱体三维实体的绘制，如图 9-83（d）所示。

（5）将图 9-83（d）命名为"三维实体图——箱体"并保存。

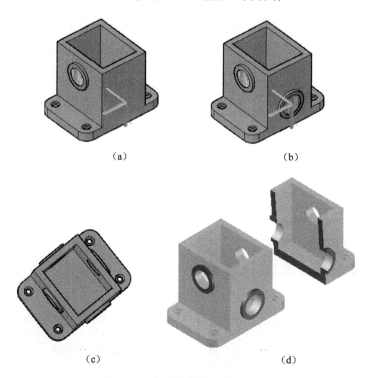

（a）　　　　　　　　　　　　　（b）

（c）　　　　　　　　　　　　　（d）

图 9-83　完成箱体的三维实体图

【例 9-4】　按照图 9-84 所示中心轴的视图，绘制出该中心轴的三维实体。完成后，将该图命名为"三维实体图——中心轴"并保存。

（1）绘制轴主体形状。

① 新建 AutoCAD 图形文件，绘制轴主体一半的轮廓线，如图 9-85（a）所示。

② 将轴轴主体一半的轮廓线转变为面域，如图 9-85（b）所示。

③ 选择下拉菜单中的"绘图"|"建模"|"旋转"命令，通过旋转图 9-85（b）所示的面域创建出轴的主体，如图 9-85（c）所示。

④ 设置三维视图和视觉样式。将三维视图设置为"西南等轴测"，视觉样式设置为"概念"，如图 9-85（d）所示。

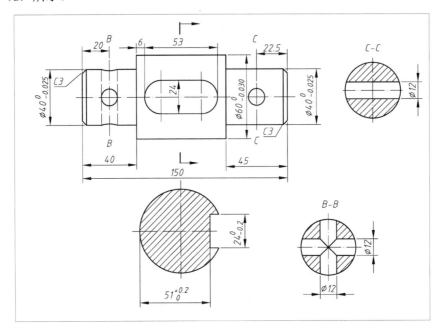

图 9-84 中心轴的视图

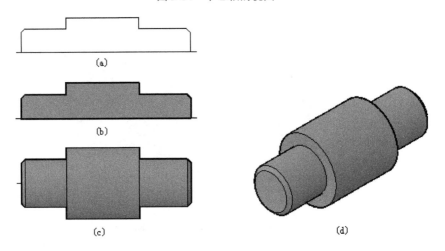

图 9-85 绘制轴主体形状

（2）绘制轴 ϕ60 圆柱面上的键槽。

① 将坐标系原点变换到 ϕ60 圆柱前面键槽面的象限点上，*XOY* 坐标面与正面平行，如图 9-86（a）所示。

② 按尺寸绘制出键槽的轮廓并将绘制出的轮廓创建为面域，如图 9-86（b）所示。

③ 选择下拉菜单中的"绘图"|"建模"|"拉伸"命令，拉伸创建出的键槽的面域（拉伸

的高度值为"9"），拉伸出键槽体，如图 9-86（c）所示。

　　④ 将轴的主体和键槽体进行差集运算，绘制出键槽，如图 9-86（d）所示。

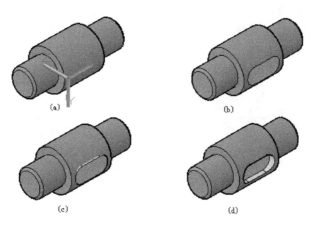

图 9-86　绘制圆柱上的键槽

（3）绘制轴上三个 ϕ12 的圆孔。

　　① 将坐标系的原点移动至左边 ϕ40 圆柱最高轮廓线上、距离左端面为 20 的位置，且 *XOY* 坐标面与水平面平行，如图 9-87（a）所示。

　　② 绘制垂直位置圆孔轮廓，圆孔轮廓先按照圆柱绘制，如图 9-87（b）所示。

　　③ 将坐标系的原点移动至左边 ϕ40 圆柱最前轮廓线上、距离左端面为 20 的位置，且 *XOY* 坐标面与正面平行，然后绘制水平位置圆孔轮廓，如图 9-87（c）所示。

　　④ 将坐标系的原点移动至右边 ϕ40 圆柱最前轮廓线上、距离右端面为 22.5 的位置，且 *XOY* 坐标面与正面平行，如图 9-87（d）所示。

　　⑤ 绘制出右边圆柱上的水平位置圆孔轮廓，如图 9-87（e）所示。

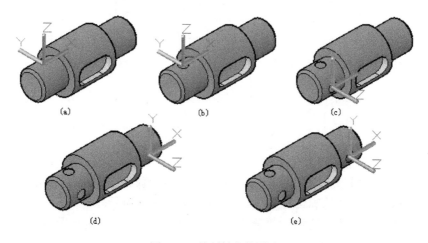

图 9-87　绘制轴上的圆孔

（4）完成中心轴的三维实体图绘制。

① 将中心轴的主体部分与绘制出来的 3 个圆孔轮廓（圆柱体）进行差集运算，即可完成中心轴的三维实体图的绘制，如图 9-88（a）所示。

② 为了使读者观察得更清楚，在此给出了 "视觉样式" 为 "着色" 的、左边十字孔处的三维实体断面图，如图 9-88（b）所示。

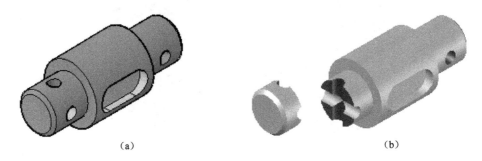

(a)   (b)

图 9-88　中心轴的三维实体图

（5）将图 9-88（a）命名为 "三维实体图——中心轴" 并保存。

【例 9-5】　根据图 9-98 所给填料压盖的剖视图，绘制出填料压盖的三维实体。完成后，将该图命名为 "三维实体图——填料压盖" 并保存。

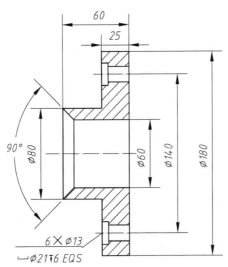

图 9-89　填料压盖剖视图

（1）绘制填料压盖的主体部分。

① 新建 AutoCAD 图形文件，绘制填料压盖的主体轮廓和旋转轴，如图 9-99（a）所示。

② 将填料压盖的主体轮廓转变为面域，如图 9-90（b）所示。

③ 选择下拉菜单中的 "绘图" | "建模" | "旋转" 命令，通过旋转图 9-90（b）所示的面域创建出填料压盖的主体，如图 9-90（c）所示。

（2）设置三维视图和视觉样式。

① 将三维视图设置为"西南等轴测"，视觉样式设置为"概念"，观察填料压盖的形状，如图 9-91（a）所示。

② 为了后续绘制阶梯孔便于观察，将视觉样式设置为"二维线框"， 如图 9-91（b）所示。

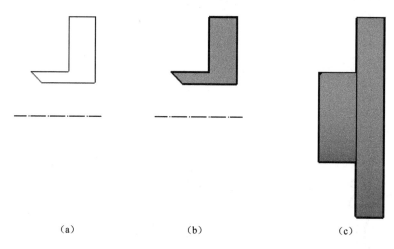

（a）　　　　　　　　（b）　　　　　　　　（c）

图 9-90　绘制填料压盖主体结构

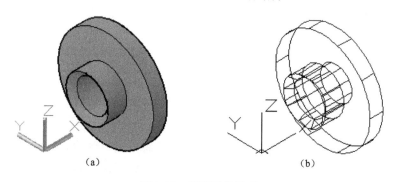

（a）　　　　　　　　　　（b）

图 9-91　设置视觉样式

（3）变换坐标系，为绘制阶梯孔做好准备。

① 将坐标系原点移动至填料压盖大圆盘左端面的上端象限点上，如图 9-92（a）所示。

② 将坐标系原点再移动至填料压盖大圆盘左端面上方的台阶孔圆心上，如图 9-92（b）所示。

③ 旋转坐标系使坐标系的 XOY 平面与压盖大圆盘左端面重合，如图 9-92（c）所示。

（4）绘制阶梯孔的轮廓。

① 绘制阶梯孔中的大孔（$\phi 21$，深度为 6）轮廓。将大孔轮廓绘制成直径为 21、高度为 6 的圆柱，如图 9-93（a）所示。

② 将坐标系原点移动至阶梯孔的阶梯面上，如图 9-93（b）所示。

③ 绘制阶梯孔中的小孔（$\phi 13$，深度为 19）轮廓。将小孔轮廓绘制成直径为 13、高度为 9 的圆柱，如图 9-93（c）所示。

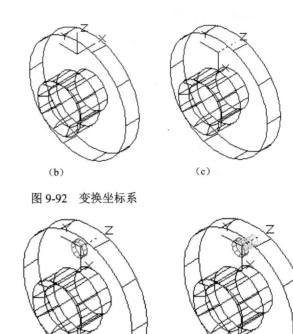

图 9-92　变换坐标系

图 9-93　绘制阶梯孔的轮廓

（5）绘制阶梯孔，完成全图。

① 将绘制出的 $\phi21$ 和 $\phi13$ 两个圆柱进行"并集"运算，得到一个阶梯轴，如图 9-94（a）所示。

② 选择下拉菜单中的"修改"|"三维操作"|"三维阵列"命令，将并集得到的阶梯轴进行环形阵列，阵列的数目为 6。得到 6 个阶梯轴，如图 9-94（b）所示。

③ 将填料压盖的主体实体与阵列得到的 6 个阶梯轴进行"差集"运算后，填料压盖上 6 个阶梯孔绘制完毕，也完成了全图的绘制。视觉样式设置为"概念"，绘制完毕的填料压盖三维实体如图 9-94（c）所示。

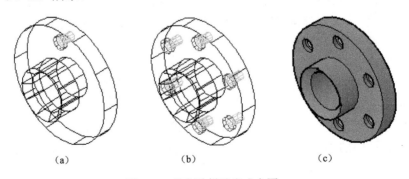

图 9-94　绘制阶梯孔完成全图

为了让读者观察得更清楚，在此给出填料压盖三维实体的着色效果图和剖视效果图，如图 9-95 所示。

（a）着色　　　　　　　　　　　　　　　　　（b）剖切

图 9-95　填料压盖的着色图和剖视图

（6）将图 9-94（c）命名为"三维实体图——填料压盖"并保存。

【例 9-6】 根据图 9-96 所给轴承座的三视图，绘制出轴承座的三维实体图，然后对该轴承座调整视觉样式。完成后，将该图命名为"三维实体图——轴承座"并保存。

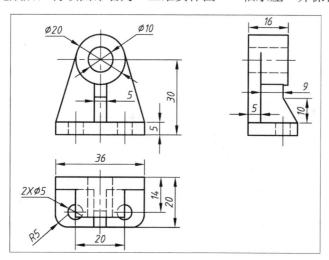

图 9-96　轴承座三视图

（1）新建 AutoCAD 图形，根据尺寸绘制轴承座各个部分的轮廓图，为拉伸做好准备。

① 绘制空心圆柱和支撑板轮廓图，如图 9-97（a）所示

② 绘制底板轮廓图，如图 9-97（b）所示。

③ 绘制筋板轮廓图，如图 9-97（c）所示。

（2）将视觉样式调整为"概念"，绘制轴承座各部分三维实体。

① 将绘制出的轴承座各个部分的平面轮廓图变为面域，如图 9-98 所示。

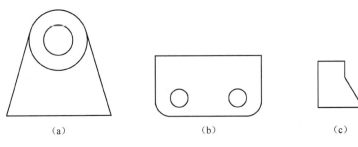

（a）　　　　　　　　（b）　　　　　　　（c）

图 9-97　绘制轴承座各个部分轮廓图

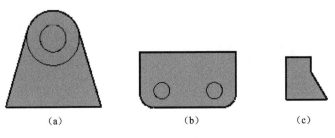

（a）　　　　　　　　（b）　　　　　　　（c）

图 9-98　创建面域

② 将面域按照轴承座三维实体的形状和结构进行布尔运算，如图 9-99 所示。

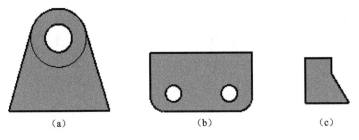

（a）　　　　　　　　（b）　　　　　　　（c）

图 9-99　对面域进行布尔运算

③ 将三维视图设置为"西南等轴测"，如图 9-100（a）所示。

④ 选择下拉菜单中的"绘图"|"建模"|"拉伸"命令，根据轴承座各部分的尺寸，将图 9-100（a）所示的面域分别进行拉伸，绘制出轴承座各部分三维实体，如图 9-100（b）所示。

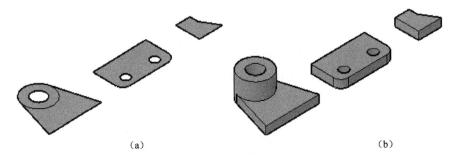

（a）　　　　　　　　　　　　　　　　（b）

图 9-100　绘制轴承座各部分三维实体

（3）组合轴承座。

① 以底板为基础组合支撑板和空心圆柱。选择下拉菜单中的"修改"|"三维操作"|"三维对齐"命令，将支撑板和空心圆柱与底板对齐组合。执行"三维对齐"命令时，在支撑板上选择的 3 个基准点分别为 A（中点）、B（端点）、C（中点）三点，在底板选择的 3 个目标点分别为 1（中点）、2（端点）、3（中点）3 个点，如图 9-101（a）所示，命令操作结果如图 9-101（b）所示。

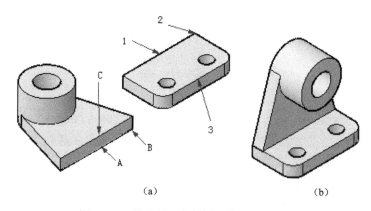

（a）　　　　　　　　　　　　　　　　　　（b）

图 9-101　将底板、支撑板和空心圆柱组合

② 将筋板与轴承座主体组合。选择下拉菜单中的"修改"|"三维操作"|"三维对齐"命令，将筋板和轴承座的其他部分对齐组合。执行"三维对齐"命令时，在筋板上选择的 3 个基准点分别为 A（中点）、B（中点）、C（端点），在底板上选择的 3 个目标点分别为 1（中点）、2（中点）、3（端点），如图 9-102（a）所示，命令操作的结果如图 9-102（b）所示。

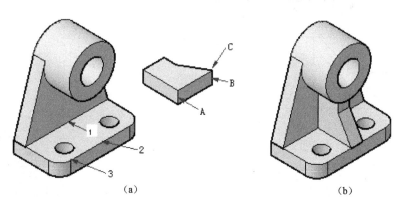

（a）　　　　　　　　　　　　　　　　　　（b）

图 9-102　将筋板与轴承座主体组合

（4）应用布尔"并集"运算将轴承座的各部分进行合并，完成轴承座三维实体绘制。如图 9-103（a）所示。

（5）对绘制出的轴承座三维实体图进行"着色"，如图 9-103（b）所示。

（6）将图 9-103（b）命名为"三维实体图——轴承座"并保存。

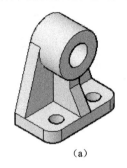

（a）

（b）

图 9-103　轴承座三维实体图

本 章 小 结

本章主要介绍了三维绘图的基础知识，其中坐标系的变换方法较多，是本章相对较难掌握的基本原理，也是绘制复杂三维实体的必备知识，需要读者逐步理解和掌握。创建简单三维实体的基本方法包括直接绘制三维基本体、通过拉伸和旋转二维实体，这些方法需要读者熟练掌握；三维实体的三维操作和实体编辑这两种方法是绘制复杂三维实体的基础，需要读者通过大量的实际训练才能打好这个基础。

试试看

（1）根据图 9-104（a）所示机械零件的剖视图按尺寸绘制如图 9-104（b）所示该机械零件的三维实体。完成后，将该图命名为"练习 9-18"并保存。

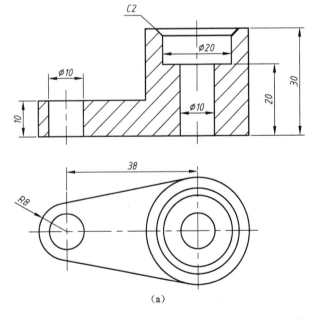

（a）

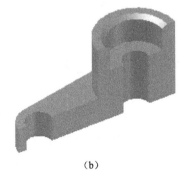

（b）

图 9-104　练习 9-18

（2）根据图 9-105（a）所示机械零件的两面视图按尺寸绘制如图 9-105（b）该机械零件的三维实体。完成后，将该图命名为"练习 9-19"并保存。

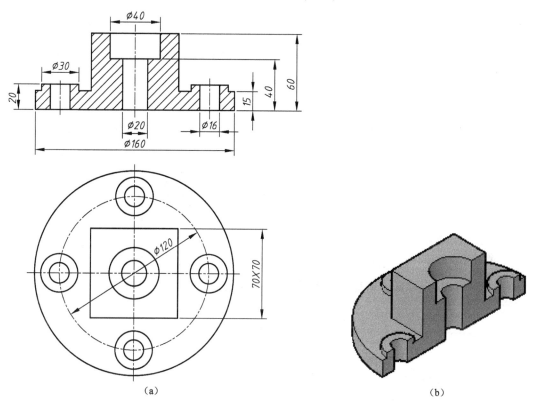

（a）

（b）

图 9-105 练习 9-19

本 章 习 题

1. 填空题

（1）WCS 表示是_____坐标系，UCS 表示是_____坐标系。

（2）在变换坐标系的操作中选用"三点"选项时，用户确定的第一点为_____，确定的第二点和第一点的连线为_____轴，确定的第三点和第一、第二点组成的平面为_____面。

（3）在 AutoCAD 中用户可以对面域进行_____或_____来创建三维实体。

（4）布尔运算主要包括_____、_____和_____三种逻辑运算。

2. 简答题

（1）在绘制三维实体过程中，对于实体当中的孔（如空心圆柱的孔）一般用什么方法绘制？对于实体中的台阶孔，可以采用什么办法解决？

（2）如果想绘制两个垂直相贯的且直径不同的空心圆柱的三维实体，用什么方法比较简单？

（3）一般情况下，如果想让三维实体图形的显示更具有真实性，可以采用哪些办法？

3. 操作题

（1）根据图9-106（a）所示手柄的视图和尺寸绘制如图9-106（b）所示手柄的三维实体。完成后，将该图命名为"练习九第一题"并保存。

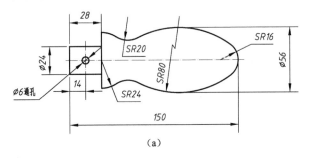
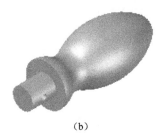

（a）　　　　　　　　　　　　　　　　（b）

图9-106　练习九第一题

（2）根据图9-107（a）所示机械零件的视图和尺寸，绘制出如图9-107（b）所示该机械零件的三维实体。完成后，将该图命名为"练习九第二题"并保存。

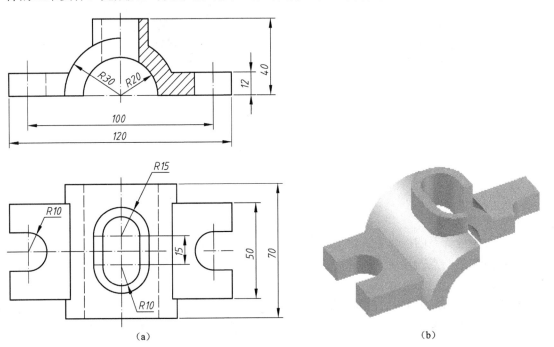

（a）　　　　　　　　　　　　　　　　（b）

图9-107　练习九第二题

（3）根据图9-108（a）所示皮带轮的视图和尺寸，绘制出如图9-108（b）所示皮带轮的三维实体。完成后，将该图命名为"练习九第三题"并保存。

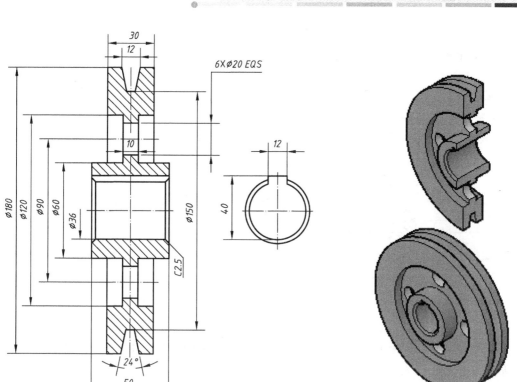

（a）　　　　　　　　　　　　　　　（b）

图 9-108　练习九第三题

（4）根据图 9-109（a）中所示机械零件的视图和尺寸，绘制出如图 9-109（b）所示该机械零件的三维实体。完成后，将该图命名为"练习九第四题"并保存。

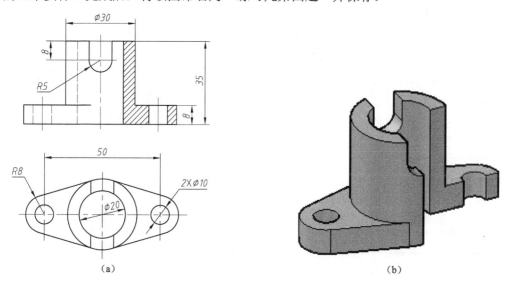

（a）　　　　　　　　　　　　　　　（b）

图 9-109　练习九第四题

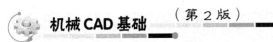

（5）根据图9-110（a）中所示轴的视图和尺寸，绘制出如图9-110（b）所示轴的三维实体。完成后，将该图命名为"练习九第五题"并保存。

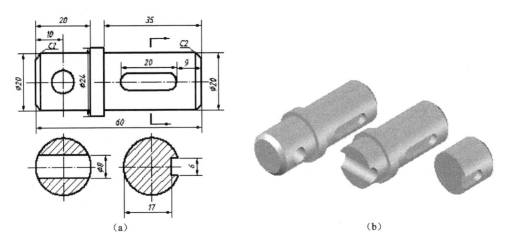

（a） （b）

图9-110 练习九第五题

（6）根据图9-111（a）所示泵体的视图和尺寸，绘制出如图9-111（b）所示泵体的三维实体。完成后，将该图命名为"练习九第六题"并保存。

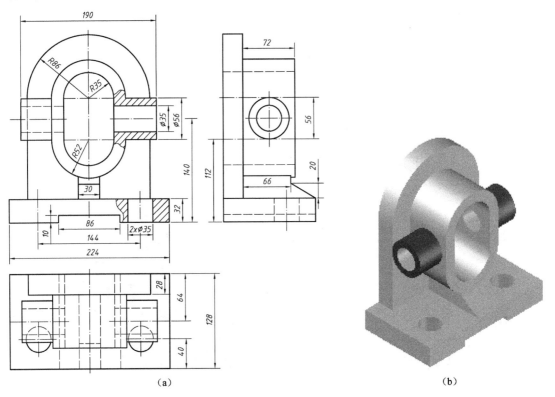

（a） （b）

图9-111 练习九第六题

（7）根据图 9-112（a）所示机械零件的视图和尺寸，绘制出如图 9-112（b）所示机械零件的三维实体。完成后，将该图命名为"练习九第七题"并保存。

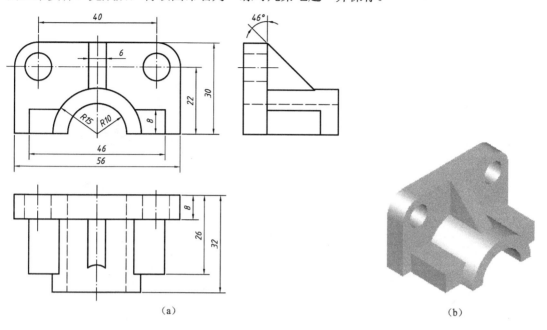

图 9-112　练习九第七题

（8）根据图 9-113（a）所示泵盖的视图和尺寸，绘制出如图 9-113（b）所示泵盖的三维实体。完成后，将该图命名为"练习九第八题"并保存。

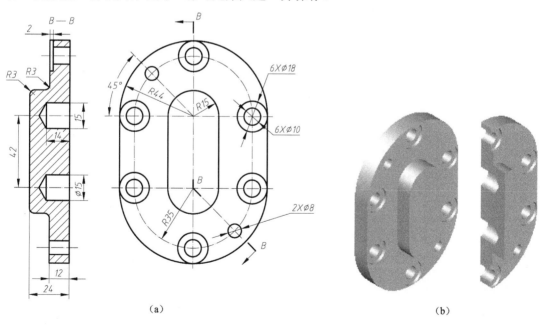

图 9-113　练习九第八题

（9）根据图 9-114（a）所示机械零件的视图和尺寸，绘制出如图 9-114（b）所示机械零件的三维实体。完成后，将该图命名为"练习九第九题"并保存。

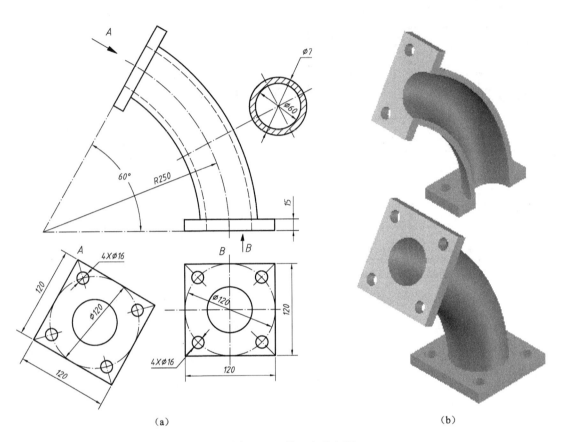

（a）　　　　　　　　　　　　　　　　（b）

图 9-114　练习九第九题

参 考 文 献

[1]   大连理工大学工程图学教研室. 机械制图第七版. 北京：高等教育出版社，2012.

[2]   李爱军. 画法几何及机械制图. 徐州：中国矿业大学出版社，2002.

[3]   赵润平. 机械 CAD 基础. 北京：电子工业出版社，2014.

[4]   赵润平. AutoCAD2008 工程绘图. 北京：北京大学出版社，2008.

[5]   王东伟. AutoCAD2011 辅助设计从入门到精通. 北京：航空工业出版社，2011.

[6]   王静平，等. AutoCAD2012 绘图技术实战特训. 北京：电子工业出版社，2013.